职业教育融媒体教材

计算机网络技术

姜全生 王 燕 王汉明 主 编

徐佳乐 李伟军 毕春苗 副主编

清华大学出版社

北京

内 容 简 介

本书严格参照计算机网络技术课程标准并结合学生的认知规律进行编写。本书内容涵盖丰富的计算机网络知识及技能,采用"导读—学习目标—知识梳理—习题—拓展阅读"的组织形式,注重知识的延伸和思维的培养。

本书首先通过计算机网络概述,帮助学生对计算机网络建立初步的认识;然后深入讲解了数据通信基础,包括各种数据传输技术和交换技术,如在计算机网络技术基础部分详细阐述了拓扑结构、OSI 模型及 TCP/IP 协议;在结构化布线系统部分着重介绍综合布线设计规范和各种传输介质;在计算机网络设备部分深入讲解交换机、路由器的相关知识;在 Internet 基础部分涵盖其发展历程、服务应用和域名系统等;在网络安全与管理部分讲解安全与管理、网络管理协议及防范病毒与黑客;最后通过组建局域网实例将理论知识与实践相结合,培养学生的实际操作能力和解决问题能力。

本书适合作为中等职业教育、一贯制教育和高等职业教育计算机网络技术课程的教材,也可以作为职业教育高考(春季高考)计算机网络技术课程的教学用书,还可作为网络技术爱好者与网络工程技术人员的实用工具书。

图书在版编目(CIP)数据

计算机网络技术 / 姜全生,王燕,王汉明主编.
北京:清华大学出版社,2025.5. --(职业教育融媒体
教材). -- ISBN 978-7-302-69284-3
Ⅰ. TP393
中国国家版本馆 CIP 数据核字第 2025X1L541 号

责任编辑:田在儒
封面设计:刘　键
责任校对:李　梅
责任印制:宋　林

出版发行:清华大学出版社
　　　　　网　　址:https://www.tup.com.cn,https://www.wqxuetang.com
　　　　　地　　址:北京清华大学学研大厦 A 座　　　邮　　编:100084
　　　　　社 总 机:010-83470000　　　　　　　　　邮　　购:010-62786544
　　　　　投稿与读者服务:010-62776969,c-service@tup.tsinghua.edu.cn
　　　　　质量反馈:010-62772015,zhiliang@tup.tsinghua.edu.cn
　　　　　课件下载:https://www.tup.com.cn,010-83470410
印 装 者:三河市龙大印装有限公司
经　　销:全国新华书店
开　　本:185mm×260mm　　　　**印　张:**13　　　　**字　　数:**311 千字
版　　次:2025 年 6 月第 1 版　　　　　　　　　　**印　　次:**2025 年 6 月第 1 次印刷
定　　价:39.00 元

产品编号:109414-01

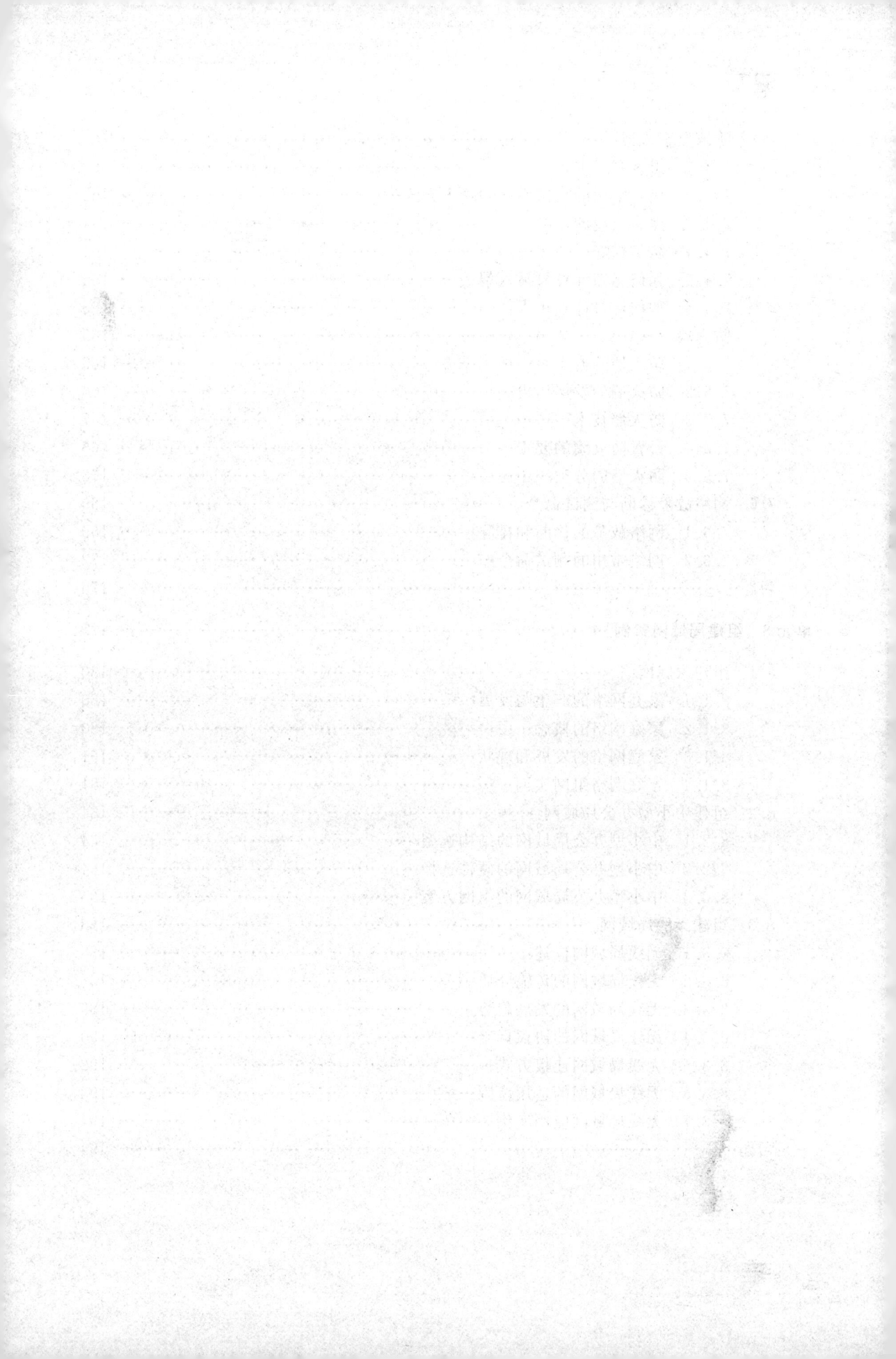

前　言

计算机网络技术从产生、发展到现在,新技术及新应用不断涌现,在当今数智化高速发展的时代,计算机网络技术已成为推动社会进步和经济发展的重要基础和关键力量。党的二十大报告对加快建设网络强国、数字中国做出了重要部署,并提出要以网络强国建设助力中国式现代化。

在参照计算机网络技术课程标准的前提下,本书紧扣计算机网络技术的发展新形势,充分结合了中等职业教育对高质量计算机网络技术教材的需求。本书具有以下鲜明特色。

一、内容全面系统

本书共 8 个单元,涵盖了计算机网络的各个重要方面,从计算机网络概述入手,逐步讲解了数据通信基础、计算机网络技术基础、结构化布线系统、计算机网络设备、Internet 基础、网络安全与管理、组建局域网实例等内容,帮助学生全面且深入地了解计算机网络技术。

二、注重实践和拓展

本书不仅有丰富的理论讲解,而且通过典型的实例指导,帮助学生将理论知识转化为实际技能,让学生在做中学,提高实际动手能力。本书每个单元都设置了相关的拓展阅读,用以开阔学生的专业视野,提高学生的知识运用能力。

三、案例贴近实际

本书选用来自实际生活和企业应用的案例,使学生能够更好地理解计算机网络技术的应用场景,增强学习的趣味性和实用性。

为了更好地辅助教学,本书配备了教学课件、习题等教学资源,可帮助教师进行课堂教学和课后辅导,学生也可以利用相关教学资源,进行自主学习和巩固提高。

本书的编写团队由具有丰富教学经验和实践经验的专业教师组成,他们长期从事计算机网络技术教学和研究工作,对中职学生的学习特点和需求有着深刻的理解。在编写过程中,编者精心策划、反复斟酌,力求使本书成为一本既适合教学又便于学生自学的优秀教材。

本书由姜全生、王燕、王汉明担任主编,徐佳乐、李伟军、毕春苗担任副主编,其中单元 1 和单元 4 由姜全生、毕春苗编写,单元 2 和单元 3 由王燕、徐佳乐编写,单元 5 和单元 6 由李伟军编写,单元 7 和单元 8 由王汉明编写,全书由王汉明组织、策划、统稿。

由于编者水平有限,书中难免会有疏漏和不足之处,欢迎广大读者批评指正。

编　者

2025 年 1 月

教学资源

目　录

计算机网络概述

　　计算机网络是现代信息化社会的基础设施,它可以实现资源共享、提供远程协作、促进信息交流等。通过计算机网络,人们可以方便地访问和获取各种信息,加快信息传输的速度和效率,提高工作和学习的效果。同时,计算机网络也为各种智能化、数字化应用提供了基础支持,如智慧城市、在线教育、远程医疗等。

　　计算机网络贯穿人类社会的各个领域,已经成为人们日常生活和工作中不可或缺的一部分。因此,了解计算机网络的定义及发展历史,掌握计算机网络的功能,熟悉计算机网络的相关概念,有助于人们更好地使用计算机网络适应信息化、数字化的社会。

学习目标

◇ **素养目标**

(1) 引导学生关注网络技术的新发展、新趋势。

(2) 通过了解中国计算机网络的发展成就,坚定"走中国特色的网络强国之路"的信念。

◇ **知识目标**

(1) 了解计算机网络的定义和发展历史。

(2) 掌握计算机网络的构成、功能及分类。

(3) 熟悉计算机网络的相关概念。

◇ **能力目标**

(1) 能够解释资源子网和通信子网的概念。

(2) 能够简述计算机网络的不同分类。

(3) 能够画出不同的网络拓扑结构。

知识梳理

1.1　计算机网络的定义和发展历史

1.1.1　计算机网络的定义

　　计算机网络是现代计算机技术与通信技术相互渗透、密切结合的产物。计算机网络又称计算机通信网,是指将地理位置不同、具有独立功能的多台计算机及其外部设备,通过通

信线路和通信设备连接起来,在网络操作系统、网络管理软件及网络通信协议的管理和协调下,实现资源共享和信息传递的计算机系统。

要构成一个完整的计算机网络,需要满足硬件基础、软件支持、网络结构以及网络安全性等多方面的条件。在这些条件的相互关联、相互影响下,共同构成了计算机网络的基础架构和运行环境,保障计算机网络的正常运行和数据的可靠传输。计算机网络具体包括以下几个方面。

1. 硬件基础

(1) 计算机包括客户端和服务器,二者是网络中的基本节点。客户端是用户访问网络的设备,如个人计算机、智能手机等;服务器则是提供服务的计算机,负责存储数据、处理请求等。

(2) 网络设备是用于连接客户端、服务器等节点的专用硬件设备,常见的网络设备有路由器(Router)、交换机(Switch)、集线器(Hub)、网桥(Bridge)等。这些网络设备通过通信线路相互连接,构成一个互联的网络。

(3) 通信线路又称传输介质,是用于连接两个网络节点中各个设备的物理通路,可以是有线介质,如双绞线(Twisted Pair,TP)、大对数、光纤,也可以是无线介质,如无线电波(RF)、微波等。通信线路的性能直接影响网络的速度和可靠性。

2. 软件支持

(1) 网络操作系统:使网络上各计算机能方便且有效地共享和管理网络资源,为网络用户提供需要的各种服务的软件和有关规程的集合。常见的网络操作系统有 Windows Server、Linux 等。

(2) 网络通信协议:计算机网络中通信双方必须共同遵守的一组约定或规则,定义了数据交换的格式、数据同步的方式、传输速度、传输错误控制以及通信过程中的控制命令和通信状态应答等。常见的网络协议有传输控制协议/网际协议(Transmission Control Protocol/Internet Protocol,TCP/IP)、网间包交换协议/序列分组交换协议(IPX/SPX)等。

(3) 网络应用软件:在网络环境下运行的应用软件,如电子邮件软件、Web 浏览器、文件传输协议(File Transfer Protocol,FTP)客户端等,它们为用户提供各种网络服务。

3. 网络结构

(1) 网络拓扑结构:网络中节点和通信线路的连接方式。常见的网络拓扑结构有星型、环型、总线型和网状等。不同的拓扑结构具有不同的性能特点,适用于不同的应用场景。

(2) 网络层次结构:计算机网络体系结构通常划分为不同的层次,每个层次都有其特定的功能和任务。这种分层结构使得网络的设计、实现和维护变得更加容易和灵活。常见的网络层次结构模型有开放系统互联(OSI)模型和 TCP/IP 模型。

4. 网络安全性

网络安全是计算机网络中的一个关键问题。由于网络的开放性和连接性,网络安全面临各种威胁,如黑客(Hacker)攻击、病毒传播等。因此,必须采取相应的安全措施,如防火墙(Firewall)、加密技术、访问控制等,以保障网络的安全。

1.1.2　计算机网络的发展历史

随着人类对信息共享和通信的不断追求,以及技术的不断创新和进步,计算机网络的发展也经历了一个由简单到复杂的过程。如今,计算机网络已经成为人们生活、工作和社会发展不可或缺的重要基础设施。回顾其发展历史,大致可以分为以下几个阶段。

1946 年 2 月 14 日,世界上第一台计算机埃尼阿克(ENIAC)问世。由于当时的计算机造价非常昂贵,只有少数大型机可以用于处理重要任务,许多机构和大学只能通过终端连接访问。为实现计算机之间的信息交换和资源共享,计算机技术一直在寻求与通信技术的结合。20 世纪50 年代初出现的赛其(SAGE)系统,实现了半自动地面防控,这就是最早的计算机网络雏形。

以单个计算机为中心的远程联机系统,构成面向终端的计算机网络,称为第一代计算机网络。该系统中除主计算机具有独立的数据处理功能外,所连接的终端设备均无独立处理数据的功能。在这个阶段,主要是通过通信线路将终端与主机相连,用户通过终端向主机发送请求并获取结果。20 世纪 60 年代初期,美国航空公司投入使用的由一台中心计算机和全美范围内 2000 多个终端组成的飞机票预订系统,是第一代计算机网络的典型代表。

以多主机组成的远程通信功能系统,称为第二代计算机网络。它是由多台独立的主计算机通过线路连接构成的计算机网络,主机之间不直接用线路相连,而是由接口报文处理机(IMP)转接后互联的,即由 IMP 和它们之间互联的通信线路一起负责主机间的通信任务,构成通信子网。通信子网采用分组交换技术,允许网络将数据分割成较小的数据包(分组),通过网络传输后再重新组装。通信子网互联的多台主机之间不存在主从关系,负责数据处理和通信工作,提供资源共享,组成资源子网。这种方式提高了网络的效率和可靠性。20 世纪 60 年代后期,美国国防部高级研究计划局建立的阿帕网(ARPANET),被认为是第二代计算机网络的典型代表,也是计算机网络诞生的标志。

遵循国际标准的开放式和标准化的网络,称为第三代计算机网络。ARPANET 兴起后,计算机网络发展迅猛,各大计算机公司相继推出自己的网络体系结构及实现这些结构的软硬件产品。由于没有统一的标准,不同厂商的产品之间互联很困难,人们迫切需要一种开放性的标准化实用网络环境,因此产生了两种国际通用的最重要的体系结构,即 TCP/IP 体系结构和国际标准化组织的 OSI 体系结构,从此计算机网络进入新的阶段。

多个具有独立工作能力的计算机系统,通过通信设备和线路,由功能完善的网络软件实现资源共享和数据通信的系统,称为第四代计算机网络。从 20 世纪 90 年代中期开始,以Internet 为代表的互联网出现,成为连接全球用户的主要网络。随着异步传输模式(Asynchronous Transfer Mode,ATM,一种面向连接的快速分组交换技术)、光纤传输介质、分布式网络、智能网络等关键技术的加入,互联网既能支持高速、大容量、安全稳定的传输,又能支持语音、数据和视频等多种媒体的综合传输,还更加智能,能够自适应多种环境和需求。第四代计算机网络是一个集综合化、高速化、智能化和宽带化于一体的计算机网络系统。

1.2　计算机网络的功能

计算机网络的功能共同构成了计算机网络的核心价值,在现代社会中具有不可替代的作用。它极大地促进了信息的流通和资源的共享,推动了社会经济的快速发展和生活质量

的不断提高。主要体现在以下几个方面。

1. 数据通信

计算机网络最基本的功能是实现计算机之间的数据通信。用户可以通过网络发送和接收电子邮件、文件、视频、音频等各种类型的数据。数据通信使信息的即时传递和共享成为可能,极大地提高了工作效率和信息交流的速度。

2. 资源共享

网络中的资源包括硬件资源(如打印机、存储设备等)和软件资源(如数据库、应用程序等)。通过网络,用户可以访问和使用网络中的共享资源,而不需要将这些资源物理地放置在自己的计算机上。比如,在一个办公室中,多台计算机可以共享同一台打印机进行打印操作;在一个公司内部,只需要在服务器上安装一套专业的设计软件,多个用户就能够通过网络访问并使用;在某学校的图书馆系统,学生和教师可以通过网络访问共同的图书资源数据库等。通过资源共享不仅降低了成本,还提高了资源的利用率。

3. 分布式处理

在计算机网络中,可以将一个大任务分解成多个小任务,然后分配给网络中的多台计算机并行处理,而不需要集中在一台大型计算机上。任务处理完成后,再将结果汇总。这种分布式处理的方式可以显著提高计算速度,使系统具备处理大规模数据和复杂计算的能力,大大降低了成本,提高了整体性能。

4. 负载均衡

在大型网络中,负载均衡主要用于将请求分发到多个服务器,以均衡每台服务器的负载,从而提高系统的性能、可靠性和可扩展性。常见的负载均衡算法包括轮询、最小连接数等。负载均衡通过跨多个节点分配工作负载,确保没有单个节点过载,从而避免单一服务器过载导致的性能下降或服务中断,提高了整体的处理能力和效率。

5. 信息管理

计算机网络可以用于信息的收集、存储、处理、传输和检索。通过构建数据库系统、信息检索系统等,用户输入关键词,搜索引擎可以快速从海量的网络数据中检索出相关的信息,方便管理和访问网络中的大量信息。

6. 支持多媒体应用

利用计算机网络,用户可以高效地传输各种多媒体内容(Content),如音频、视频、图像、动画和文本等,实时或接近实时地访问和分享远程的多媒体资源,如在线视频、网络直播、远程会议等。计算机网络使远程教育和培训变得更加便捷和高效,通过在线课堂、虚拟实验室等工具,学生可以在家中接受来自世界各地的教育资源,打破地域限制,促进知识的广泛传播。虚拟现实(VR)和增强现实(AR)技术的发展,为用户提供沉浸式的视觉、听觉甚至触觉体验,广泛应用于游戏、教育、医疗、旅游等领域。

7. 提供安全保障

计算机网络提供了一系列的安全机制,如加密技术、身份认证、防火墙等,以保护网络中的数据和设备免受未经授权的访问和攻击。同时,通过冗余备份、故障恢复等技术手段,可以确保网络服务的可靠性和稳定性。

1.3 计算机网络的相关概念

通过学习计算机网络的概念,可以了解到,它是通过通信设备和线路将分散在不同地理位置上的计算机连接在一起的系统,是由多台互相连接的计算机在网络操作系统、网络管理软件及网络通信协议的管理和协调下组成的互联系统,实现了资源共享和信息传递。因此,计算机网络是一个综合的概念,下面从不同的角度来认识计算机网络系统的组成,并学习与其相关的几个概念。

1.3.1 网络硬件系统和网络软件系统

从系统组成来看,计算机网络系统是由计算机网络硬件系统和网络软件系统组成的。

1. 网络硬件系统

网络硬件系统是指构成计算机网络的硬件设备,包括计算机的主机系统、终端及通信设备等。常见的网络硬件有以下几种。

(1)主机系统是计算机网络的主体。按其在网络中的用途和功能的不同,可分为服务器和工作站两大类。

服务器是在网络环境中提供计算能力并运行软件应用程序的特定 IT 设备,它通过网络操作系统为网上工作站提供服务及共享资源。一般来说,服务器相比普通计算机配置要求较高,需要具有高速的 CPU 运算能力、长时间可靠运行的能力、强大的 I/O 数据吞吐能力以及高扩展性。大多数服务器都是专用的,根据服务器在网络中的用途可分为文件服务器、数据库服务器、邮件服务器、打印服务器等。服务器是网络中最重要的资源。

工作站是一种高端的通用微型计算机,单用户使用它时能够提供比个人计算机更强大的性能,尤其是在图形处理和任务并行方面的能力。通常配有高分辨率的大屏、多屏显示器及容量很大的内部存储器和外部存储器,并且具有极强的信息处理能力和高性能的图形、图像处理功能。另外,连接到服务器的终端机也是工作站的一种。工作站的应用领域有科学和工程计算、软件开发、计算机辅助分析、计算机辅助制造、工程设计和应用、图形和图像处理、过程控制和信息管理等。

(2)终端是一种输入输出设备,相对于计算机主机而言属于外设,本身并不提供运算处理功能。早期的计算机终端一般是机电式的电传打字机。终端不具备本地数据处理能力,不能直接连接到网络上,只能通过网络上的主机与网络相连发挥作用。常见的终端有显示终端、打印终端、图形终端等。

(3)传输介质是指在网络中传输信息的载体,其作用是在网络设备之间构成物理通路,以便实现信息的交换。常见的传输介质分为有线传输介质和无线传输介质。不同的传输介质,其特性也各不相同,这些不同的特性对网络中数据通信的质量和速度有较大影响。常见的传输介质有双绞线、同轴电缆、光纤、微波、蓝牙(Bluetooth)、红外线(IR)等。

(4)网卡(Network Interface Card,NIC)是一块被设计用来允许计算机在计算机网络上进行通信的计算机硬件,是一种网络接入设备。它为传输介质与网络主机提供接口电路,实现数据缓冲器的管理、数据链路的管理、编码和译码。

（5）集线器是计算机网络中连接多个计算机或其他设备的连接设备，主要功能是对接收到的信号进行再生、整形和放大，以扩大网络的传输距离，同时把所有节点集中在以它为中心的节点上。集线器是对网络进行集中管理的最小单元，它与网卡、网线等传输介质一样，属于局域网中的基础设备，工作于 OSI 参考模型的第一层，即物理层。

（6）交换机是一种用于电（光）信号转发的网络设备，由许多高速端口组成，每个端口都具有桥接功能。它可以为接入交换机的任意两个网络节点提供独享的电信号通路，以提高网络性能。它是数据链路层设备，最常见的交换机是以太网（Ethernet）交换机。根据工作位置的不同，交换机可以分为广域网（Wide Area Network，WAN）交换机和局域网（Local Area Network，LAN）交换机。当数据包在集线器中传输时可以理解为需要根据红绿灯的控制穿过路口，而在交换机中传输则如同没有红绿灯的立交桥，传输更便捷快速。

（7）路由器是网络层的互联设备，连接两个或多个网络的硬件设备，在网络间起网关（Gateway）作用的专用智能性的网络设备。它能够理解不同的协议，如某个局域网使用的以太网协议，以及因特网使用的 TCP/IP 协议。路由器可以分析各种不同类型网络传来的数据包的目的地址，把非 TCP/IP 网络的地址转换为 TCP/IP 地址，或者进行反向转换；再根据选定的路由算法把各数据包按最佳路线传送到指定位置。路由器是大型网络提高效率、增加灵活性的关键设备。

（8）网关又称网间连接器、协议转换器，可理解为一个网络连接到另一个网络的"关口"。网关是一种充当转换的计算机系统或设备，实现网络层以上的网络互联，不仅具有路由功能，而且能实现不同网络协议之间的转换。在网络层，网关主要起到数据传输和路由选择的作用；在传输层，网关可以实现数据的过滤和转发以及负载均衡；在应用层，网关可以实现应用层协议的转换和代理等功能。

2. 网络软件系统

网络软件是一种在网络环境下使用和运行或者控制和管理网络工作的软件。网络软件系统主要包括服务器操作系统、工作站操作系统、网络通信协议和各类网络应用系统。

（1）服务器操作系统：通常所说的网络操作系统（NOS），是多任务、多用户的操作系统。它安装在网络服务器上，用于提供网络操作的基本环境。除具备常规操作系统的五大管理功能外，网络操作系统还具有网络用户管理、网络资源管理、网络运行状况统计、网络安全性的建立、网络通信等其他网络服务管理功能。

常见的服务器操作系统有 Netware、Windows Server、UNIX 以及 Linux 等。

（2）工作站操作系统：一种专为工作站设计的操作系统，能够有效组织和管理系统中的各种软硬件资源，为专业用户提供高效、稳定、安全的工作环境。

常见的工作站操作系统有 Windows 系列及 UNIX 系列。

（3）网络通信协议：网络中计算机与计算机之间、网络设备与网络设备之间、计算机与网络设备之间进行通信时，双方只有遵循相同的通信协议才能实现连接，进行数据的传输，完成信息的交换。使用不同协议的计算机要进行通信，必须经过中间协议转换设备的转换，才能实现通信。

网络通信协议就是实现网络协议规则和功能的软件，它运行在网络中的计算机和设备上，使计算机能够通过使用通信协议访问网络。常见的网络通信协议有 IPX、TCP/IP 和以太网协议。

一般主流协议软件集成在操作系统中，用户在安装操作系统的同时，就把协议软件安装在计算机中了，如 Windows 系统中的 TCP/IP 协议。

（4）网络管理系统（Network Management System，NMS）软件，简称网管软件，是一个用于监控、控制和管理计算机网络中各种设备和服务的软件系统；通常由管理站、代理和管理信息库（Management Information Base，MIB）组成，通过强大的网络管理能力，为网络管理员提供全面的网络监控、配置、故障排查、性能分析和安全管理服务。

简单网络管理协议（Simple Network Management Protocol，SNMP）是 TCP/IP 协议簇中提供管理功能的协议，通常作为一个组织网络管理的基础。

（5）网络安全软件：为保障网络信息安全、保护计算机信息系统不受非法侵入或破坏而提供的技术支持产品，具有恶意软件防护、漏洞扫描与修复、网络流量监控与防火墙、远程安全管理等功能，如 360 安全卫士、金山毒霸、Windows 自带的防火墙等。随着信息技术的快速发展和互联网在社会生活中的广泛应用，网络犯罪也日益猖獗，因此，网络安全软件的重要性日益凸显。

（6）网络应用软件：在网络环境下开发出来的供用户在网络上使用的应用软件。例如，电子邮件客户端软件，如 Outlook、Foxmail 等，让用户可以方便地发送和接收邮件；网页浏览器，如 Chrome、Firefox 等，用于浏览互联网上的各种信息；即时通信软件，如微信、QQ 等，实现实时的文字、语音和视频通信；文件传输（File Transfer）软件，如 FTP 客户端等，可以在不同计算机之间快速传输文件。这些网络应用软件极大地丰富了用户在网络环境下的工作和生活。

1.3.2 网络节点和通信链路

从拓扑结构来看，计算机网络是由网络节点和通信链路构成的。

1. 网络节点

计算机网络中的节点又称网络单元，一般可分为三类：访问节点、转接节点和混合节点。

访问节点又称端节点，是指拥有计算机资源的用户设备，主要起信源和信宿的作用，常见的访问节点有用户主机和终端等。

转接节点又称中间节点，是指在网络通信中负责数据交换和转接的网络节点，这些节点拥有通信资源，具有通信功能。常见的转接节点有集线器、交换机、路由器等。

混合节点又称全功能节点，是指既可以作为访问节点又可以作为转接节点的网络节点，如服务器。

一般情况下，网络节点具有双重性，既可以作为访问节点又可以作为转接节点。但有时为了使设备简化，从网络系统的整体出发，把网络中有些节点专门设计为不具备转换功能的端节点，而有些专门设计为只具有转换功能的中间节点。

2. 通信链路

通信链路是指两个网络节点之间传输信息和数据的线路。链路可用各种传输介质实现，既可以是有线通道，如双绞线、同轴电缆、光缆等，也可以是卫星及微波等无线信道。

通信链路又分为物理链路和逻辑链路两类。物理链路是一条点到点的物理线路，中间没有任何交换节点。在计算机网络中,两台计算机之间的通路往往是由许多物理链路串接而成。逻辑链路是具备数据传输控制能力,在逻辑上起作用的物理链路,即在物理链路上加上用于数据传输控制的硬件和软件,就构成了逻辑链路。只有在逻辑链路上才可以真正传输数据,而物理链路是逻辑链路形成的基础。

1.3.3 资源子网和通信子网

从逻辑功能上可以把计算机网络分为资源子网和通信子网。

1. 资源子网

资源子网提供访问网络和处理数据的能力,由主机、终端、终端控制器、联网外设、各种软件资源与信息资源组成。主机是资源子网的重要组成单元,既可以是大型机、中型机、小型机,也可以是局域网中的微型计算机。主机一般通过高速线路和通信子网中的节点相连,负责本地或全网的数据处理,运行各种应用程序或大型数据库,向网络用户提供各种软硬件资源和网络服务,如图 1-1 所示。终端是直接面向用户的交换设备,如交互终端、显示终端和智能终端。终端控制器把一组终端连入通信子网,并负责对终端的控制及终端信息的接收和发送。终端控制器可以不经过主机直接和网络节点相连。还有一些设备可以不经过主机直接和网络节点相连,如有些打印机和大型存储设备等。

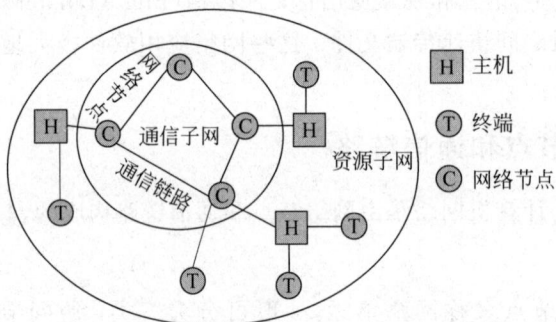

图 1-1 资源子网和通信子网的结构示意图

通过资源子网,用户可以方便地使用本地计算机或远程计算机的资源。由于它将通信子网的工作对用户屏蔽起来,使得用户使用远程计算机资源就如同使用本地资源一样方便。

2. 通信子网

通信子网是计算机网络中负责数据通信的部分,主要完成数据的传输、交换以及通信控制。它由网络节点和通信链路组成,如图 1-1 所示。

采用通信子网后,每台入网主机不用去处理数据通信,也不用具有许多远程数据通信功能,只需负责信息的发送和接收,这样就减少了主机的通信开销。另外,由于通信子网是按照统一的软硬件标准组建的,因此它可以面向各种类型的主机,方便了不同机型互联,减少了组建网络的工作量。

通信子网有两种类型。

(1)公用型:为公共用户提供服务并共享其通信资源的通信子网。基于同一个通信子网可组建多个计算机网络,中国公用计算机互联网(CHINANET)就属于公用型通信子网。

（2）专用型：专门为特定的一组用户构建的通信子网，如各类金融银行网、证券网。

对于大多数小型网络，其传输距离有限，互联主机不多，因此并未采用通信子网和用户资源子网分工的组网方式，而是使用一个统一的全网服务工作站，所有通信服务均由工作站处理，各主机通过网络适配器直接互联成网。

资源子网以共享资源为核心，通过集中管理和高效共享提高了资源利用率；而通信子网则负责连接不同的资源子网，实现数据的传输和通信。它们各自具有独特的优点和功能，共同构建起高效的网络系统。

1.4　计算机网络的分类及发展趋势

1.4.1　计算机网络的分类

计算机网络可按不同的分类标准进行划分，下面介绍几种常见的分类。

1. 按计算机网络拓扑结构划分

计算机网络拓扑结构通常是指网络中各个节点（如计算机、交换机、路由器等）之间的连接布局。它描述了电缆、光纤、无线链路等介质如何连接网络中的设备，以及数据在网络中流动的路径。按照计算机网络的拓扑结构可将网络分为总线型、星型、环型、网状型以及树型等。关于计算机网络拓扑结构的具体类型将在单元3详细介绍。

2. 按计算机网络覆盖范围划分

根据计算机网络所覆盖的地理范围、信息的传输速率及其应用目的，计算机网络通常分为以下几种类型。

（1）局域网：一种在小区域内使用的，由多台计算机组成的网络。通常局限在较小的地理范围内，如一个建筑物内、一个学校内、一个工厂的厂区内等。

局域网的覆盖范围在几百米到几千米。它的组建简单、灵活，使用方便，信息传输速率较高，一般在 $1 \sim 100 \mathrm{Mbps}$ 之间。

（2）城域网（Metropolitan Area Network，MAN）：在一个城市范围内所建立的计算机通信网。它的一个重要用途是用作骨干网，将位于同一城市内不同地点的主机、数据库以及局域网等互相连接起来。

城域网的覆盖范围为 $5 \sim 50 \mathrm{km}$，属于宽带局域网。它采用具有源交换元件的局域网技术，网中传输时延较小。它的传输媒介主要采用光缆，传输速率在 $100 \mathrm{Mbps}$ 以上。

（3）广域网：又称远程网，是连接不同地区局域网或城域网计算机通信的远程网。

广域网的覆盖范围一般从几百千米到几万千米，用于通信的传输装置和介质一般由电信部门提供，能实现大范围的资源共享。它能连接多个地区、城市和国家，并能提供远距离通信，形成国际性的远程网络。但广域网距离远远，信息衰减严重。最广为人知的广域网就是Internet，它由全球成千上万的局域网和广域网组成。

3. 按网络的使用者划分

网络使用者不同，对应的网络类型也有区别，主要可以分为公用网和专用网两种类型。

（1）公用网（Public Network）：允许任何用户接入并使用的网络，通常由电信运营商或政府机构建设和维护。它具有开放性、共享性和普遍服务性等特点,能够为社会公众提供广泛的通信服务,但可能面临安全性、稳定性和隐私保护等方面的挑战。互联网就是一种典型的公用网,它允许全球范围的用户接入并使用,进行信息共享、交流和学习等活动。

(2)专用网(Private Network):由特定组织或机构拥有并管理维护的网络,通常只供特定组织或机构内部用户使用。它具有封闭性、安全性和高效性等特点,能够满足组织或机构内部特定的通信需求,但建设和维护成本相对较高。例如,银行、公安铁路等专用网络。

4. 按通信传输的介质划分

在实际应用中,需要根据具体场景和需求选择合适的网络类型和传输介质,因此按通信传输的介质划分,计算机网络可以分为有线网络和无线网络两大类。

(1)有线网络指采用物理线路来传输数据的网络。根据传输介质不同,有线网络又可以分为多种类型:双绞线网络、同轴电缆网络、光纤网络、混合光纤同轴电缆(HFC)网络等。

(2)无线网络指采用无线电波、微波、红外线等无线传输介质来传输数据的网络。根据使用的无线技术不同,无线网络又可以分为多种类型:无线电波网络、微波网络、红外线网络等。

5. 按照网络组建的关系划分

按照网络组建的关系,计算机网络主要可以分为两大类:对等网络和基于服务器的网络。

(1)对等网络(Peer-to-Peer Network,P2P),即对等计算机网络,计算机作为网络的参与者共享它们所拥有的一部分硬件资源(如处理能力、存储能力、网络连接能力、打印机等)。这些共享资源通过网络提供服务和内容,能被其他对等节点(Peer)直接访问而不需要经过中间实体。在此网络中,各个计算机在网络中的地位是平等的,没有明确的服务器和客户机之分,既是资源、服务和内容的提供者(Server),又是资源、服务和内容的获取者(Client)。

对等网络的优势在于其结构简单,配置容易,资源共享方便,每个计算机都可以共享自己的资源;可扩展性好,新的计算机可以很容易地加入网络中。其不足之处则是网络的可管理性较差,每个计算机都有可能成为数据通信的发起者和终结者。

(2)基于服务器的网络(Server-Based Network)又称客户机/服务器(Client/Server)网络,是一种集中式计算机网络,其中的客户端计算机都通过网络连接到一台或多台服务器计算机上,由服务器来集中处理和管理网络中的数据和资源。

在基于服务器的网络中,服务器存储和管理着大量共享资源,如文件、数据库等。客户机通过网络访问这些资源,实现资源共享。当客户机发出请求时,请求通过网络传输到相应的服务器;服务器处理请求后,将结果返回给客户机。服务器之间以及服务器与客户机之间通过网络进行通信和数据传输,确保网络功能的正常实现。

基于服务器的网络优势体现在功能强大及安全性较高,适合大规模网络应用;服务器可以集中管理网络资源,提高资源利用率;支持复杂的网络应用和服务。其不足之处体现在成本较高,系统配置相对复杂;服务器的负荷通常较高,需要良好的性能支持;对服务器的依赖性强,一旦服务器出现故障,可能影响整个网络的正常运行。

这两种网络组建方式各有优缺点,适用于不同的应用场景。对等网络适用于规模较小、资源共享需求较高且对可管理性要求不高的场景;而基于服务器的网络则适用于规模较大、对安全性和可管理性要求较高的场景。

1.4.2　计算机网络的发展趋势

计算机网络的发展趋势是多方面的,涵盖了技术、应用、安全等多个层面。以下是对计算机网络发展趋势的详细分析。

1. 技术层面的发展趋势

(1) 高速化:随着5G、6G等新一代通信技术的不断发展,网络传输速度将持续提升,为用户提供更加流畅的网络体验。同时,光纤通信技术的广泛应用也将进一步推动网络的高速化发展。

(2) 无线化:诸如Wi-Fi等无线网络技术将继续得到广泛应用,并逐步向更高速度、更远距离、更低功耗的方向发展。未来,无线网络将成为人们连接互联网的主要方式之一。

(3) 虚拟化与云计算:虚拟化技术将计算机资源进行抽象化,使多个虚拟机可以在同一台物理机上运行,从而提高资源利用率。云计算技术通过将计算、存储和应用服务等资源提供给用户,实现按需随用的灵活性和可扩展性。虚拟化和云计算技术的发展将使得计算机网络工程更加灵活和高效。

(4) 智能化:人工智能和大数据技术的不断进步将推动计算机网络的智能化发展。通过智能算法和模型,可以对网络流量、安全威胁等进行实时监测和分析,从而提供更加智能化的网络管理和安全防护。

2. 应用层面的发展趋势

(1) 物联网的普及:物联网技术将各种设备和物品通过互联网连接起来,实现信息交互共享。随着物联网技术的不断发展,智能家居、智能城市、智能交通等领域将迎来更加广泛的应用和普及。

(2) 电子商务兴起:电子商务作为一种新型的商业模式,将继续保持快速增长的态势。

(3) 虚拟现实和增强现实的流行:虚拟现实和增强现实技术已经逐渐成熟,并广泛应用于游戏、教育、培训等领域。未来,这些技术将进一步发展,为人们带来更加真实、沉浸式的体验。

3. 安全层面的发展趋势

(1) 网络安全技术的提升:随着网络攻击和数据泄露事件的频发,网络安全技术将不断提升。防火墙、入侵检测系统(IDS)、数据加密等网络安全技术将得到更加广泛的应用,为用户提供更加安全的网络环境。

(2) 隐私保护技术的加强:随着个人信息保护意识的提高,隐私保护技术将得到更多的关注和应用。数据匿名化、身份验证等隐私保护技术将为用户提供更加全面的隐私保护。

(3) 国际合作与监管的加强:面对跨国网络攻击和数据泄露等挑战,国际合作与监管将进一步加强。各国将共同制定和执行网络安全标准和法规,加强信息共享和协作,共同应对网络安全威胁。

综上所述,计算机网络的发展趋势将呈现出高速化、无线化、虚拟化与云计算、智能化等技术层面的特点;物联网的普及、电子商务的兴起以及虚拟现实和增强现实的流行等应用层面的特点;网络安全技术的提升、隐私保护技术的加强、国际合作与监管的加强等安全层面的特点。这些趋势将共同推动计算机网络向更加高效、便捷、安全的方向发展。

习　题

一、单选题

1. 现代计算机技术与通信技术相互渗透、密切结合的产物是(　　)。
    A. 计算机　　　　　B. 手机　　　　　C. 笔记本电脑　　　D. 计算机网络
2. 下列硬件资源中能够在网络中共享的是(　　)。
    A. 文件夹　　　　　B. 显示器　　　　C. 打印机　　　　　D. 键盘
3. 下列属于计算机网络软件系统的是(　　)。
    A. 交换机　　　　　B. 集线器　　　　C. 网络通信协议　　D. 路由器
4. 计算机网络中广域网和局域网的划分依据是(　　)。
    A. 数据传输方式　　B. 地理覆盖范围　C. 数据交换方式　　D. 网络拓扑结构
5. 下列属于网络硬件系统的是(　　)。
    A. 终端　　　　　　B. 网络管理协议　C. 防火墙　　　　　D. 声卡
6. 从系统组成来看,计算机网络包括(　　)。
    A. 资源子网和通信子网　　　　　　　B. 网络节点和通信链路
    C. 硬件系统和软件系统　　　　　　　D. 网络设备和传输介质
7. 在计算机网络系统中,下列分类不属于网络节点的是(　　)。
    A. 访问节点　　　　B. 转接节点　　　C. 混合节点　　　　D. 跳转节点
8. 在计算机网络分类中用作骨干网,能通过它将位于同一城市内不同地点的主机、数据库以及局域网等互相连接起来的是(　　)。
    A. 局域网　　　　　B. 城域网　　　　C. 广域网　　　　　D. 接入网
9. 计算机网络能通过跨多个节点分配工作负载,确保没有单个节点过载,以上描述所指的计算机网络功能是(　　)。
    A. 负载均衡　　　　B. 分布式处理　　C. 资源共享　　　　D. 数据通信
10. 在计算机网络发展过程中,第三代计算机网络的特点是(　　)。
    A. 以单个计算机为中心的远程联机系统
    B. 以多主机组成的远程通信功能系统
    C. 遵循国际标准的开放式和标准化的网络
    D. 多个具有独立工作能力的计算机系统,通过通信设备和线路,由功能完善的网络软件实现资源共享和数据通信的系统

二、简答题

1. 什么是计算机网络?
2. 一个完整的计算机网络系统需包含哪些内容?
3. 简述计算机网络的功能。
4. 按计算机网络覆盖范围划分,可将网络分为哪几种? 各有什么特点?
5. 什么是通信链路? 有哪些分类?
6. 请列举常见的网络软件。

三、案例题

1. 典型的计算机网络拓扑结构包括哪五种？请画图说明。

2. 请尝试分析基于服务器的网络优势与不足。

3. 计算机网络中节点有哪些分类？

四、综合题

主机系统是计算机网络的主体,可分为服务器和工作站两大类。请详细阐述两者的用途和功能。

📖 拓展阅读

2024 年中国互联网络发展状况解析

《中国互联网络发展状况统计报告》,始于 1997 年 11 月,是由中国互联网络信息中心(CNNIC)发布的最权威的互联网发展数据报告之一。1997 年 11 月发布第一次《中国互联网络发展状况统计报告》,并形成半年一次的报告发布机制。《中国互联网络发展状况统计报告》以服务广大网民为己任,跟随中国互联网发展的步伐,见证了中国互联网从起步到腾飞的全部历程。

2024 年 8 月 29 日,中国互联网络信息中心在 2024 中国国际大数据产业博览会"智能经济创新发展"交流活动上发布第 54 次《中国互联网络发展状况统计报告》(以下简称《报告》)。《报告》显示,截至 2024 年 6 月,中国网民规模近 11 亿人(10.9967 亿人),较 2023 年12 月增长 742 万人,互联网普及率达 78.0%。上半年,中国互联网行业保持良好发展势头,互联网基础资源夯实发展根基,数字消费激发内需潜力,数字应用释放创新活力,更多人群接入互联网,共享数字时代的便捷和红利。

互联网基础资源持续丰富,基石作用日益凸显

《报告》显示,上半年域名、IP 地址等互联网基础资源不断丰富,为互联网行业运行和蓬勃发展提供了坚实支撑。一是 IPv6 规模部署和应用持续推进。截至 2024 年 6 月,IPv6 地址数量为 69080 块/32,较 2023 年 12 月增长 1.5%;截至 2024 年 5 月,IPv6 活跃用户数达7.94 亿,移动网络 IPv6 流量占比达 64.56%,主要商业网站及移动互联网应用 IPv6 支持率达到 90%。二是国家顶级域名保有量连续十年位居全球第一。截至 2024 年 6 月,中国域名总数为 3187 万个,其中国家顶级域名".CN"数量为 1956 万个,占域名总数的 61.4%,连续十年位居全球第一。

青少年和"银发族"成为新增主力,短视频"拉新"能力最强

《报告》显示,上半年中国数字信息基础设施持续稳固,数字惠民利民服务广泛开展,有力地推动了网民规模增长。一是青少年和"银发族"是新增网民的重要来源。随着数字适老化服务的不断完善和网络应用的加速普及,多措并举推动更多人民不断"触网"。数据显示,中国新增网民 742 万人,以 10~19 岁青少年和"银发族"为主。其中,青少年占新增网民的49.0%,50~59 岁、60 岁及以上群体分别占新增网民的 15.2%和 20.8%。二是短视频成为新增网民"触网"的重要应用。在新增网民中,娱乐社交需求最能激发网民上网的意愿。在该群体首次使用的互联网应用中,短视频应用占比达 37.3%。此外,即时通信(Instant Messaging,IM)也显示出一定的"拉新"能力,占新增网民首次使用互联网应用的 12.6%。

以旧换新释放内需潜力,在线服务消费日益普及

《报告》显示,2024 年上半年以旧换新消费和在线服务消费成为消费亮点。一是线上以旧换新活动火热。上半年,电商平台积极配合以旧换新政策,通过加大补贴、简化流程、完善物流等方式助力政策落地,促进消费转化和消费升级。数据显示,最近半年参与以旧换新消费活动的网民中,68.8%的用户选择线上参与。其中手机数码、洗衣机等传统大家电以旧换新消费比例最高,分别占相关消费用户的 28.8%和 23.7%。二是在线生活服务消费日益普及。随着在线服务场景的日益丰富,越来越多的用户通过在线方式享受生活服务便利。截至 2024 年 6 月,在网上购买过外卖、到店餐饮、电影及休闲娱乐等在线服务的用户,分别占网民的 50.3%、20.7%和 17.3%。

移动支付日益便利化,"老""外"尽享支付新体验

《报告》显示,2024 年上半年随着一系列支付便利性举措的深入实施,移动支付便利化程度不断提升。一是老年群体移动支付服务不断完善。移动支付产业各方积极推进适老化升级,通过简化流程、增加语音播报等方式提升老年群体移动支付服务体验,推动老年群体移动支付普及。截至 2024 年 6 月,中国 60 岁及以上网民网络支付的使用率已达 75.4%。二是外籍来华人员移动支付日益便利。针对外籍来华人员的"外包内用"和"外卡内绑"等移动支付创新服务,持续优化外籍来华人员的支付便利性。2024 年上半年,超 500 万入境人员使用移动支付,同比增长 4 倍;交易 9000 多万笔,金额 140 多亿元,均同比增长 7 倍。

网络视频行业蓬勃发展,微短剧逐步走向规范

《报告》显示,2024 年上半年随着用户对优质内容需求的不断增长和行业环境的不断优化,网络视频行业呈现蓬勃发展的势头。一是微短剧行业合规化水平不断提升。随着行业引导政策陆续出台,微短剧创作生产走向规范化。《报告》显示,截至 2024 年 6 月,微短剧用户占网民整体的 52.4%。二是短视频行业持续繁荣。随着短视频平台用户黏性不断提升,短视频电子商务业务稳步发展,商业化变现效率持续提高。截至 2024 年 6 月,短视频用户占网民整体的 95.5%。

数据通信基础

在当今数字化的时代,数据通信成为了信息传递和交流的关键手段。数据通信涵盖数据和信息、通信系统模型、数据通信方式、数据交换等多方面内容,学习这一领域,将逐步理解数据如何从信源准确无误地传递至信宿,不同传输类型的特点与适用场景,各类传输介质的优劣,以及如何保证数据传输的准确性和高效性等重要内容。这不仅为进一步学习更复杂的通信技术奠定基石,还能让学生在实际应用中,如网络规划和系统设计时,做出更明智的决策,提升数据通信的质量和效率。

学习目标

◇ **素养目标**

(1) 培养在数据通信环境中的信息安全意识,懂得如何保护个人和组织的信息。

(2) 激发对数据通信基础的学习兴趣,能够持续跟进数据通信领域的发展动态。

(3) 了解数据通信行业的职业规范和道德准则,树立正确的职业态度。

◇ **知识目标**

(1) 了解数据通信基础的基本概念及其相互关系。

(2) 掌握数据通信系统的组成部分和数据通信方式。

(3) 掌握数据传输方式,并能够举例说明。

(4) 了解数据交换技术,包括电路交换、报文交换和分组交换的工作原理、优缺点及适用场景。

◇ **能力目标**

(1) 能够计算信道的带宽、数据传输速率和误码率。

(2) 能够通过阅读相关技术文档和资料,获取最新的数据通信技术信息,并将其应用于实际问题的解决。

知识梳理

2.1 数据通信基础概念

数据通信是两个实体间的数据传输和交换,在计算机网络中占有十分重要的地位。它是依照一定的通信协议,利用数据传输技术在两个终端之间传递数据信息的一种通信方式和通信业务。

数据通信包含了对数据的采集、处理、传输和交换等过程。这些数据可以是数字、文字、图像、音频、视频等各种形式的信息。

那么什么是数据，什么是信息呢？

2.1.1 信息和数据

1. 信息

信息是对客观事物的反映，可以是对物质的形态、大小、结构、性能等全部或部分特性的描述，也可以表示物质与外部的联系。信息可以通过多种形式进行表达和传递，不同形式的信息在不同的场景中发挥着独特的作用，满足了人们多样化的信息需求。信息的常见形式有以下几种。

文本形式：包含书面文本和电子文本。书籍、报告、论文、杂志文章等属于书面文本，网页内容、电子邮件、电子文档等属于电子文本。

图像形式：包含静态(Static)图像和动态(Dynamic)图像。照片、绘画、图表、流程图等属于静态图像，GIF 动画等属于动态图像。

音频形式：演讲、对话、录音、歌曲等。

数字形式：统计数据、测量结果、二进制代码、程序代码等。

视频形式：结合了图像和声音，能够更全面、生动地呈现信息，包括电影、电视剧、短视频、纪录片、教学视频等。

2. 数据

信息可以用数字的形式来表示，数字化的信息称为数据。数据是信息的载体，信息则是数据的内在含义或解释。数据具有多种表现形式，如数字形式、文本形式、日期和时间形式、布尔形式、图像形式、音频形式、视频形式、表格形式、图表形式等。

数据按照其连续性主要分为离散数据和模拟数据。离散数据是指在一定区间内，数值只能取有限个或可数个孤立值的数据。例如，一个班级学生的人数、一周内销售的产品数量等，这些数据是明确可数的。模拟数据则是在一定区间内可以取无穷多个数值的数据，其数值是连续变化的。例如，一天中的气温变化、声音的强度等，它们可以在某个范围内取任意的值，具有连续性。

2.1.2 码元和码字

码元又称符号，是数字通信中承载信息量的基本信号单位，是构成信息编码的最小单位。在数字通信中，常常用时间间隔相同的符号来表示一个二进制数字，这样的时间间隔内的信号就称为(二进制)码元，而这个时间间隔称为码元长度。最常用的码元是二进制的 0 和 1，也常称为位或 bit。例如，对于数字信号 1010101 共有 7 位，即 7 个码元。

在数字传输中，码字是指经过特定编码规则处理后的一组数字或符号的序列。码字的长度、结构和具体内容取决于所采用的编码方式和规则。例如，在差错控制编码中，为了提高传输的可靠性，会对原始信息进行编码，得到的编码后的信息序列就是码字；7 位二进制编码 1110010 就是一种码字。

2.1.3 信道和信道容量

1. 信道

信道是指信息传输的通道,它连接信源和信宿,用于承载信号的传输。信道可以分为物理信道和逻辑信道。物理信道是指用来传送信号或数据的物理通路,由传输介质及其附属设备组成;逻辑信道也是指传输信息的一条通路,但在信号的收、发节点之间并不一定存在与之对应的物理传输介质,而是在物理信道基础上,由节点设备内部的连接来实现。

信道按传输信号的种类可以分为模拟信道和数字信道;按使用权限可分为专业信道和共用信道;按传输介质可分为有线信道、无线信道和卫星信道等。

2. 信道容量

信道容量是指在特定的噪声环境下,信道传输信息的最大能力,通常用信息速率来表示。

信道容量的公式是由香农(Shannon)提出的,具体为

$$C = B \times \log_2 \left(1 + \frac{S}{N} \right)$$

式中,C——信道容量(单位:bps),可以理解为在特定信道条件下能够达到的最大理论比特率;

  B——信道的带宽(单位:Hz);

  S——信号的平均功率(单位:W);

  N——噪声的平均功率(单位:W)。

上式说明,在信号和噪声的平均功率给定,即 S 和 N 已知,且信道带宽一定的条件下,在单位时间内所能传输的最大信息量就是信道的极限传输能力。

3. 信道带宽

信道带宽是指信道所能传送的信号频率宽度,它的值为信道上可传送信号的最高频率与最低频率之差。带宽越大,所能达到的传输速率就越大,因此信道的带宽是衡量传输系统的一个重要指标。

例如,若一条传输线路可以接受 1000～3300Hz 的频率,则该传输线路的带宽是2300Hz。普通电话线路的带宽一般为 3000Hz。

2.1.4 数据通信系统主要技术指标

1. 波特率

波特率又称码元速率、调制(Modulation)速率、波形速率或符号速率,常用符号 Baud 表示,简写为 Bd。它是指在模拟信道上进行数字传输时,从调制解调器(Modem)输出的调制信号,每秒钟载波调制状态改变的次数;或者说,在数据传输过程中,线路上每秒钟传送的波形个数就是波特率。

波特率是指在单位时间内传输码元的数目。例如,若某系统每秒钟传送 2400 个码元,则该系统的波特率为 2400Bd。

2. 比特率

比特率是一种数字信号的传输速率,它表示单位时间内所传送的二进制代码的有效位

数,单位用比特每秒(bps)或千比特每秒(kbps)表示。

一般来说,数据传输速率(比特率)的高低由传输每 1 位数据所占时间决定,传输每 1 位数据所占时间越小,则传输速率越高。

一般情况下,数据传输速率 S 可以表示为

$$S = B \times \log_2 N$$

式中,B——数字信号的脉冲频率,即波特率;

　　N——调制电平数。

3. 误码率

误码率指信息传输的错误率,又称错误率,是数据通信系统在正常工作情况下,衡量传输可靠性的指标。当传输的总量很大时,在数值上它等于出错的位数与传送的总位数之比。在数据通信系统中,可以采用各种差错控制技术对出现的差错进行检查和纠正,如果误码率过高,就会极大地降低数据通信的效率。

误码率 Pe 可以表示为

$$Pe = Ne/N$$

式中,Ne——出错的位数;

　　N——传送的总位数。

4. 吞吐量

吞吐量在通信和计算机网络领域,是指在单位时间内成功传输的数据量,是单位时间内整个网络能够处理的信息总量,单位是字节/秒或位/秒。它衡量的是网络、系统或设备在实际运行中的性能表现。在单信道总线型网络中:吞吐量=信道容量×传输效率。

5. 信道的传播延迟

信道的传播延迟是指信号从信源经过信道传输到信宿所需要的时间,又称时延。信号在信道中传播的速度取决于传播介质。例如,在真空中,电磁波的传播速度约为 $3 \times 10^8 \, \text{m/s}$,而在铜线等导体中,电信号的传播速度会慢很多。这个时间与信源端和信宿端之间的距离有关,也与具体信道中的信号传播速度有关。

假设信号在某种介质中的传播速度为 v,信道的长度为 d,那么传播延迟 t 可以用公式 $t = d/v$ 来计算。

在共享信道型的局域网(如以太网)中,信号的这种传播延迟是一个重要参数。时延的大小与采用哪种网络技术有很大关系。

在实时交互应用中,如果传播延迟过大,可能会导致明显的延迟和性能下降。

2.2　数据通信方式

数据通信是指在两点或多点之间,以数字化的形式进行信息的传输、交换和存储。

它涉及将数据从一个设备(称为数据源)发送到另一个设备(称为数据宿),通过通信信道(包括有线和无线)来实现。

数据通信不仅是简单的数据传输,还包括数据的编码、调制解调(Demodulation)、多路复用、差错控制、流量控制、数据交换等一系列过程和技术。

2.2.1　数据通信系统模型

数据通信系统的一般结构模型如图 2-1 所示,它由数据终端设备(Data Terminal Equipment,DTE)、数据电路端接设备(Data Circuit-terminating Equipment,DCE)和通信线路等组成。

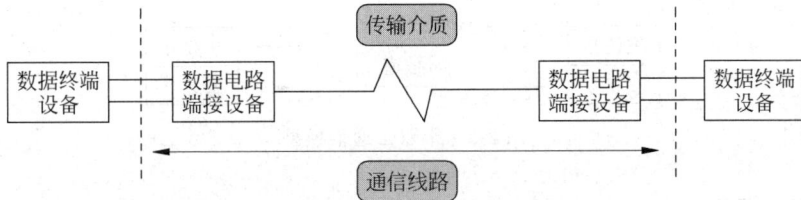

图 2-1　数据通信系统的一般结构模型

1. 数据终端设备

数据终端设备是指在数据通信系统中,用于生成、处理和接收数据的设备,是数据通信系统的信源和信宿。因为这种设备代表通信链路的端点,所以称为数据终端设备。在计算机网络中,它是资源子网的主体,可以是计算机、终端、智能设备(如智能手机、平板电脑)、数据采集设备、测试仪器等。虽然数据终端设备具有较强的通信处理能力和一定的发送和接收数字信息的能力,但它所发出的信号通常并不能直接送到网络的传输介质上,而是要借助数据电路端接设备才能实现。

2. 数据电路端接设备

数据电路端接设备又称数据通信设备(Data Communication Equipment),是在数据通信系统中位于数据终端设备(DTE)和传输线路之间,为数据终端设备提供通信连接和信号变换的设备。DCE 负责将数据终端设备发出的数字信号转换成适合在传输介质上传输的信号形式,并将它送至传输介质上;或者将从传输介质上接收的远端信号转换为计算机能接收的数字信号形式,并送往计算机。常见的数据电路端接设备有调制解调器、信道服务单元/数据服务单元(CSU/DSU)等。

2.2.2　数据线路的通信方式

按照数据信息在传输线路上的传送方向,数据通信方式有单工通信、半双工通信和全双工通信三种。按照数据传输的线路数量,数据通信有并行通信与串行通信两种。按照数据传输的同步方式,数据通信有同步通信与异步通信两种。

1. 单工通信

单工通信中数据只能沿着一个方向传输的通信方式。在单工通信中,发送方只能发送数据,接收方只能接收数据,两者的角色是固定的,不能相互转换。例如,广播电台、电视广播、某些监控系统中的摄像头等。单工通信模型如图 2-2 所示。

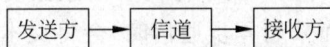

图 2-2　单工通信模型

2. 半双工通信

半双工通信是指通信双方都可以发送和接收数据,但不能同时进行发送和接收的通信方式。例如,对讲机通信、航空和航海的无线电台、早期的以太网(使用共享式集线器连接多台计算机;在同一时刻,只有一个设备能发送数据,其他设备只能接收,但是不同设备可以在不同时间进行发送)等。半双工通信模型如图 2-3 所示。

图 2-3   半双工通信模型

3. 全双工通信

全双工通信是指通信双方可以同时进行双向数据传输的通信方式,即发送和接收可以同时进行。在全双工通信方式中,通信的双方必须都具有同时发送和接收的能力,并且需要两个信道分别传送两个方向上的信号,每一端在发送信息的同时也在接收信息。这种通信方式的性能最好,所需要的设备最复杂,实现的成本也最高,如手机通话、视频会议、现代以太网等。全双工通信模型如图 2-4 所示。

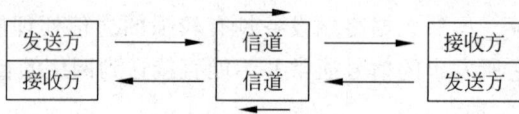

图 2-4   全双工通信模型

4. 并行通信与串行通信

并行通信是指在同一时刻,数据的各位同时在多根并行的数据线上进行传输。串行通信则是数据在一根数据线上逐位顺序传输。例如,在计算机内部,连接 CPU 和内存的数据总线通常采用并行通信,以实现快速的数据交换;而计算机与外部设备(如打印机)的连接,可能会使用串行通信,因为距离可能较远,对成本和布线复杂度有要求。

5. 同步通信与异步通信

同步通信是指发送方和接收方通过共用的时钟信号来同步数据传输的一种通信方式。在同步通信中,数据通常以数据块(又称帧)为单位进行传输,数据块的开头和结尾有特定的标志用于识别。

异步通信是一种通信方式,在这种方式中,发送方和接收方各有自己的时钟,数据以字符为单位进行传输,每个字符前后分别加上起始位和停止位来实现同步。例如,计算机通过串口与外部设备(如打印机)进行通信时,就可能采用异步通信方式。

同步通信适用于高速、大量数据的连续传输,如高速网络、计算机内部总线等。异步通信适用于低速、间歇性的数据传输,如串行端口通信、低速传感器数据采集等。

如果使用同步通信,可能会将整段文本作为一个数据块进行传输,只要时钟同步准确,就能快速且连续地完成传输;而采用异步通信时,会将文本中的每个字符分别加上起始位和停止位后逐个传输,传输过程相对较慢。

2.3　数据传输方式

数据传输方式是指数据在通信系统中从发送端到接收端所采用的具体形式和途径。按照数据在传输线上是原样传输还是调制变样后再传输,数据传输方式可分为基带传输、频带传输和宽带传输等。

2.3.1　基带传输

在数据通信中,表示计算机二进制数据比特序列的数字数据信号是典型的矩形脉冲信号。人们把矩形脉冲信号的固有频带称为基本频带,简称基带。这种矩形脉冲信号就称为基带信号。

基带传输是指在数字通信中,未经调制,即直接按原始数字信号所固有的频率进行传输的方式。一个常见的基带传输案例是计算机内部的总线通信,如计算机主板上的 PCI (Peripheral Component Interconnect)总线,数据在总线上以基带形式传输,直接传输数字信号,不需要进行调制。

基带传输是一种最基本的数据传输方式,一般用在较近距离的数据通信中。在计算机局域网中,主要就是采用这种传输方式。

2.3.2　频带传输

频带传输是指在通信系统中,将基带信号经过调制变换为频带信号后再进行传输的方式。因为基带传输会占用整个线路所能提供的频率范围,所以在同一时刻,一条线路仅能传输一路基带信号。为了提升通信线路的利用效率,可以采用占据较小带宽的模拟信号当作载波来传输数字信号。在频带传输中,基带信号的频谱被搬移到较高的频率范围,以便在特定的信道中进行有效传输。

常用的频带调制方式有频率调制、相位调制、幅度调制,以及调幅与调相的混合调制方式。

频带传输的优点包括以下两点。

(1)可以实现长距离传输,因为高频信号在传输过程中的衰减相对较小。

(2)能在同一信道中同时传输多个不同频率的信号,提高信道利用率。

频带传输克服了电话线上不能直接传送基带信号的缺点,提高了通信线路的利用率,尤其适用于远距离的数字通信。

以下是几个常见的频带传输案例。

(1)无线广播,如调幅(AM)和调频(FM)广播,将音频信号调制到高频载波上进行传输。

(2)卫星通信,将数据信号调制到微波频段进行远距离传输。

(3)移动电话通信,如 GSM、CDMA 等制式,将语音和数据信号进行调制后在无线信道中传输。

2.3.3　宽带传输

宽带传输是指在同一传输介质上,可以利用不同的频道进行多个信号同时传输的技术。

与基带传输相比,宽带传输具有更宽的频率范围,可以同时传输多个不同频率的信号,从而实现更高的数据传输速率和更多的信息传输。

在同一信道上,宽带传输系统既可以提供数字信息服务,也可以模拟信息服务。计算机局域网采用的数据传输系统有基带传输和宽带传输两种方式,基带传输和宽带传输的主要区别在于数据传输速率不同。

基带传输和宽带传输主要有以下区别。

(1)信号占用带宽:基带传输占用从 0 开始的整个信道带宽,只能传输一种基带信号;宽带传输占用较宽的频段,可同时传输多种不同频率的信号。

(2)传输速率:基带传输通常传输速率相对较低,而宽带传输能够实现较高的数据传输速率。

(3)适用范围:基带传输适用于短距离、低速率的数据传输,如计算机内部总线;宽带传输适用于长距离、高速率、多业务的传输,如互联网接入、有线电视等。

(4)成本:基带传输成本相对较低,而宽带传输通常需要更复杂的设备和技术,成本较高。

(5)信号调制:基带传输一般不进行调制,而宽带传输需要对信号进行调制,以在不同频段传输多个信号。

例如,在一个办公室内的计算机网络中,短距离连接可能采用基带传输;而对于覆盖整个城市的有线电视网络,为了同时传输众多电视频道和其他数据,就会采用宽带传输。

2.4 数据交换技术

数据交换技术是指在通信网络中,为了实现不同设备之间的数据传输和共享,采用的一种在多个终端设备之间建立临时通信链路的技术。它的主要作用是解决在多个终端之间如何高效、准确地传输数据的问题。

数据交换技术主要包括电路交换、报文交换和分组交换,还有用于 ATM 网络中的信元交换技术。

2.4.1 电路交换

电路交换(Circuit Switching)是指在通信双方之间建立一条专用的物理链路,该链路在通信过程中始终保持连接,直到通信结束才释放资源。例如,传统的电话通话就是电路交换的典型应用。当 A 拨打 B 电话时,电话网络会在 A 和 B 之间建立一条专属的线路,在通话期间这条线路被 A 和 B 独占,其他人无法使用。

电路交换的特点有以下几个。

(1)连接建立时间长:在通信开始前,需要花费一定的时间来建立连接。

(2)通信质量稳定:因为通信期间链路独占,所以传输延迟小,数据传输的实时性强,信号质量稳定。

(3)资源利用率低:即使在双方不传输数据时,链路也被占用,导致资源浪费。

(4)适合大量数据传输:一旦连接建立,适合长时间、大量的数据传输,如长时间的电话通话或持续的数据传输。

2.4.2 报文交换

报文交换(Message Switching)采取的是存储-转发(Store-Forward)方式,不需要在通信的两个节点之间建立专用的物理线路。数据以报文(Message)的方式发出,报文中除用户要传送的信息外,还有源地址和目的地址等信息。

在报文交换中,用户的报文被存储在交换机的存储器中,当所需要的输出电路空闲时,再将该报文发向接收交换机或终端。

报文交换的具体过程如下:发送方产生报文后,会将该报文发送至最近的交换机。交换机接收到报文后,将其存储在内部存储器中。接着,交换机会检查输出线路的状态,如果目标线路空闲,就会把报文从存储器中取出并发送出去;如果目标线路繁忙,报文就会在存储器中排队等待,直到线路空闲。在传输过程中,可能会经过多个交换机,每个交换机都重复这样的存储和转发操作,直到报文最终到达目的地。整个过程中,报文会根据网络的状况和线路的可用性,在各个交换机之间灵活传输,以实现数据的有效传递。

例如,早期的电子邮件系统(Electronic mail system,E-mail)就采用了报文交换的方式。用户发送的邮件先存储在邮件服务器中,然后根据网络状况和接收方的状态进行传输。

报文交换的特点有以下几个。

(1) 不需要建立专用连接,即不需要在通信前建立固定的连接路径。

(2) 报文传输采用存储转发,能够应对突发的流量。

(3) 对报文大小没有限制,可以传输较大的报文。

(4) 由于需要存储和排队等待转发,传输延迟可能较长且不固定。

(5) 资源利用率较高,多个报文可以共享线路资源。

2.4.3 分组交换

分组交换(Packet Switching)也属于存储-转发交换方式,是一种将数据分割成固定大小或可变大小的分组(Packet)来进行传输和交换的技术。分组的最大长度一般规定为一千到数千比特。

分组交换的分类主要有两种:数据报交换和虚电路交换。

1. 数据报交换(Datagram Switching)

在数据报交换中,每个分组被视为一个独立的数据单元,拥有独立的处理和传输过程。每个分组包含了足够的路由信息,以便网络中的路由器能够根据当前的网络状况为其独立选择传输路径。其特点包括以下几方面。

(1) 独立性:每个分组独立地在网络中传输,即使属于同一消息的不同分组,也可能沿着不同的路径到达目的地。

(2) 无序性:由于分组各自选择路径,到达目的地的顺序可能是无序的。

(3) 灵活性:能适应网络中的变化,如链路故障或拥塞,分组可以动态地选择其他可用路径。

假设要从 A 点向 B 点发送一份包含多个分组的文件。在数据报交换中,每个分组都可能通过不同的路由器和链路进行传输。可能第一个分组经过路径 R1-R2 到达 B 点,第二个分组经过路径 R4-R5-R3 到达 B 点,如图 2-5 所示。在互联网中发送数据报也是如此,每个数据报都可以独立地通过不同的路由器到达目标,因此可能会出现先发送的数据报后到达的情况。

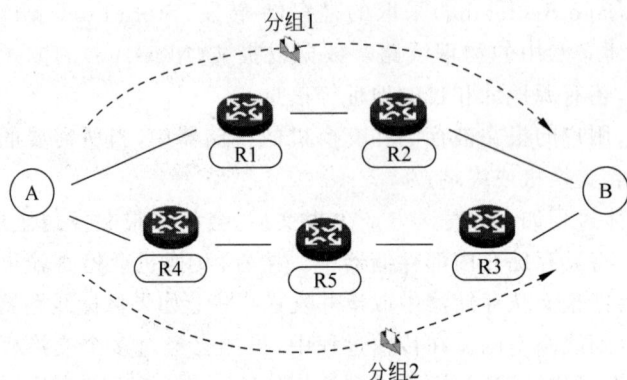

图 2-5   数据报交换举例

数据报交换的优点包括以下几方面。

(1) 可靠性强:单个分组的传输路径独立,即使部分网络节点或链路出现故障,其他分组仍有可能通过其他路径成功传输,整个通信不会完全中断。

(2) 灵活性高:可以根据网络的实时状况动态地选择最优路径,提高网络资源的利用率。

(3) 不需要建立连接:发送分组前不需要提前建立连接,减少了连接建立的时间和开销。

(4) 通信速率较高:对于短报文数据,通信传输速率比较高,对网络故障的适应能力强。

数据报交换的缺点包括以下几方面。

(1) 分组可能无序到达:由于分组独立选路,到达目的地的顺序可能不一致,需要在接收端重新排序,增加了处理的复杂性。

(2) 每个分组都需携带完整的地址信息:这会增加额外的开销,尤其是对于较小的分组。

(3) 可能存在重复分组:由于网络的不确定性,可能会导致相同的分组多次到达目的地,需要在接收端进行去重处理。

(4) 时延大:传输时延较大,时延离散度大。

2. 虚电路交换(Virtual Circuit Switching)

在虚电路交换中,通信双方在进行正式的数据传输之前,会通过网络建立一条逻辑上的连接通路,即虚电路。这条虚电路并不是一条真正的物理链路,而是由路径上各个节点保存的关于该连接的状态信息构成。一旦虚电路建立,后续发送的分组将按照预先建立的路径顺序传输,每个分组不必再携带完整的目的地址,只需携带一个简单的虚电路标识即可。当用户不需要发送和接收数据时可清除这种连接。

虚电路交换具有以下特点。

(1) 逻辑连接:在通信开始前,先建立一条逻辑上的连接通路,但并非物理的专用链路。

（2）有序传输：分组按照建立虚电路时确定的顺序依次传输，到达接收端的顺序是有保障的。

（3）地址简化：分组中只需包含虚电路号，而不必携带完整的目的地址，减少了额外的开销。

（4）资源预留：在建立虚电路时，可以根据需要为该连接预留一定的网络资源，保证服务质量。

（5）可靠性较高：由于路径相对固定，分组丢失和出错的概率相对较低。

（6）拆除连接：通信结束后，需要专门的控制消息来拆除虚电路，释放相关资源。

举例来说，假设从主机 A 到主机 B 要建立虚电路。首先会通过网络中的控制消息来确定路径，比如经过路由器 R1-R2 到达主机 B。建立虚电路后，主机 A 发送给主机 B 的分组都会沿着这条既定的路径 R1-R2 传输，如图 2-6 所示。在企业内部的专用网络中，不同部门之间的通信可以通过建立虚电路来保证数据的有序和可靠传输。

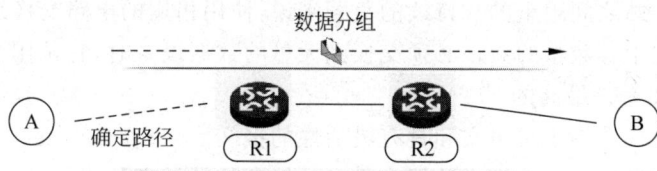

图 2-6 虚电路交换举例

虚电路交换的优点包括以下几方面。

（1）传输有序：分组数据按顺序到达接收端，不需要重新排序，降低了处理复杂度。

（2）开销较小：分组中只需携带虚电路标识，减少了地址信息的开销。

（3）可靠性高：路径相对固定，降低了分组丢失、出错的概率，不容易产生数据分组丢失。

（4）实时性好：如语音、视频等，能保证数据的按时到达。对于数据量较大的通信，传输速率高，分组传输延时短。

虚电路交换的缺点包括以下几方面。

（1）建立连接时间长：在数据传输前需要建立虚电路，增加了一定的时延。

（2）灵活性较差：一旦虚电路建立，路径难以更改，对网络故障的适应能力相对较弱。

（3）资源预留可能浪费：如果预留的资源未被充分利用，会造成资源浪费。

（4）对网络的依赖性较大。

2.4.4 信元交换技术

信元交换技术（Cell Switching）是一种较为特殊的数据交换方式，是一种高速的数据交换方式，通常用于 ATM 网络中。它是一种面向连接的交换技术，采用小的固定长度的信息交换单元，这些小单元称为信元（Cell）。每个信元的长度通常为 53B，其中 5B 为信元头，用于包含路由和控制信息，48B 为有效载荷，用于承载实际的数据。话音、视频和数据都可由信元的信息域传输。它综合吸取了分组交换高效率和电路交换高速率的优点，针对分组交换速率低的弱点，利用电路交换完全与协议处理无关的特点，通过高性能的硬件设备来提高处理速度,以实现高速化。

ATM 模型分为三个功能层:ATM 物理层、ATM 层和 ATM 适配层。ATM 是面向连接的交换技术,通信两端在传递数据之前首先要建立连接。连接建立之后,数据就从应用层向下传递到 ATM 适配层,ATM 适配层将高层的应用数据分成 48B 的定长段,并适配到底层的 ATM 服务上。数据以 48B 的定长段的形式传递到 ATM 层后,ATM 层为其添加 5B 的信元头,构成一个 53B 的信元,随后信元通过 ATM 物理层传递到目的端,ATM 物理层接口可以采用多种不同的链路技术。数据到达目的端后,目的端的 ATM 适配层将 48B 的定长段再进行组装,向高层上传递。在交换链路的每一个中间节点上,每个信元都是根据信元头内容进行交换的,交换过程采用了标记交换的机制。

多种交换技术总结如下。

(1) 对于交互式通信来说,报文交换是不合适的。

(2) 对于较轻的间歇式负载来说,电路交换是最合适的,因为可以通过电话拨号线路来使用公用电话系统。

(3) 对于两个站之间很重的和持续的负载来说,使用租用的电路交换线路是最合适的。

(4) 当有一批中等数量的数据必须交换到大量的数据设备时,宜选用分组交换方法,这种技术的线路利用率是最高的。

(5) 数据报交换适用于短报文和具有灵活性的报文。

(6) 虚电路交换适用于大批量数据交换和减轻各站的处理负担。

(7) 信元交换适用于对带宽要求高和对服务质量要求高的应用。

习　题

一、单选题

1. 在数据通信中,将数字信号变换为模拟信号的过程称为(　　)。
   A. 编码　　　　　　B. 解调　　　　　　C. 调制　　　　　　D. 解码

2. 在数据通信中,衡量数据传输可靠性的指标是(　　)。
   A. 带宽　　　　　　B. 误码率　　　　　C. 吞吐量　　　　　D. 延迟

3. 下列关于信道容量的说法,正确的是(　　)。
   A. 信道容量与信道的带宽、信号的平均功率以及噪声的平均功率无关
   B. 信道容量只与信道的带宽有关
   C. 信道容量由香农公式给出,与信道的带宽、信号的平均功率以及噪声的平均功率有关
   D. 信道容量只与信号的平均功率以及噪声的平均功率有关

4. 在数据通信系统中,当调制电平数为 8 的时候,波特率和比特率的比值是(　　)。
   A. 4∶1　　　　　　B. 1∶4　　　　　　C. 3∶1　　　　　　D. 1∶3

5. (　　)方式通常用于较近距离的数据通信且一般不进行调制。
   A. 频带传输　　　　B. 宽带传输　　　　C. 基带传输　　　　D. 信元传输

6. (　　)技术传输延迟较小。
   A. 电路交换　　　　B. 报文交换　　　　C. 分组交换　　　　D. 以上都不对

7. （　　　）技术可在通信双方之间建立一条专用的物理链路,该链路在通信过程中始终保持连接,直到通信结束才释放资源。

　　A. 报文交换　　　　　B. 分组交换　　　　　C. 电路交换　　　　　D. 信元交换

8. 若一个通信系统采用半双工方式工作,其传输速率为 10Mbps,那么它的实际有效数据传输速率最大可能是(　　　)。

　　A. 5Mbps　　　　　　B. 10Mbps　　　　　　C. 20Mbps　　　　　　D. 不确定

9. 在虚电路服务中,(　　　)。

　　A. 每个分组都需要携带完整的目的地址

　　B. 每个分组独立选择路由

　　C. 属于同一条虚电路的分组按照同一路由转发

　　D. 在数据传输前不需要建立连接

10. 以下不是 ATM 网络特点的是(　　　)。

　　A. 面向连接　　　　　　　　　　　　B. 固定信元长度

　　C. 以分组为单位传输　　　　　　　　D. 支持不同速率的业务

二、简答题

1. 数据通信系统模型包含哪几部分,作用分别是什么?

2. 请简要阐述半双工通信的工作原理,并举例说明其在实际生活中的应用场景,以及半双工通信相比全双工通信的优缺点。

3. 基带传输和宽带传输的主要区别是什么?

4. 常用的频带调制方式有哪几种?

5. 数据报交换的优缺点是什么?

三、案例分析题

1. 已知某通信系统的带宽为 2000Hz,采用四进制信号传输,求该系统的比特率。

2. 小李和小王用电话进行通信,此过程中使用了哪种数据交换技术?该技术有哪些特点?

3. 某公司有两个分支机构,分别位于城市 A 和城市 B,需要进行频繁且稳定的数据通信。公司决定采用虚电路技术来构建通信网络,网络带宽为 100Mbps,每个虚电路的最大数据传输速率为 20Mbps。现有任务:从城市 B 向城市 A 实时传输视频数据,每秒数据量为 10MB,要求延迟不超过 50ms。问:是否能满足延迟要求?

四、综合题

有一种特殊的交换技术,采用小的固定长度的信息交换单元,请回答下列问题。

(1) 该交换技术的名称是什么?

(2) 这种信息交换单元分为哪两部分,其长度分别是多少?

(3) 该交换技术模型分为哪三层,每层的功能是什么?

📖 拓展阅读

通信的过去、现在和未来(一)

自人类诞生以来,通信就是一种刚性需求。没有通信,人与人之间就是信息孤岛,无法交流协作,无法表达情感,也无法形成任何形式的组织。因此,人们经常说,通信是人类社会的黏合剂,也是人类进步的基石。

在人类漫长的通信技术发展历程中,1837年是一个重要的时间节点。这个节点,将通信发展史分为古代史和近现代史两部分。也就是说,从这一年开始,人类通信进入了近现代时代。

这一年,萨缪尔·摩尔斯正式发明了电报技术。电报是人类"电科学"研究的产物,也可以算是第二次工业革命(电气革命)的早期成果。用电来通信,是通信史上划时代的创举。在此之前,人们研究了几千年,发明了无数的通信手段(如烽火、狼烟、信鸽、驿站),但都无法解决通信信息量、通信时延和通信距离之间的矛盾。

19世纪30年代,人类社会发展到了一个关键节点。通信技术的落后,已经对生产力造成束缚,也影响了人类组织规模的进一步扩大,甚至影响了世界经济与国际和平。"电通信"的出现,既是水到渠成,也是雪中送炭。电的传输速率极快,是非常理想的通信手段。

相比电报,摩斯码的发明意义更为重大,因为它实现了对文字的先进编码。文字是人类伟大的发明,可以把它理解为早期的信息编码。所有的信息都可以通过文字进行记录和传递,形成了人类的历史和文化。但是,文字过于复杂,别说复杂的中文汉字,即便是26个字母构成的英文字母体系,也很难实现简化传递。

高效通信的秘诀在于将信息变成更简单的编码,然后找到最简单、高效的信息符号表达方式,承载这些编码。

当时(19世纪初)的历史经验表明,"是"与"否","对"与"错","阴"与"阳",这种二进制的符号表示,是最容易通过技术实现的。例如,灯亮和灯灭,有旗和无旗,有烟和无烟。摩斯码将文字变成了"点"和"横",实现了极简的"准二进制"编码。然后,基于电流的"通"和"断",进行编码表达。这实现了文字(信息)的超远距离和超快速度传递。唯一的瓶颈,是电流脉冲的产生速度,即一个电报员再熟练,敲完一个单词也需要好几秒的时间。

在人类解决脉冲频率问题之前,出现了一个取巧的办法,那就是不编码解码,直接通过信源(话筒)中的薄膜和磁铁,采集声波信息,再将电流(模拟声音波形)传输到信宿(听筒),驱动薄膜和磁铁振动,复现声波。这就是1876年亚历山大·贝尔发明的电话机。

从功能上来看,电话机已经是人类通信的极致实现了。两个人,身处不同的地方,通过电话就可以直接交谈,这难道不是通信的最高境界吗?当时的人们应该也是这么想的。在他们眼里,电话只有一个缺点,那就是需要拉线。这意味着需要施工,会产生巨大的成本。

有线电话出现之后,带来了一个新概念——网络,或者说交换网络。这么多的节点要连接起来,就需要形成网络拓扑,需要引入交换处理。交换处理的方式,一开始是人工交换。后来,有了步进制交换和纵横制交换,形成了电话交换的一套发展路线。

电话通信很强大,但是需要依赖于硬件建设。以当时的经济条件,不仅普及速度慢,也容易造成通信鸿沟(富人享受通信权)。

在漫长的19世纪,还有一条隐藏线在默默发展,那就是无线电磁波的研究。当时,绝大多数的人都不相信存在无线电磁波,只有麦克斯韦坚定不移,完成了理论奠基。后来,德国人赫兹通过实验验证了无线电磁波的存在,彻底打开了新世界的大门。

无线电磁波不再依赖于有线介质,可以实现长距离的即时通信。在当时来看,也是一个壮举。1901年,意大利人马可尼首次实现了跨大西洋的无线电报通信,震惊了全世界。

无线电通信诞生后,以当时的技术手段,人类根本没有办法驾驭高频电磁波,所以,还是以电报这种脉冲表达信号的通信方式为主。后来,无线电技术不断进步,有了无线电广播(1920 年),无线电也开始传输声音。

除了驾驭高频电磁波之外,当时无线电通信的难点,有以下几个方面。

一是获得更大的发射功率;二是获得更灵敏的接收能力;三是无线电频谱的协调管理;四是无线通信设备的成本控制以及体积缩减。

除了第三条之外,剩下几条都受制于电子技术。

巧合的是,1910—1950 年发生的两次世界大战,极大地推动了科技的发展,其中就包括电子产业的发展。电子管(1904 年)和晶体管(1947 年,贝尔实验室)的发明,使得电子技术进入了一个全新的时代,这从硬件上给通信的发展扫除了障碍。摩托罗拉的步话机,就是这一时期通信技术的典型产品。通信终端已经变得小型化,一个人就可以进行背负。

与此同时,贝尔实验室的克劳德·香农,及时发表了信息论的相关论文(1948 年)。他首次从理论的角度,构建了通信的基本模型,提出了信息熵,对信息进行了度量,定义了比特;他还推出了香农公式,明确指出了决定通信能力的所有要素。他的贡献奠定了信息和通信技术的理论根基。

20 世纪 40 年代,正值第三次工业革命的萌芽。这次工业革命,以原子能技术、航天技术和电子计算机技术为代表。从本质上来说,这一时期的通信技术跃进,是信息技术大爆发的体现。

把时间指针往前拨,回到 19 世纪 40 年代。1846 年,也就是摩斯码和电报发明的 9 年后,就有科学家将穿孔纸带技术与电报技术相结合,即将文字信息通过一个个的孔进行记录。后来,1890 年,德裔美国人赫尔曼·何乐礼(IBM 公司前身的创始人)将这项技术进一步完善,发明了打孔制表机,如图 2-7 所示。这其实是早期的存储技术,它在文字编码的基础上实现了更高效的文字和数字存储,也就是早期的信息化。

图 2-7 打孔制表机

进入 20 世纪,磁介质存储的发明,使数据存储真正步入了现代存储时代。这一点非常重要,如果没有数据存储,哪来的数据计算?没有数据计算,哪来的数据通信?

虽然残酷,但是真正催生信息技术萌芽的还是战争。当时打孔制表机的发明,只是为了算人口数据和财务报表,这些计算其实并不复杂。人类之所以想到要研发计算机,有两个主要驱动力:一是为了破解战争对手的密码,二是为了精准计算火箭弹道。超复杂的计算需求,推动了计算机的诞生。数据数字化了,计算数字化了,通信当然也要数字化。

单元 3

计算机网络技术基础

导读

本单元深入探讨计算机网络技术基础,涵盖网络拓扑结构、参考模型、数据传输控制方式、局域网标准和 TCP/IP 等内容。通过学习,了解职业规范,掌握多种知识和具备相关能力。所学知识涉及常见拓扑结构的特点与应用、OSI 参考模型各层功能及术语、多种数据传输控制方式的原理及适用场景、局域网的定义标准及以太网相关知识、TCP/IP 的分层模式及各层协议特点等,为进一步探索网络技术奠定基础。

学习目标

◇ **素养目标**

(1) 了解网络行业的职业规范和要求,培养严谨、负责的工作态度。引导学生关注行业规范,树立正确的职业价值观。

(2) 鼓励对网络技术的发展趋势进行思考和预测,深入理解网络模型,激发对网络传输等方面的创新思维,探索新的应用场景和解决方案,以适应网络技术不断更新迭代的特点。

◇ **知识目标**

(1) 掌握计算机网络的拓扑结构,理解网络拓扑结构的特点和应用。

(2) 了解 OSI 参考模型的结构及各层的主要功能。

(3) 掌握数据传输控制方式,熟悉几种数据传输控制方式的工作流程。

(4) 了解常见的局域网标准。

(5) 掌握 TCP/IP,掌握各层的关键协议和作用。

◇ **能力目标**

(1) 能够准确获取、评估和有效利用与网络基础、模型相关的信息,具备筛选和辨别有效信息的能力。

(2) 能够运用 OSI 和 TCP/IP 模型的知识,对网络数据的传输过程进行分析和解释。

知识梳理

3.1 计算机网络拓扑结构

计算机网络的拓扑结构是指网络中各个站点相互连接的形式,或者说是指网络中通信线路和节点(计算机或设备)的几何排列形式。

常见的计算机网络拓扑结构有以下几种,如图 3-1 所示。

(1)总线型拓扑:所有节点都连接在一条共享的通信总线上。优点是结构简单、易于扩展、成本低;缺点是总线故障会影响整个网络,且通信效率较低。

(2)星型拓扑:以中央节点为中心,其他节点通过单独的链路与中央节点相连。优点是易于管理和监控,故障诊断容易;缺点是中央节点负担重,一旦出现故障,整个网络会瘫痪。

(3)环型拓扑:所有节点通过通信链路组成一个闭合的环。优点是数据传输确定性强,控制简单;缺点是某个节点故障会影响整个环的通信,且不易扩展。

(4)树型拓扑:可以看作多个星型拓扑的组合,具有分级的层次结构。优点是易于扩展和故障隔离;缺点是对根节点的依赖性大。

(5)网状拓扑:节点之间存在多条路径连接。优点是可靠性高、容错性强;缺点是结构复杂、成本高,管理和维护难度大。

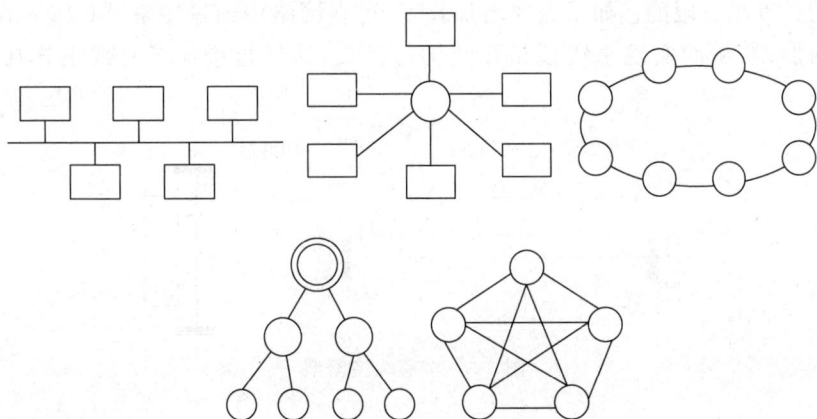

图 3-1　常见的计算机网络拓扑结构图

在实际组网中,要综合考虑各种因素来优化网络设计。拓扑结构的选择往往与传输介质的选择和介质访问控制方法的确定紧密相关。选择拓扑结构时,应该主要考虑以下因素。

(1)可靠性:如果网络需要高度可靠,尽量避免单点故障影响整个网络的结构,如星型拓扑中对中央节点依赖较高,而网状拓扑可靠性相对更强。

(2)扩充性:考虑网络未来的发展和扩展需求。例如,树型拓扑在扩展新分支时相对容易,而环型拓扑扩展可能较为复杂。

(3)费用:硬件成本(如线缆、交换机、路由器等设备)、安装成本和维护成本。对于预算有限的情况,可能会倾向于选择成本较低的拓扑结构,如总线型拓扑。

举例来说,如果是一个小型办公室网络,成本低、易于管理的星型拓扑可能是较好的选择;而对于大型数据中心,需要高可靠性和高带宽,网状拓扑可能更合适。

3.1.1　总线型拓扑结构

总线型拓扑结构是指所有的节点都通过一条公共的通信线路(总线)进行连接和通信,通常采取分布式控制策略,常用的有带冲突检测的载波监听多路访问(Carrier Sense Multiple Access with Collision Detection,CSMA/CD)和令牌总线访问控制方式。

总线型拓扑结构主要分为以下两类。

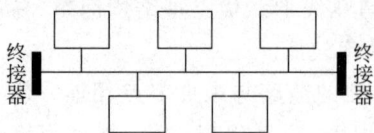

图 3-2   单总线型模型

单总线型：这是最常见的形式，所有节点直接连接到一条单一的总线上，数据在这条总线上进行单向或双向传输，如图 3-2 所示。局域网一般是单总线结构，整根电缆连接网络中所有的节点，所有的节点都通过相应的硬件接口直接连接到传输介质或总线上。在总线型网络上的计算机发出的信号会从网络的一端传递到另一端，当信号传递到总线电缆的终端时会发生信号的反射。这种反射信号在网络中是有害的噪声，它会与其他计算机发出的信号互相干扰，导致信号无法为其他计算机所识别，影响了计算机信号的正常发送和接收，使网络无法使用。为防止这种现象产生，可在网络中采用终接器来吸收这种干扰信号。

多总线型：存在多条相互连接的总线，节点可以连接到不同的总线上，如图 3-3 所示。这种结构相对复杂，但在一定程度上可以提高网络的性能和可靠性。

总线的长度是有限的。如果需要增加长度，可在网络中通过中继器（Repeater）等设备加上一个附加段，从而实现总线型拓扑结构的扩展，这样也增加了总线上连接的计算机数目。

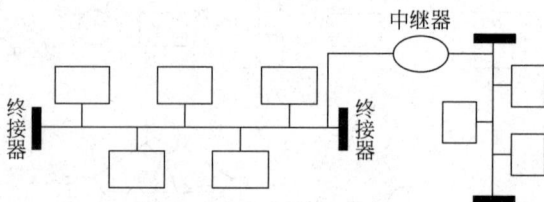

图 3-3   多总线型模型

总线型拓扑结构的优点包括以下几方面。

（1）布线简单，成本低廉：线路布局相对简便，安装和维护的难度较小。只需要一条共享的总线线缆，相较于其他拓扑结构，硬件成本较低。

（2）易于扩展：新增节点时，直接将其连接到总线上即可，不需要复杂的配置和改动。

（3）可靠性较高：单个节点的故障通常不会导致整个网络瘫痪，除非总线型本身出现问题。

（4）费用较少：组网所用设备少，可以共享整个网络资源，并且便于广播式工作。

总线型拓扑结构的缺点如下。

（1）故障诊断困难：因为总线型网络不是集中控制，所以一旦出现故障，故障的检测需在网络上各个节点进行。

（2）故障隔离困难：在总线型拓扑结构中，如果故障发生在节点，只需将该节点从总线上去掉即可；如果故障发生在传输介质，则故障隔离比较困难，需要切断整段总线。

（3）中继器等配置成本较高：在扩展总线的干线长度时，需要重新配置中继器、剪裁电缆、调整终接器等；总线上的节点需要介质访问控制功能，这增加了站点的硬件和软件费用。

（4）实时性不强：所有的计算机在同一条总线上，多个节点同时发送数据时会产生冲突，降低了传输效率，此时需要采用冲突检测和解决机制来处理，因此这种拓扑结构的网络实时性不强。

（5）带宽受限：总线上的所有节点共享总线带宽，随着节点数量的增加，每个节点可获得的有效带宽减少。

（6）安全性低：总线上传输的数据对所有节点可见，难以保障数据的安全性和隐私性。

3.1.2　星型拓扑结构

星型拓扑结构是一种以中央节点为中心，其他节点都通过单独的链路与中央节点相连的网络拓扑结构，如图 3-4 所示。

星型拓扑结构的网络访问采用集中式控制策略，在星型拓扑中，中央节点通常是一个集线器、交换机或路由器等网络设备，而其他节点（如计算机、打印机等终端设备）则直接连接到中央节点上。中央节点负责数据的集中转发和控制，所有的数据通信都必须通过中央节点进行。如果中央节点出现故障，整个网络的通信可能会受到严重影响。

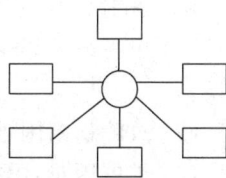

图 3-4　星型拓扑结构图

星型拓扑结构采用的数据交换方式有电路交换和报文交换，尤以电路交换更为普遍。一旦建立了通道连接，可以没有延迟地在连通的两个站之间传送数据。目前在传统的数据通信中，这种拓扑结构仍占支配地位。

例如，在一个办公室网络中，一台交换机作为中央节点，办公室里的各个计算机通过网线连接到这台交换机上，形成了星型拓扑结构。

星型拓扑结构的优点如下。

（1）易于管理和监控：中央节点可以集中管理和控制网络，方便监控网络状态和诊断故障。

（2）故障隔离容易：单个节点或链路的故障只会影响该节点与中央节点的连接，不会影响其他节点之间的通信。

（3）网络扩展方便：添加新的节点时，只需将其连接到中央节点，不会影响其他节点的工作。

星型拓扑结构的缺点如下。

（1）对中央节点依赖度高：中央节点一旦出现故障，整个网络可能会瘫痪。

（2）成本相对较高：需要较多的线缆来连接各个节点与中央节点。

（3）中央节点可能成为网络瓶颈：如果中央节点的处理能力不足或带宽有限，可能会影响整个网络的性能。

3.1.3　环型拓扑结构

环型拓扑结构是指网络中的各节点通过一条首尾相连的通信链路连接成一个封闭的环，如图 3-5 所示。环型网络常使用令牌环决定哪个节点可以访问通信系统。在环型拓扑结构中，数据沿一个方向在环中依次传输，每个节点接收来自上一个节点的数据，并将其转发给下一个节点。

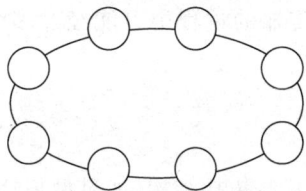

图 3-5　环型拓扑结构图

环型拓扑结构一般采用分散式管理，在物理上它本身就是一个环，所以适合采用令牌环访问控制方法。有时也采用集中式管理,但这需要专门的设备来管理控制。

例如,一个由几个计算机组成的网络,它们通过线缆依次连接形成一个圆环,数据就像在圆环跑道上的运动员一样,沿着一个方向依次经过每个计算机。

环型拓扑结构的优点如下。

(1) 结构简单:线路布局相对清晰,易于理解和实现。

(2) 数据传输确定性:信息在环中沿固定方向传输,延迟较为稳定。

(3) 可靠性较高:只要环中不是相邻的多个节点同时故障,网络仍能正常运行。

环型拓扑结构的缺点如下。

(1) 单点故障影响大:环中的任何一个节点或链路出现故障,都可能导致整个网络瘫痪。

(2) 故障诊断困难:确定故障点的位置相对复杂,需要对整个环进行检测。

(3) 扩展困难:添加或删除节点时,会影响整个环的运行,操作较为复杂。

(4) 重载时效率低:当网络负载较重时,容易出现数据堵塞。

3.1.4　树型拓扑结构

树型拓扑结构是一种分层的网络拓扑结构,形状类似于一棵树,是从总线型拓扑结构演变来的,可以看作多个星型拓扑结构的组合,通过层次化的方式将节点连接起来,如图 3-6 所示。它适用于分级管理和控制系统。

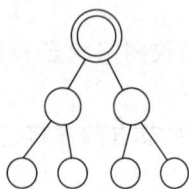

图 3-6　树型拓扑结构图

树型拓扑结构由根节点、分支节点和叶节点组成。根节点位于树的顶部,是整个网络的核心或起始点;分支节点从根节点向下延伸,形成多个分支,每个分支又可以进一步延伸出更小的分支;叶节点则位于树的末端,通常是终端设备或用户节点。

例如,在一个大型企业的内部网络中,总部的核心路由器可以视为根节点,各个分支机构的路由器是分支节点,而员工使用的计算机等设备就是叶节点。

树型拓扑结构的优点如下。

(1) 易于扩展:可以方便地添加新的分支和节点,适应企业或组织的发展。

(2) 层次分明:便于管理和控制,不同层次的节点具有不同的功能和权限。

(3) 故障隔离性较好:局部的故障通常只会影响到其所在的分支,不会对整个网络造成严重影响。

树型拓扑结构的缺点如下。

(1) 对根节点依赖严重:根节点出现故障可能导致整个网络瘫痪。

(2) 成本较高:构建和维护这种分层结构需要较多的线缆和设备。

(3) 数据传输延迟较大:信息在从叶节点到根节点或反向传输的过程中可能经过多个层次,导致延迟增加。

3.1.5　混合型拓扑结构

混合型拓扑结构是指在一个网络中结合了两种或两种以上基本拓扑结构(如星型拓扑、总线型拓扑、环型拓扑、树型拓扑等)的组合形式,如图 3-7 所示。

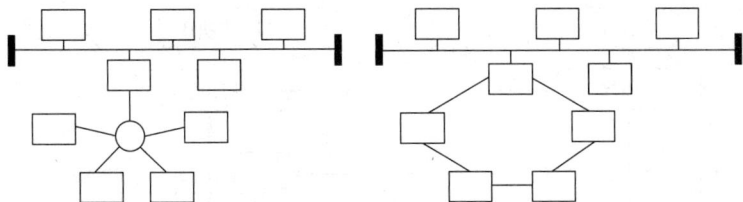

图 3-7 混合型拓扑结构图

典型的混合型拓扑结构包括以下几种。

（1）星型-总线型混合拓扑：中心节点采用星型连接多个分支，某些分支内部采用总线型连接设备。

（2）星型-环型混合拓扑：以星型结构为核心，部分分支组成环型结构。

（3）总线型-环型混合拓扑：总线连接多个环型子网。

这些典型混合型拓扑结构的优点如下。

（1）适应复杂需求：能够根据不同区域或业务的具体需求，灵活选择合适的拓扑结构组合，更好地满足多样化的网络性能和功能要求。

（2）优化资源利用：结合不同拓扑结构的特点，合理分配网络资源，提高带宽利用率和设备效率。

（3）增强可靠性：通过不同拓扑结构的互补，降低单点故障对整个网络的影响，提高网络的可靠性和稳定性。

（4）便于扩展和升级：可以根据网络的发展和变化，有针对性地对局部拓扑结构进行调整和扩展，而不影响整体架构。

3.2 OSI 参考模型

OSI 参考模型（Open Systems Interconnection Reference Model）是由国际标准化组织（ISO）在 20 世纪 80 年代开发的，它提供了一个标准化的框架和概念体系，旨在为开放系统之间的通信提供一个标准化的、通用的模型，有助于不同系统之间的互操作性和兼容性。该模型提供了一个清晰的层次结构，有助于理解网络通信的不同方面和功能；促进了不同厂商和开发者之间的标准化，使不同的网络设备和系统能够相互通信和兼容；作为网络协议设计和开发的指导框架，帮助确定了每个层次的功能和职责。

OSI 参考模型将网络通信的功能划分为七层，从下到上分别是物理层、数据链路层、网络层、传输层、会话层、表示层和应用层，如图 3-8 所示。

物理层负责在物理介质上传输比特流；数据链路层将比特组合成帧，并进行差错控制和流量控制；网络层负责数据包的路由选择和转发；传输层提供端到端的可靠或不可靠的数据传输服务；会话层建立、管理和终止会话；表示层处理数据的表示方式，如加密、压缩等；应用层为用户提供各种网络应用服务，如电子邮件、文件传输等。

3.2.1 物理层

物理层是 OSI 参考模型的最底层。它主要定义了系统的电气、机械、过程和功能标准，

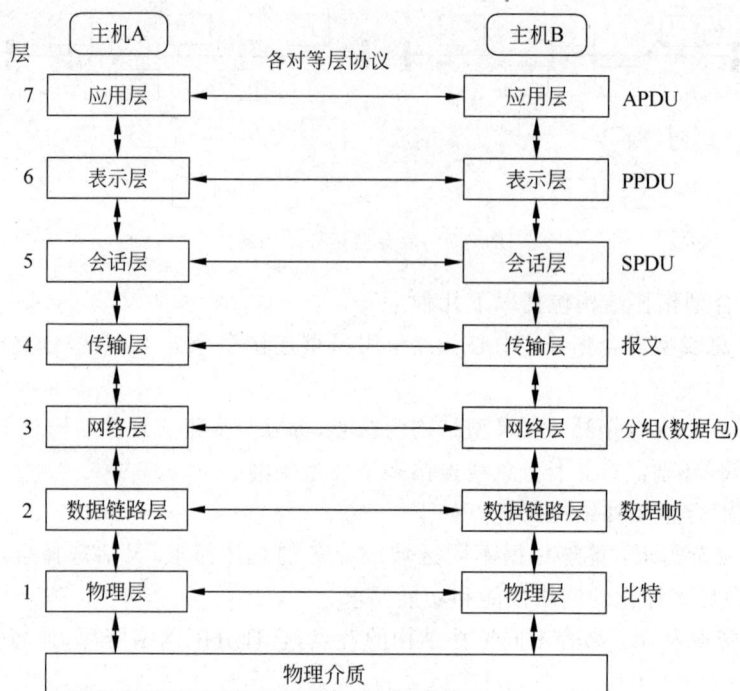

图 3-8   OSI 参考模型

包括电压、物理数据速率、最大传输距离、物理连接器等相关特性。

物理层的主要功能是利用传输介质为数据链路层提供物理连接,负责数据流的物理传输工作。物理层是真正的物理通信,其他各层均是虚拟通信。其传输的基本单位是比特流,也就是最基本的电信号或光信号,例如,0 和 1 是最基本的物理传输特征。

物理层的主要功能如下。

(1)物理连接的建立、维持与释放:负责在通信设备之间建立、保持和断开物理连接,确保通信链路的可用性。

(2)比特流的传输:实现原始比特流的传输,即发送方将数据转换为二进制的比特流,并通过物理介质传输到接收方。

(3)规定物理接口特性:定义了通信设备的接口标准,包括机械特性(如连接器的形状和尺寸)、电气特性(如电压、电流、信号电平)、功能特性(如引脚的定义和功能)和规程特性(如各种可能事件的出现顺序)。

(4)数据传输模式的定义:确定数据传输的方式,如串行传输或并行传输。

(5)信号的编码与解码:将数据编码为适合在物理介质上传输的信号形式,并在接收端进行解码。

(6)传输速率的控制:对数据传输的速率进行规定和控制,以确保发送方和接收方的速率匹配。

(7)传输介质的管理:处理与传输介质(如双绞线、同轴电缆、光纤等)相关的问题,包括介质的选择和使用规范。

物理层介质、连接器和设备概述如下。

物理层中用于传输比特流的介质有很多,每种物理介质在带宽、延迟、成本和安装维护方面都不一样。物理层的介质包括架空明线、平衡电缆、光纤、无线电等;连接器包括各种插头、插座等。此外,局域网中的粗、细同轴电缆,T 形接头、插头,接收器,发送器、中继器、集线器都属于物理层。

3.2.2　数据链路层

数据链路层是 OSI 参考模型中的第二层。数据链路层在物理层提供的比特流传输服务的基础上,建立相邻节点之间的数据链路,通过差错控制、流量控制等方法,将不可靠的物理链路改造成无差错的数据链路,为网络层提供可靠的数据传输服务。当从网络上下载文件时,数据链路层会确保每个帧都能正确无误地从发送方传输到接收方。如果发现错误帧,会要求发送方重传,从而保证数据的完整性和准确性。

其主要功能如下。

(1) 链路管理:负责建立、维持和释放数据链路连接。

(2) 帧定界:将网络层传来的数据分组封装成帧,并确定帧的起始和结束位置。

(3) 帧的装配与分解:数据链路层的数据传输单位是帧。节点在发送过程中,要将从网络层传下来的分组,附上目的地址等数据链路控制信息构成帧,即帧的装配;接收过程中,要检查、剥去帧的数据链路控制信息后,将纯信息(即分组)上交网络层,即帧的分解。

(4) 流量控制与顺序控制:流量控制功能用以保持数据单元的发送速率与接收速率相匹配;顺序控制功能可使通过数据链路连接传输的各数据链路协议数据单元(Protocol Data Unit,PDU),能按发送的顺序传输到相邻节点。

(5) 差错控制:采用纠错编码或检错编码等技术,检测和纠正传输过程中产生的帧错误。

(6) 访问控制:在共享介质的网络中,解决多个节点对链路的访问控制问题,如以太网中的 CSMA/CD 协议。

(7) 使接收端能区分数据和控制信息:因为数据和控制信息在同一信道中传输,而且数据和控制信息通常封装在同一帧中,所以要采取相应措施使接收端能将它们区别开。

(8) 透明传输:由于数据是随机组合的,可能和某个控制信息完全一样而被接收端误解,这时必须采取措施使接收端不会将这样的数据当成某种控制信息,即透明传输。

(9) 寻址:多点连接情况下,既保证每一帧都能正确地送到目的地,又能使接收端区分是哪个站发送的。

数据链路层使用的协议和技术因网络类型而异。例如,在以太网中,数据链路层使用以太网帧格式和 CSMA/CD 协议;而在点到点链路中,则可能使用 PPP 协议。

数据链路层的设备:网桥、交换机、网卡,有人也把 Modem 的某些功能认为属于数据链路层。

3.2.3　网络层

网络层是 OSI 参考模型中的第三层。网络层负责将分组从源节点通过网络传输到目的节点。它要解决的核心问题是如何在不同的网络之间进行路由选择和数据包的转发,实现不同网络之间的通信。它涉及的是将源端发出的分组经各种途径送到目的端,而从源节点到目的节点可以经过许多中间节点,所以网络层是控制通信子网、处理端对端数据传输的最底层。网络层的主要功能是路由选择、流量控制、传输确认、中断处理、差错检测及故障恢复等。

网络层的主要功能如下。

(1) 建立和拆除网络连接。利用数据链路层提供的数据链路连接,来构成两个传输实体间的网络连接,这种网络连接可能由若干个通信子网所支持。

(2) 分段和组块。为提高传输效率,当数据单元太长时,可对它们进行分段,也可将几个较短的数据单元组成块后一起传输。无论哪种情况,都必须保留网络服务数据单元的分界符。

(3) 有序传输和拥塞控制。当传输实体需要有序传输网络服务数据单元(Service Data Unit,SDU)时,网络层将在指定的网络连接上用有序传送的方法来实现。利用网络层提供的流量控制服务,可对网络连接上传输的网络服务数据单元进行有效的控制,监测网络中的拥塞情况,如路由器缓冲区的占用率、链路的负载等,以免发生信息堵塞或拥挤现象。

(4) 网络连接多路复用。本功能提供网络连接多路复用数据链路连接,以提高数据链路连接的利用率。

(5) 路由选择和中继。确定数据包从源节点到目标节点的最佳路径,路由器根据路由表(Routing Table)和网络拓扑信息来做出决策。此功能是在两个网络地址之间选择一条适当的路由。

(6) 差错的检测和恢复。差错检测是利用数据链路层的差错报告,以及其他的差错检测能力,来检测网络连接所传输的数据单元是否出现异常情况。恢复功能是指从被检测到的出错状态中恢复正常。

(7) 服务选择。当一个网络连接要穿越几个子网时,如果各子网具有不同的服务指标,则需要利用服务选择功能,使网络连接的两端能提供相同的服务。

网络层的设备:路由器、三层交换机等。路由器是连接不同网络的设备,它能够根据网络地址(如 IP 地址)以及路由协议来选择数据传输的最佳路径,并将数据包转发到目标网络。

网络层的服务:OSI/RM 中规定,网络层提供无连接和面向连接两种类型的服务,又称数据报服务和虚电路服务。

3.2.4 传输层

传输层是 OSI 参考模型中的第四层,是负责数据传输的最高层,也是整个七层协议中最重要和最复杂的一层。传输层位于高层和低层中间,起承上启下的作用。它为上层提供端到端的透明数据传输服务,确保数据能够准确、可靠、有序地从源端传输到目的端。传输层的这一功能要依靠网络层提供的功能实现。传输层的服务能随着不同网络的变化而变化,称为网络相关,所以通信子网的变化不会影响传输层以上的软件层。

首先,传输层通过端口号来区分不同的应用进程,源端口号标识了发送数据的进程,目的端口号则标识了接收数据的进程。比如,Web 服务器通常用 80 端口接收超文本传输协议(Hypertext Transfer Protocol,HTTP)请求,客户端会随机选择一个未占用端口作为源端口进行通信。其次,当应用层给传输层的大段数据超出处理范围时,传输层会将其分割成较小的数据段,并添加包含源端口号、目的端口号、序列号等的首部信息。在接收端,依据数据段首部的序列号等信息,将这些数据段重新组合成原始数据。再者,传输层会在数据段中添加校验和之类的差错检测字段,接收端收到后计算校验和并与发送端的比较,若发现差错,会按具体协议(如 TCP)采取重传等差错恢复措施。此外,接收端通过返回确认信息告知发送端自身接收缓冲区大小和当前可接收数据量,发送端据此调整发送速度,实现流量控制,避免接收端缓冲区溢出。

传输层的主要功能如下。

(1)端到端的通信服务:接收来自会话层的数据,将其分成较小的信息单位,经通信子网实现两主机间的端到端通信。通过端口号精准标识不同的应用程序进程,确保多个应用进程能够同时且独立地进行数据传输。

(2)具备分段与重组的能力:当应用层传递下来的数据过大,不适合在网络中直接传输时,传输层会把这些数据分割成合适大小的数据段,并添加必要的控制信息,如序列号等,在接收端再按照序列号将这些数据段重新组合成原始数据。

(3)提供建立、终止传输连接,实现相应服务。

(4)负责差错控制、流量控制等:向高层提供可靠的透明数据传送,具有差错控制、流量控制及故障恢复功能。

传输层协议概述如下。

网络层向传输层提供的服务有可靠和不可靠之分,但传输层对高层来说,提供的却是端到端的可靠通信。

传输层服务通过传输层协议实现。传输层协议应完成的内容与网络层所提供的服务质量密切相关。根据网络层或通信子网向传输层提供的服务,可以把网络分为三种类型,如表 3-1 所示。

表 3-1 传输层网络三种类型

类 型	特 点
A 型网络	网络连接具有可接受的低差错率和可接受的低故障通知率。这种类型的网络通常提供高质量、稳定的服务,数据传输的可靠性较高,传输层不需要进行过多的差错控制和流量控制工作
B 型网络	网络连接具有可接受的低差错率和不可接受的高故障通知率。在这类网络中,虽然数据传输的差错较少,但可能会频繁出现网络故障,传输层需要具备一定的应对故障的能力,例如,更强大的重传机制和错误恢复策略
C 型网络	网络连接具有不可接受的高差错率。这种网络的服务质量较差,数据传输过程中容易出现较多的错误,传输层需要实施强有力的差错控制和流量控制措施,以确保数据的准确和有序传输

例如,一些无线网络环境可能属于 C 型网络,此时,传输层就需要采取更多的纠错和重传策略来保障数据传输的可靠性。

根据网络层提供的服务质量类型不同,OSI 参考模型将传输层协议分为五类,如表 3-2 所示。

表 3-2　五类传输层协议

类　型	功能及特点
0 类协议	简单类。提供最简单的服务,不进行差错恢复或流量控制,数据可能会丢失或重复,类似于尽力而为的交付
1 类协议	基本差错恢复类。提供基本的差错恢复功能,能重传出错的数据,但不保证数据的按序交付
2 类协议	多路复用类。支持多路复用,允许多个进程同时使用传输层服务,并进行一定程度的差错恢复和流量控制
3 类协议	差错恢复和多路复用类。在 2 类的基础上,提供更完善的差错恢复机制,确保数据的可靠传输
4 类协议	差错检测和恢复、有序递交、多路复用类。提供最全面的服务,包括差错检测与恢复、数据按序交付以及多路复用等功能

3.2.5　会话层

会话层是 OSI 参考模型中的第五层。会话层在传输层提供的服务基础上,负责建立、管理和终止应用程序之间的会话。它主要处理两个节点之间的通信连接,为表示层提供服务。

会话层的主要功能如下。

(1) 提供远程会话地址。会话地址是为用户或用户程序提供的。要传送信息,必须把会话地址转换为对应的传送地址,以实现正确的传送连接。会话地址到传送地址的变换工作是由会话层完成的。

(2) 会话建立后的管理。通常,建立一次会话需要有一个过程。首先,会话的双方都必须经过批准,以保证双方都有权参与会话。其次,会话双方要确定通信方式,如单工、半双工或全双工等。一旦建立连接,会话层的任务就是管理会话了。

(3) 提供把报文分组重新组成报文的功能。只有当报文分组全部到达后,才能把整个报文传送给远方的用户。当传输层不对报文进行编号时,会话层应完成报文编号和排序任务。当子网发生硬件或软件故障时,会话层应保证正常的事务处理不会中途失效。

(4) 异常处理。处理会话过程中可能出现的各种异常情况,如网络故障、连接中断等,并尝试恢复会话或采取适当的错误处理措施。

会话层提供的服务如下。

(1) 会话连接的建立和拆除。在通信的两端建立起会话的连接,为后续的数据交换做好准备。完成正常的数据交换,同步会话连接的两个会话服务,并最终进行会话的拆除。

(2) 与会话管理有关的服务。确定会话类型,连接会话双方的通信可以是全双工、半双工或单工方式。

(3) 隔离。会话的任意一方,在数据少于某一定值时,数据可以暂时不向目的用户传输。对于长度小于某一阈值的数据或未经合法处理的无效数据,该隔离技术非常有用。

(4) 出错和恢复控制。差错控制主要安排在 OSI 参考模型的数据链路层中,在会话层的会话服务子系统中,也可安排差错控制,以防物理链路控制机制引起的差错影响到高层。当出现异常情况,如网络故障导致会话中断时,会话层能够尝试恢复会话,将数据传输继续下去。

（5）令牌控制。通过令牌的分配来决定会话中的发送权，避免冲突和混乱。

3.2.6　表示层

表示层是 OSI 参考模型中的第六层。表示层的主要作用是处理在两个通信系统中交换信息的表示方式，包括数据格式的转换、数据的加密与解密、数据的压缩与解压缩等。对通信双方的计算机来说，一般有其自己的数据内部表示方法，其数据形式常具有复杂的数据结构，可能采用不同的代码和文件格式。为使通信的双方能互相理解所传送信息的含义，表示层需要把发送方具有的内部格式编码为适于传输的位流，接收方再将其解码为需要的表示形式。

表示层的功能如下。

（1）数据格式转换。不同的计算机系统和应用程序可能使用不同的数据格式来表示信息，如整数、浮点数、字符编码等。表示层负责在发送方将数据从本地格式转换为一种标准的、网络通用的格式，接收方再将其转换回适合本地系统处理的格式。例如，一台计算机使用 ASCII 编码存储文本，而另一台使用 Unicode 编码，表示层会在它们之间进行转换。

（2）语法转换。处理不同系统或应用程序之间的语法差异，确保数据能被正确理解和解释。比如，将一种特定编程语言中的数据结构转换为另一种语言能理解的形式。

（3）传送语法的选择。应用层中存在多种应用协议，因此表示层中也可能对应多种传送语法。即使是同一种应用协议，也可能有多种传送语法与其对应。所以，表示层需对传送语法进行选择，并提供选择和修改的手段。

（4）数据压缩。通过算法减少数据的冗余，降低数据量，从而提高数据传输的效率和节省带宽。比如，对于大量重复出现的字符序列，可以用更短的编码来表示。

（5）数据加密与解密。对敏感数据进行加密，以保护数据的安全性和隐私性，在接收端进行解密以获取原始数据。例如，在网上银行交易中，对账户信息进行加密传输。

（6）文本压缩。文本压缩又称数据压缩，它是利用压缩技术尽量缩小被传送信息的总比特数，以满足一般通信带宽的要求，提高线路利用率。压缩算法有多种，常用的有霍夫曼编码等。

3.2.7　应用层

应用层是 OSI 参考模型的最高层。应用层直接与用户和应用程序打交道，为用户提供网络服务。它是用户与网络之间的接口，负责处理特定的应用程序细节。应用层包含各种各样的网络应用服务和协议，如电子邮件（SMTP、POP3、IMAP）、文件传输（FTP）、远程登录（Telnet、SSH）、网页浏览（HTTP、HTTPS）、域名系统（DNS）、网络管理（SNMP）等。

应用服务元素分为公共应用服务元素（CASE）和特定应用服务元素（SASE）两类。CASE 提供了一组通用的服务，可被多个不同的应用所使用。例如，一些常见的错误处理、连接管理和数据格式转换功能等。SASE 则是专门为某一特定类型的应用而设计的服务元素。它针对特定应用的独特需求和功能进行定制，与具体的应用紧密结合。例如，在电子邮件应用中，处理邮件的发送、接收和存储等特定功能的服务元素就属于 SASE。

虚拟终端协议（VTP）是应用层协议中的一种，通常被认为是 SASE。VTP 的主要作用是允许不同类型的终端设备通过网络进行通信和交互，就像它们直接连接到同一个系统上一样。它定义了一种标准的方式来处理终端设备之间的数据交换、字符显示、命令响应等操作。通过 VTP，用户可以在远程位置使用各种终端设备（如不同类型的计算机、手机等）访问和操作远程系统，而不需要考虑终端设备的特定特性和差异。例如，在一个远程办公的场景中，员工使用个人计算机通过 VTP 连接到公司的服务器，能够像在公司内部直接操作服务器一样执行各种任务。

应用层的特点如下。

（1）直接面向用户：是用户与网络交互的界面，与用户的需求和操作紧密相关。

（2）多样性：涵盖了各种各样的应用和服务，每种应用都有其独特的特点和要求。

（3）灵活性：能够快速适应新的应用需求和技术发展，不断推出新的应用和服务。

（4）依赖底层支持：虽然直接服务于用户，但依赖于下面各层提供的功能和服务来实现数据的传输和处理。

应用层的功能如下。

（1）提供用户接口：为用户提供操作网络服务的方式，如图形界面、命令行等。

（2）识别通信对象：确定通信的双方，以及所需的资源和服务。

（3）数据表示和处理：根据不同应用的需求，对数据进行特定的格式表示和处理。

（4）应用程序服务：如文件传输、电子邮件、远程登录、网络浏览等各种具体的服务。

（5）错误检测和恢复：检测和处理应用程序中的错误情况，并尝试进行恢复。

（6）安全性保障：确保应用程序数据的安全传输和存储，如通过加密、认证等手段。

3.2.8　有关 OSI 参考模型的技术术语

在 OSI 参考模型中，每一层的真正功能是为其上一层提供服务。例如，$(N+1)$ 层对等实体之间的通信是通过 N 层提供的服务来完成的，而 N 层的服务则依赖于 $(N-1)$ 层及其更低层提供的服务。在描述这些功能、服务过程以及协议时，经常使用如下技术术语。

（1）实体（Entity）：在 OSI 参考模型中，任何可以发送或接收信息的硬件或软件进程。

（2）对等实体（Peer Entities）：不同系统中位于相同层次并执行相同协议功能的实体。

（3）数据单元：在 OSI 参考模型中，既要在对等实体（同一层中的实体）间传送数据，也要在相邻层的实体间传送数据，所以需使用多种类型的数据单元传送数据。

① 服务数据单元：第 N 层待传送和处理的数据单元。

② 协议数据单元：在同等层水平方向传送的数据单元，通常是将服务数据单元分成若干段，每一段加上由协议规定的控制信息，作为单独的协议数据在水平方向上传送。

③ 接口数据单元（Interface Data Unit，IDU）：在相邻层接口间传送的数据单元，它由服务数据单元和一些控制信息组成。

④ 服务访问点（Service Access Point，SAP）：相邻层间的服务是通过其接口上的 SAP 进行的。N 层的 SAP 就是 $(N+1)$ 层可以访问 N 层的地方。每个 SAP 都有一个唯一的地址号码。

⑤ 服务原语（Primitive）：OSI 参考模型用抽象的服务原语说明一个层次提供的服务，这些服务原语采用了过程调用的形式。第 N 层向其相邻的高层提供服务，或第 $(N+1)$ 层用户请求相邻的低层 N 提供服务，都是用一组原语描述的。OSI 参考模型的原语有四种类

型,即请求、指示、响应和确认。

请求(Request):用户实体请求做某种工作。

指示(Indication):用户实体被告知某事件发生。

响应(Response):用户实体表示对某事件的响应。

确认(Confirm):用户实体收到关于它的请求的答复。

(4) 协议栈(Protocol Stack):特定系统中各层协议的组合。

(5) 面向连接和无连接的服务。下层能够向上层提供的服务有两种基本形式:面向连接的服务和无连接的服务。

面向连接的服务:在数据传输之前,需要先建立一条逻辑连接。这个连接的建立过程包括了一系列的协商和资源预留操作,以确保数据能够可靠、有序地传输。

其特点包括以下几方面。

① 建立连接:在通信开始前,通过一系列的信令交互来建立连接。

② 有序传输:数据按照发送的顺序到达接收方。

③ 可靠性高:有确认和重传机制,保证数据的准确无误传输。

④ 资源预留:在连接建立时预留所需的网络资源,以保障服务质量。

例如,电话通话就是一种典型的面向连接服务。在通话前要拨号建立连接,通话过程中声音按照说话的顺序传递,且很少出现丢失或错误的情况。

无连接的服务:不需要事先建立连接,直接发送数据。每个数据包都是独立处理的,彼此之间没有关系。

其特点包括以下几方面。

① 不需要建立连接:随时发送数据,节省了连接建立的时间和开销。

② 无序性:数据包可能会以不同的顺序到达接收方。

③ 较低的可靠性:可能会有数据包丢失,但通常不进行重传。

④ 没有资源预留:不提前为数据传输预留资源。

例如,邮政信件的投递可以看作无连接服务。每封信都是独立投递的,可能到达的先后顺序不同,也可能会有信件丢失的情况。

3.3　数据传输控制方式

数据和信息在网络中是通过信道进行传输的,每一台计算机在同一时间内只能由一条物理信道为之服务。由于各计算机共享网络公共信道,因此如何进行信道分配,以及如何避免或解决信道争用就成为重要的问题,这就要求网络必须具备访问控制功能。

3.3.1　带冲突检测的载波监听多路访问

带冲突检测的载波监听多路访问(Carrier Sense Multiple Access with Collision Detection,CSMA/CD)是一种用于共享介质以太网的介质访问控制方法。它主要用于解决在共享式网络(如早期的以太网)中,多个节点如何有效地共享传输介质,以避免数据冲突和提高传输效率的问题。在这种控制方式下,节点在发送数据之前先监听信道,如果信道空闲则发送,发送的同时继续监听,若检测到冲突则停止发送并进行相应的处理。CSMA/CD 有效地避免了多个节点同时发送数据导致的冲突,提高了共享介质网络的效率和可靠性。

例如,在一个办公室的局域网中,如果多台计算机同时想要传输数据,CSMA/CD 机制就会发挥作用,协调它们的传输行为,以保证数据能够较为有序和有效地传输。

CSMA/CD 的工作过程如下。

(1) 要发送信息的节点首先监听信道,看是否有信号在传输。因为采用曼彻斯特编码,信道上只要有信号就很容易被检测到。如果信道空闲,就可以立即发送。

(2) 如果信道忙,则继续监听,当传输中的数据帧最后一个比特通过后,再继续等待一段时间(称为帧间间隙时间 IFG),以提供适当的帧间间隔,然后开始传送。

(3) 发送信息的站点在发送过程中同时监听信道,检测是否有冲突发生。如果两个站或更多的站都在监听信道和等待发送,而在信道空闲后有可能会同时决定发送数据,这样就会导致冲突的发生。发生冲突的结果是使双方的数据受损。发送方通过接收信道上的数据,并与发送的数据进行比较,就可以判断是否发生了冲突。

(4) 当发送数据的节点检测到冲突后,立即停止该次数据传输,并向信道发出长度为 4B 的"干扰"信号,以确保其他站点也发现该冲突。然后按照截断式二进制指数回退算法,等待一段随机时间,再尝试重新发送。

目前,常见的局域网,一般都是采用 CSMA/CD 机制的逻辑总线型网络。用户只要使用以太网网卡,就具备此功能。

3.3.2　带冲突避免的载波侦听多路访问

带冲突避免的载波侦听多路访问(Carrier Sense Multiple Access with Collision Avoidance,CSMA/CA)主要应用于无线局域网(Wireless Local Area Network,WLAN)。它在发送数据之前先进行载波侦听,若信道空闲,不是立即发送,而是等待一个随机时间再发送,以尽量避免冲突。

例如,在 Wi-Fi 网络中,多个设备通过 CSMA/CA 机制来协调数据传输。

CSMA/CA 的工作原理如下。

(1) 载波侦听(Carrier Sense):在发送数据之前,站点先监听无线信道,判断信道是否空闲。

(2) 随机退避(Random Backoff):如果信道空闲,站点不是立即发送数据,而是等待一个随机的时间,这个随机时间称为退避时间。目的是减少多个站点同时发送数据导致冲突的可能性。

(3) 发送帧并等待确认(Transmit Frame and Wait for Acknowledgment):在退避时间结束后,如果信道仍然空闲,站点发送数据帧。发送完成后,站点等待接收方的确认帧(ACK)。

(4) 冲突处理(Collision Handling):如果在规定时间内没有收到确认帧,站点认为发生了冲突,会重新进行载波侦听和随机退避,然后再次尝试发送。

举例来说,假设在一个无线局域网中有三个设备 A,B 和 C。设备 A 想要发送数据,它先监听信道,发现信道空闲,但它不会立即发送,而是等待一个随机的退避时间。在设备 A 等待退避的过程中,设备 B 也想要发送数据,它监听信道发现信道空闲,也开始等待随机退避时间。假设设备 A 的退避时间先结束,此时信道仍然空闲,设备 A 发送数据。设备 B 的退避时间还未结束,所以继续等待。设备 A 发送完数据后等待接收方的确认,如果成功收到确认,说明数据发送成功。如果设备 B 和设备 C 在设备 A 发送数据期间也完成了退避,准备发送数据,但由于它们在发送前会再次侦听信道,发现信道忙,就会重新进行退避,从而避免冲突。

3.3.3　令牌传递控制法

令牌传递控制法(Token Passing)又称许可证法。在一个采用令牌传递控制法的网络中,存在一个称为令牌的特殊控制帧。

令牌传递控制法的工作流程如下。

(1)令牌在网络中的各个节点间按照预定的顺序依次传递。

(2)当一个节点接收到令牌时,如果该节点没有数据要发送,它就将令牌传递给下一个节点。

(3)如果该节点有数据要发送,它会首先修改令牌的状态为"忙",表示正在使用令牌,然后开始发送数据。

(4)发送的数据会沿着网络链路传输到目标节点。

(5)目标节点接收数据后,会向发送节点返回确认信息。

(6)发送节点收到确认后,将令牌的状态重新修改为"空闲",并传递给下一个节点。

举例来说,假设有一个由节点 A,B,C 组成的令牌传递网络。令牌最初在节点 A 处,但节点 A 没有数据要发送,于是将令牌传递给节点 B。节点 B 此时有数据要发送给节点 C,它将令牌标记为"忙",然后开始发送数据。数据沿着链路传输到节点 C,节点 C 接收数据后向节点 B 发送确认。节点 B 收到确认后,将令牌标记为"空闲",并传递给节点 C。如果节点 C 没有数据要发送,它就把令牌传递给节点 A,如此循环。

这种方式可以有效地避免多个节点同时发送数据造成的冲突,确保网络数据的有序传输。

3.3.4　数据传输控制方式对比

1. CSMA/CD

(1)工作原理:先监听信道是否空闲,空闲则发送数据,发送同时监听是否冲突,若冲突则停止发送并等待随机时间重发。

(2)优点:实现相对简单,成本较低。

(3)缺点:发生冲突会浪费网络资源,不适用于长距离和高速网络。

(4)适用场景:早期的以太网等总线型网络。

2. CSMA/CA

(1)工作原理:监听信道空闲后等待随机时间再发,发送期间继续监听,若未收到确认则重发。

(2)优点:能在一定程度上减少冲突,适用于无线环境。

(3)缺点:控制开销较大,传输效率相对较低。

(4)适用场景:无线局域网等无线网络。

3. 令牌传输控制法

(1)工作原理:通过令牌在节点间的传递来控制发送权,拥有令牌的节点才能发送数据。

（2）优点：避免了冲突，保证每个节点都有机会发送数据，具有确定性的访问延迟。

（3）缺点：令牌管理复杂，单点故障影响大，网络扩展困难。

（4）适用场景：对实时性和确定性要求高的网络。

例如，在一个企业的办公室网络中，如果是有线网络且对成本较为敏感，可能会选择CSMA/CD；如果是无线网络环境，为了适应无线的特点和减少冲突，CSMA/CA 更合适；而对于一个工业控制系统，要求数据传输稳定且实时性高，令牌传输控制法可能是更好的选择。

3.3.5　网络交换技术

网络交换技术是指在网络中实现数据交换和传输的技术手段，它能够有效地提高网络的性能和效率。在传统的广域交换网络的通信子网中，使用的数据交换技术有两种：电路交换和存储转发交换。存储转发交换又包括报文交换和分组交换两种。

1. 电路交换

原理：在通信之前，需要在发送方和接收方之间建立一条专用的物理通路，类似传统的电话网络。

特点：一旦通路建立，通信双方可以在这条通路上稳定地传输数据，传输延迟小，实时性强。但建立连接的时间较长，线路利用率低。

举例：早期的电话网络就是典型的电路交换。

2. 报文交换

原理：将用户的报文存储在交换机的存储器中，当所需要的输出电路空闲时，再将该报文发向接收交换机或终端。

特点：不需要事先建立连接，每个报文可以独立选择路径，提高了线路的利用率。但报文大小不固定，存储转发时延长了传输延迟，且对交换机的存储容量要求较高。

举例：邮政系统中的信件传递可以类比报文交换。

3. 分组交换

原理：将数据分成固定长度的分组进行传输和交换。

特点：分组长度固定，便于存储处理和转发，减少了传输延迟；能动态分配带宽，提高了线路利用率。但可能会出现分组乱序、丢失等问题，需要额外的控制机制来保证数据的正确传输。

为提高交换速度，目前已有多种高速交换方案，如 ATM 等。从本质上看，ATM 技术是电路交换与分组交换技术相结合的一种高速交换技术，能最大限度地发挥电路交换和分组交换技术的优点。

3.4　局　域　网

局域网是指在某一区域内由多台计算机互联而成的计算机组。覆盖范围较小，通常局限于一个建筑物、一个校园或一个企业内部等相对较小的地理区域，一般在几千米以内；传输速率高,能支持较高的数据传输速率,通常为 10Mbps～10Gbps,甚至更高;误码率低,由于传输距离短,信号受到的干扰相对较小,因此误码率较低;私有性强,通常为一个组织或机构所拥有和使用,具有较高的安全性和隐私性。

局域网在不断发展中逐渐形成了自己的网络标准。所谓网络标准,是为了规定网络的通信标准、访问控制方式、传输介质等技术而制定的规则。局域网标准主要是由电气电子工程师协会(Institute for Electrical and Electronic Engineers,IEEE)制定的 IEEE 802 系列标准。

IEEE 于 1980 年 2 月成立了局域网标准化委员会,专门从事局域网的协议制定,并形成了一系列标准,称为 IEEE 802 标准。

IEEE 802 标准主要包括以下内容。

IEEE 802.1——局域网体系结构、寻址、网络互联和网络管理等方面的概念和基础框架等。例如,关于生成树协议等用于网络冗余和环路避免的规范。

IEEE 802.2——逻辑链路控制(LLC)子层的定义,负责与上层协议(如网络层协议)进行交互以及数据链路层的流量控制等。

IEEE 802.3——以太网相关标准,定义了 CSMA/CD 访问方法及相应物理层技术规范,包括不同的传输介质(如双绞线、光纤等)和不同速率(从早期的 10Mbps 到现在的高速以太网,如 10Gbps、40Gbps、100Gbps 等)下的规范。

IEEE 802.4——令牌总线(Token-Bus)的介质访问控制协议及物理层技术规范。令牌总线是在总线拓扑中采用令牌传递机制来控制介质访问的技术。

IEEE 802.5——令牌环(Token Ring)访问方法和物理层规范。令牌环网中节点通过一个环形的逻辑链路连接,通过令牌传递来决定节点的发送权。

IEEE802.6——MAN 访问方法和物理层规范。

IEEE 802.7——宽带技术咨询和物理层课题与建议实施。

IEEE 802.8——光纤技术咨询和物理层课题。

IEEE 802.9——综合声音/数据服务的访问方法和物理层规范。

IEEE 802.10——安全与加密访问方法和物理层规范。

IEEE802.11——无线局域网访问方法和物理层规范,定义了多种无线传输规范,如工作频段(2.4GHz、5GHz 等)、调制方式等;包括不同版本,如 802.11a(54Mbps,5GHz)、802.11b(11Mbps,2.4GHz)、802.11g(54Mbps,2.4GHz)、802.11n(更高传输速率、多输入多输出(MIMO)技术等)、802.11ac(进一步提升速率和带宽)等。

IEEE 802.12——100VG-AnyLAN 快速局域网访问方法和物理层规范。

IEEE 802.15——无线个人网(WPAN)技术规范,如蓝牙技术(IEEE 802.15.1)等短距离无线通信规范。

IEEE 802.16——宽带无线接入标准,用于城域范围内的无线宽带通信等。

其中符合 IEEE 802.3 标准的局域网称为以太网。

3.4.1 以太网

以太网是一种计算机局域网技术。以太网广泛应用于局域网,甚至已成为局域网的代名词。以太网根据传输速率,可以分为传统以太网、快速以太网、10/100Mbps 自适应以太网、千兆以太网和万兆以太网等,如表 3-3 所示。

表 3-3　以太网类型

以太网类型	传输速率	最大网段长度	工作模式
传统以太网	10Mbps	100m(双绞线)	半双工或全双工
快速以太网	100Mbps	100m(双绞线)	半双工或全双工
10/100Mbps 自适应以太网	10Mbps 或 100Mbps	100m(双绞线)	半双工或全双工
千兆以太网	1000Mbps	100m(双绞线)	全双工
万兆以太网	10Gbps	取决于传输介质和标准	全双工

1. 传统以太网

传统以太网是计算机局域网技术的重要基础。它出现于 20 世纪 70 年代,在当时为实现计算机之间的数据通信提供了有效的解决方案。传统以太网具有简单、成本低和易于部署的特点。然而,随着网络应用的不断发展和对带宽需求的增加,其较低的传输速率逐渐难以满足现代网络的需求。传统以太网的分类如表 3-4 所示。

表 3-4　传统以太网分类

以太网标准	传输介质	拓扑结构	最大网段长度
10BASE-2	细同轴电缆	总线型	185m
10BASE-5	粗同轴电缆	总线型	500m
10BASE-T	双绞线	星型	100m
10BASE-F	光纤	星型	2000m

10BASE-2 采用细同轴电缆作为传输介质,价格相对较低,但安装和维护较为复杂,且网络中的一个故障可能影响整个网段。细缆以太网采用 RG-58 型细同轴电缆(线径 0.26cm、特征阻抗 50Ω)作为传输介质,不需要外部收发器(Transceiver),而是直接通过 T 形连接器与工作站网卡上的 BNC 接口相连。

对细缆以太网而言,每个电缆段的最大长度是 185m,每段最多可接 30 个工作站,任意 2 个工作站之间的最小距离是 0.5m。T 形连接器与网卡上的 BNC 接口之间必须直接连接,中间不能再接任何电缆。与粗缆以太网相比,细缆以太网更容易安装,更容易增加新站点,能够大幅度地降低费用。其缺点是改变配置时需要把网络停止几分钟;另外,接头多,接触不好的可能性就大一些。

10BASE-5 使用 RG-8 型粗同轴电缆(线径 0.67cm、特征阻抗 50Ω)作为传输介质,具有较好的抗干扰能力,但电缆较粗且硬,布线不太方便。所有的站都经过一根同轴电缆连接,站间最短距离为 2.5m。一条电缆的最大长度为 500m,每段最多可以有 100 个站。

当工作站数量多于 100 台或者所需的连接距离超过 500m 时,要延长距离,可以采用中继器(又称重发器)。对于标准以太网来说,使用中继器联网有特定的规则:网络干线最多只能有 5 个电缆段,中继器最多为 4 个。在这 5 段之中,只有 3 个电缆段能够连接网络工作站,而另外 2 个电缆段仅用于延长网络距离,网络跨度最长能够达到 2500m。

10BASE-T 使用双绞线作为传输介质,以星型拓扑结构连接,便于节点的添加和移除,故障隔离也相对容易。10BASE-T 使用两对非屏蔽双绞线(UTP),一对线发送数据,另一对线接收数据,用 RJ-45 模块作为端接器。10BASE-T 连接方式使用不超过 100m 的双绞线将每一台网络设备连接到集线器,克服了总线网络中单点故障会引起整个网络瘫痪的问题。另外,10BASE-T 十分适合需要不断增长的网络。

双绞线以太网的联网遵循如下规则:各工作站均借助集线器接入网络;传输介质选取非屏蔽双绞线;双绞线和工作站网卡以及集线器之间用标准的 RJ-45 接口;工作站与集线器间的最大距离是 100m;集线器之间能够相互连接,构建成树状结构,不过任何线路都不能构成环形;集线器相互间的最大距离同样是 100m。由于集线器相当于一种特殊的多口中继器,所以它同样要遵循中继器联网的规则。10BASE-T 网络的联网规则:在网络里,任意两个工作站之间最多不能超过 5 段线(这里是指集线器到集线器或者集线器到计算机之间连接双绞线的情况),也就是说任意两个工作站之间最多只能有 4 台集线器。

10BASE-F 作为一种以太网标准,具有一些显著的优点和缺点。其优点在于拥有出色的长距离传输能力,最大网段长度能够达到 2000m,这使其非常适合需要远距离网络连接的场景。同时,它采用光纤作为传输介质,具有很强的抗干扰性,能够保障信号的高质量传输,并且由于难以被窃听,数据传输的安全性也较高。然而,10BASE-F 也存在一些不足。首先,光纤以及与之相关的连接设备和组件价格普遍较高。其次,其安装和维护较为复杂,需要具备专业的知识和技能。最后,光纤相对较为脆弱,在弯曲或受到过大压力时容易损坏。

2. 快速以太网

快速以太网(Fast Ethernet)是一种局域网技术,它在传统以太网的基础上大幅提升了数据传输速率,满足了日益增长的网络带宽需求。快速以太网的出现使得网络数据传输更加高效,能够支持更多的应用和用户,为企业和个人的网络通信带来了显著的改进。

快速以太网的分类如表 3-5 所示。

表 3-5 快速以太网分类

特 点	100BASE-T	100VG-AnyLAN
传输速率	100Mbps	100Mbps
传输介质	双绞线、光纤	双绞线
拓扑结构	星型	星型
工作方式	全双工或半双工	全双工
最大网段长度	100m(双绞线)	100m(双绞线)
帧格式	以太网帧	IEEE 802.12 帧
市场应用	广泛	相对较少

3. 10/100Mbps 自适应以太网

10/100Mbps 自适应以太网是一种能够根据网络连接情况自动调整传输速率的以太网技术。

这种以太网技术的主要特点和优势包括以下几点。

(1)灵活性:能够自动识别所连接设备的能力,并相应地调整传输速率为 10Mbps 或 100Mbps。这意味着它可以与不同速率的设备兼容,不需要手动配置。

（2）高效性：在网络负载较小时，能够以较高的 100Mbps 速率传输数据，提供快速的数据传输；而在网络条件不佳或连接低速率设备时，能自动切换到 10Mbps 以保持连接的稳定性。

（3）易于部署：简化了网络设置和管理的复杂性。不需要为每个设备单独设置固定的传输速率，减少了配置错误的可能性。

（4）成本效益：对于既有 10Mbps 设备又有 100Mbps 设备的网络环境，不需要为不同速率的设备分别构建独立的网络，降低了成本。

（5）兼容性：与 10Mbps 和 100Mbps 以太网标准完全兼容，能够与现有的网络基础设施无缝集成。

10/100Mbps 自适应以太网通过自动协商机制来确定最佳的传输速率。这个协商过程发生在网络设备连接时，通过交换特定的信号来获取对方的能力信息，包括支持的速率、工作模式（全双工或半双工）等，并根据这些信息选择双方都支持的最优速率和工作模式。

在实际应用中，10/100Mbps 自适应以太网广泛应用于企业办公网络、家庭网络（HomeRF）等场景。它使网络能够适应不同设备和不同网络需求的变化，提供了一种灵活且高效的数据传输解决方案。

4. 千兆以太网

千兆以太网是一种高速的局域网技术，提供了高达 1000Mbps 的传输速率，极大地提升了网络的数据传输能力。它在保留以太网帧结构和 MAC（Media Access Control）协议的基础上，通过改进物理层技术实现了高速传输。

千兆以太网具有高带宽、低延迟和良好的兼容性等优点。它能够支持大量的数据密集型应用，如高清视频流、大规模数据备份和服务器之间的高速通信等。同时，由于与传统以太网的兼容性，使网络升级更加便捷和经济。

千兆以太网支持多种传输介质，包括光纤和双绞线。千兆以太网目前是局域网技术的主流，多用于局域网的主干网。千兆以太网的分类如表 3-6 所示。

表 3-6　千兆以太网分类

以太网标准	传输介质	最大传输距离
1000BASE-T	4 对 5 类非屏蔽双绞线	100m
1000BASE-SX	62.5/125μm 多模光纤、50/125μm 多模光纤	220m（62.5/125μm 多模光纤）、500m（50/125μm 多模光纤）
1000BASE-LX	单模或多模光纤	5000m（单模）、550m（多模）
1000BASE-CX	特殊的屏蔽双绞线	25m

5. 万兆以太网

万兆以太网（10Gigabit Ethernet）是一种具有极高传输速率的网络技术，提供了每秒 10 吉比特（10Gbps）的数据传输速度。它是以太网技术的重大演进，为满足当今对高带宽、低延迟和大容量数据传输的需求而设计。

万兆以太网在数据中心、高性能计算、企业骨干网等领域发挥着关键作用。它能够支持大量的虚拟机迁移、高清视频流媒体、大规模数据存储和备份等对带宽要求苛刻的应用。其低延迟特性确保了实时数据处理和快速响应，对于金融交易、在线游戏等对时间敏感的业务至关重要。此外,万兆以太网与较低速率的以太网标准保持了一定的兼容性,便于网络的逐步升级和扩展。它采用了先进的编码和调制技术,以在有限的物理介质上实现如此高的传输速率。

万兆以太网和以往的显著区别:一是只支持全双工模式,不再支持单工模式;二是不使用 CSMA/CD 协议。万兆以太网技术提供更加丰富的带宽和处理能力,能够有效地节约用户在链路上的投资,并保持以太网一贯的兼容性、简单易用和升级容易的特点。可以预见,随着宽带业务的广泛开展,万兆以太网技术将会得到广泛应用并成为主流的组网技术。

3.4.2 ATM 技术

ATM 是一种新型的网络交换技术,适合于传送宽带综合业务数字(B-ISDN)和可变速率的传输业务。ATM 是一种利用固定数据报的大小以提高传输效率的传输方法,这种固定的数据包又称信元或报文。ATM 信元结构由 53B 组成,53B 被分成 5B 的头部和称为载荷的 48B 信息部分。数据可以是实时视频、高质量的语音、图像等。

ATM 局域网是基于 ATM 技术构建的局域网。在 ATM 局域网中,数据以信元的形式在网络中传输。

(1) ATM 局域网包括以下优点。

① 强大的带宽管理能力,能够有效地分配网络资源。

② 支持多种类型的业务,包括语音、视频和数据等,并为它们提供不同级别的服务质量。

然而,由于其复杂性和成本较高等原因,ATM 局域网在实际应用中逐渐被更具成本效益和易于管理的以太网技术所取代。

(2) ATM 主要包括以下几种基本技术。

① 采用光纤作为网络的传输介质。

② 信元交换技术:ATM 以固定长度(53B)的信元作为数据传输和交换的基本单位。信元头包含路由和控制信息,信元体承载用户数据。

③ 面向连接技术:在数据传输前需要建立虚连接,通过信令协议完成连接的建立、维护和释放,以确保数据传输的可靠性和服务质量。

④ 流量控制和拥塞控制技术:通过监测网络中的流量和拥塞情况,采取相应的控制措施,如调整信元发送速率、丢弃信元等,来保证网络的正常运行。

⑤ 服务质量(Quality of Sevice,QoS)保障技术:能够根据不同业务的需求,提供多种服务质量等级,如恒定比特率(CBR)、可变比特率(VBR)、可用比特率(ABR)和未指定比特率(UBR)等。

⑥ 多路复用和分用技术:可以将多个不同的连接复用在同一条物理链路中传输,并在接收端进行分用。

(3) ATM 的基本信息特征:信息的传输、复用和交换的长度都是 53B 为基本单位的"信元"。因此,B-ISDN 用户线路上传递的信号都是这种信元。

B-ISDN 用户线路上使用了最先进的统计时分多路复用技术,即基于信元的异步时间分割技术,也是"异步传输模式"的名称来源。

3.4.3　光纤分布数据接口

光纤分布数据接口(Fiber Distributed Data Interface,FDDI)是一种使用光纤作为传输介质的高速令牌环形网络技术。FDDI 在 20 世纪 80 年代和 90 年代广泛应用于企业网络的骨干网,为大型机构和组织提供了高速、可靠的数据传输解决方案。然而,随着以太网技术的不断发展和升级,其在现代网络中的应用逐渐减少,但 FDDI 的一些设计理念和技术仍然对后续网络技术的发展产生了一定的影响。

FDDI 主要包括如下特点。

(1) 高速传输:具有较高的数据传输速率,通常可达 100Mbps。

(2) 长距离传输:能够支持长达 200km 的网络跨度,适合覆盖较大的地理范围。

(3) 双环结构:采用主环和备用环的双环拓扑结构,提高了网络的可靠性。当主环出现故障时,数据可以在备用环上传输,以确保网络的连续性。

(4) 光纤介质:使用光纤作为传输介质,具有抗电磁干扰、低误码率和高带宽等优点。

(5) 令牌访问控制:通过令牌传递来控制网络中的数据访问,避免了数据冲突,保证数据传输的有序性和确定性。

3.5　TCP/IP

3.5.1　TCP/IP 介绍

TCP/IP 是一组用于实现网络互联和数据通信的协议簇,是现代互联网的基础通信架构,当时是为美国国防部高级研究计划署(Advanced Research Projects Agency,ARPA)网络设计的,一般称为阿帕网(ARPANET),其目的在于能够让各种各样的计算机都可以在一个共同的网络环境中运行。事实上,它是由一组通信协议所组成的协议集。

3.5.2　TCP/IP 的分层模式

TCP/IP 通常采用四层分层模式,其模型与 OSI 模型的对应图如图 3-9 所示。

1. 网络接口层(有时也视为链路层)

网络接口层是 TCP/IP 模型中的最底层,有时也视为结合了 OSI 模型中的物理层和数据链路层的功能。负责处理与物理网络的连接,包括将数据转换为可在物理介质上传输的信号,以及从物理介质接收数据并进行初步处理。

2. 网际层

核心是 IP 协议,负责为数据包进行逻辑寻址和路由选择,决定数据包如何从源地址传输到目标地址。

网际层的主要协议如下。

(1) IP 协议:使用 IP 地址确定收发端,提供端到端的"数据报"传递。IP 协议还规定了计算机在 Internet 上通信时所必须遵守的一些基本规则,以确保路由的正确选择和报文的正确传输。

(2) 互联网控制报文协议(Internet Control Message Protocol,ICMP),处理路由,协助

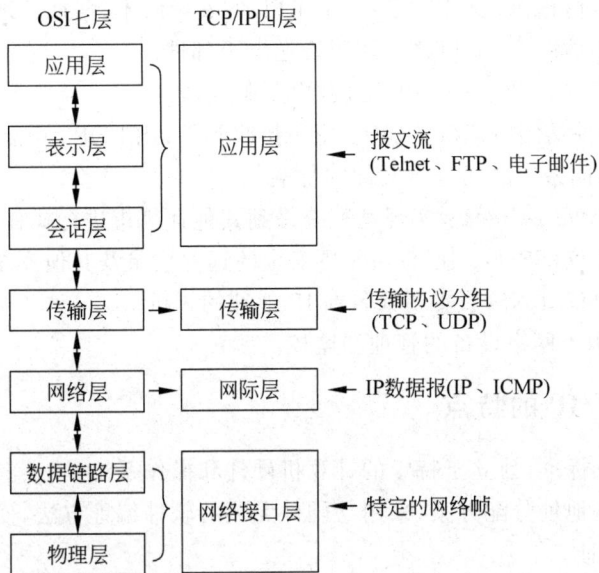

图 3-9　TCP/IP 模型与 OSI 模型的对应图

IP 层实现报文传送的控制机制,提供错误和信息报告。

（3）地址解析协议（Address Resolution Protocol,ARP）：将网络层地址转换成链路层地址。

（4）逆向地址解析协议（Reverse ARP,RARP）：将链路层地址转换成网络层地址。

3. 传输层

传输层包含 TCP 协议和用户数据报协议（User Datagram Protocol,UDP）协议。TCP协议提供面向连接、可靠的数据传输服务,适用于对数据准确性和顺序要求高的应用;UDP协议是无连接的,提供快速但不可靠的数据传输,适用于对实时性要求高、能容忍一定丢包的应用。

传输层的主要协议如下。

（1）TCP：该协议提供面向连接的可靠数据传输服务,它通过提供校验位,为每个字节分配序列号,提供确认与重传机制,确保数据可靠传输。

（2）UDP：该协议采用无连接的数据报传送方式,提供不可靠的数据传送。UDP 与TCP 相比,其方式更加简单,数据传输速率也较高。UDP 一般用于一次传输少量信息的情况,例如数据查询等。

4. 应用层

应用层包含了众多的应用程序协议,如 HTTP 用于网页浏览、FTP 用于文件传输、SMTP 用于邮件发送等,为各种应用提供网络通信服务。

这种分层模式使得不同层次的功能相对独立,便于协议的设计、实现和维护,也促进了网络技术的发展和应用的创新。

应用层的主要协议如下。

（1）超文本传输协议（HTTP）：用于 Web 网页的传输和访问。

（2）安全超文本传输协议（HTTPS）：HTTP 的安全版本，增加了加密等安全机制。

（3）简单邮件传输协议（SMTP）：用于发送电子邮件。

（4）邮局协议版本 3（POP3）：用于接收电子邮件。

（5）Internet 邮件访问协议（IMAP）：用于接收邮件，比 POP3 功能更强大。

（6）FTP：在不同系统之间进行文件的传输。

（7）远程登录协议（Telnet）：实现远程登录到其他计算机进行操作。

（8）安全外壳协议（SSH）：比 Telnet 更安全的远程登录及其他安全网络服务。

（9）域名系统协议（DNS）：实现域名到 IP 地址的解析。

（10）SNMP：用于网络设备的管理和监控。

3.5.3 TCP/IP 的特点

（1）开放的协议标准，独立于特定的计算机硬件和操作系统。

（2）统一的网络地址分配方案，采用与硬件无关的软件编址方法，使网络中的所有设备都具有唯一的 IP 地址。

（3）独立于特定的网络硬件，可以运行在局域网、广域网，特别适用于 Internet。

（4）标准化的高层协议，可以提供多种可靠的用户服务。

习　题

一、单选题

1. 计算机网络拓扑结构中，可靠性最高的是（　　）。
   A. 总线型拓扑　　B. 星型拓扑　　C. 环型拓扑　　D. 网状拓扑

2. 在 OSI 参考模型中，负责建立和维护端到端连接的是（　　）。
   A. 物理层　　B. 数据链路层　　C. 网络层　　D. 传输层

3. 在数据链路层中，用于解决多个节点对链路的访问控制问题的协议是（　　）。
   A. PPP 协议　　B. CSMA/CD 协议　　C. TCP 协议　　D. UDP 协议

4. 传输层根据网络层提供的服务质量类型不同分为 5 类协议，其中提供最全面服务的是（　　）。
   A. 0 类协议　　B. 2 类协议　　C. 3 类协议　　D. 4 类协议

5. （　　）是 TCP/IP 模型中的应用层协议。
   A. IP　　B. TCP　　C. UDP　　D. HTTP

6. （　　）协议标准代表无线局域网访问方法和物理层规范。
   A. IEEE 802.1　　B. IEEE 802.11　　C. IEEE 802.3　　D. IEEE 802.5

7. （　　）数据单元代表同等层水平方向传送的数据单元。
   A. SDU　　B. IDU　　C. PUD　　D. SAP

8. 以下拓扑结构，数据传输时沿着固定方向传输且要经过所有节点的是（　　）。
   A. 总线型　　B. 环型　　C. 星型　　D. 树型

9. 关于标准以太网，以下说法正确的是（　　）。
   A. 使用细同轴电缆作为传输介质

B. 采用星型拓扑结构

C. 站间最短距离 2.5m，一条电缆的最大长度为 500m

D. 一条网络干线最多可有 6 个电缆段，只有 4 个电缆段可以连接工作站

10. 下列关于 CSMA/CD 的说法，正确的是（　　）。

A. 主要应用于无线局域网

B. 先监听信道是否空闲，空闲则发送数据，发送的同时监听是否冲突，若冲突则停止发送并等待随机时间重发

C. 能在一定程度上减少冲突，适用于无线环境

D. 通过令牌在节点间的传递来控制发送权，拥有令牌的节点才能发送数据

二、简答题

1. 星型拓扑结构的优点有哪些？

2. OSI 参考模型中数据链路层的功能是什么？

3. TCP/IP 模型中网际层有哪些协议？

4. 令牌传递控制法的工作流程是什么？

5. TCP/IP 的特点是什么？

三、案例分析题

1. TCP/IP 模型分为几层，其中最顶层的主要协议都有什么？

2. 哪种以太网目前是局域网技术的主流，多用于局域网的主干网，其优点是什么？

3. 传统以太网标准分为哪几类，其传输介质是什么？

四、综合题

请为以下标号处补充完整。

OSI 模型结构	TCP/IP 对应模型结构	TCP/IP 模型各层的协议	TCP/IP 各层传送的对象
物理层	②	—	⑦
数据链路层			
网络层	网络层	④	⑧
传输层	传输层	⑤	⑨
①	③	⑥	⑩
表示层			
应用层			

拓展阅读

通信的过去、现在和未来（二）

（接单元 2 拓展阅读）进入 20 世纪 50 年代后，整个通信技术分为若干个跑道。

跑道一：电话交换网络，还在步进制、纵横制的路线上慢慢跑。

跑道二：无线通信，随着晶体管的出现，电子技术的进步，开始逐渐走向更高性能，更小体积，开始出现越来越多的车载移动通信，也就是 0G（Pre-1G）。1946 年，摩托罗拉和

AT&T合作,推出了第一套面向公众的车载移动通信系统(MTS)。

跑道三:信息技术(计算机)需要的数据通信,开始萌芽。

推动数据通信跃进的,还是战争。1958年2月,为了在冷战中获得科技竞争优势,美国国防部组建了一个神秘的科研部门——ARPA。后来,为了保证自己能在苏联的第一轮核打击下具备一定的生存和反击能力,美国国防部决定研究一种分散的指挥系统。它由无数的节点组成,当若干节点被摧毁后,其他节点仍能相互通信。于是,ARPA就联合美国的几个大学,一起研究出了ARPANET。这个名字应该不会陌生,没错,它就是Internet的前身。

20世纪六七十年代,ARPANET不断壮大,由此孵化了TCP/IP,也构建了早期的互联网架构。

20世纪70年代,晶体管开创的集成电路时代进入第一轮爆发期,半导体黄金时代正式到来。存储技术的升级,芯片能力的飞跃,催生了信息技术大爆发,不仅大型机到处开花,个人计算机也诞生了。所有这些节点,都需要网络连接起来。除了ARPANET相关的技术线之外,施乐公司(Xerox)帕洛阿尔托研究中心(Palo Alto Research Center)发明了以太网,为数据通信的发展打下了重要的基础。

在固定电话网络方面,受电子技术的影响(20世纪五六十年代),网络交换从机械到电子,再从半电子到全电子;受计算机技术的影响(20世纪70年代),开始进入程控交换(程序控制交换),交换能力大幅增加,变成万门级甚至更高。

在无线通信方面,集成电路的飞速发展,对高频无线电磁波的驾驭能力成熟,最终让无线电通信设备变得足够小型化,催生了手机的诞生(1973年,摩托罗拉)。

20世纪60年代—20世纪70年代,一个重要角色出现——光纤通信。1966年,华裔科学家高锟(见图3-10)发表论文,预言了光纤通信的出现。1970年,康宁公司拉出了世界上第一根衰减值达到实用水平(17dB/km)的光纤。光纤的出现,简直就是奇迹。

图3-10　高锟

谁会想到,玻璃竟然会成为人类最厉害的传输介质?它不仅可以实现超强的传输速率和带宽,还特别便宜!如果没有光纤,试想一下,实现现在规模的网络连接,需要多少贵重金属?会造成多大的环境污染?成本均摊到用户身上,是否能享受普惠的网络服务?

光纤通信表面上是有线通信,实际上还是无线电磁波通信。它把在空间中"乱跑"的无线电磁波约束在细细的玻璃纤维中,避免了无线通信的复杂信道和干扰,实现了超高速率、超强稳定性以及超低时延。它是现代人类通信网络真正的"基石"。

进入 20 世纪 80 年代,互联网的雏形已经形成,剩下就是网络规模的不断扩张。

固定电话网络已经基本走到了生命的终点,而手机移动通信网络的发展,对固定电话网络来说是一次革命。从 1G 到 2G,手机移动通信实现从模拟向数字的转变,在通信能力上(频谱利用率、抗干扰性、保密性、稳定性等),有了质的飞跃。

手机通信的普及,实现了无处不在的语音通话。但这不是重点。因为,20 世纪 90 年代,数据通信和互联网通信才是真正的主流。到了 20 世纪 90 年代,光纤通信越来越成熟,开始担当网络骨干传输的主力。受限于成本,在用户侧,主要的上网连接介质还是电话线和网线(ADSL)。欧美发达国家,已经率先步入互联网时代。

值得一提的是,20 世纪八九十年代,民用卫星通信作为一个细分领域,也开始自己的发展之路。率先吃螃蟹的,是大名鼎鼎的摩托罗拉铱星计划。互联网的大爆发,对移动通信造成了重要影响。3G 的重要特征,就是对数据业务的支持,在网络侧,进行了一系列的网元重构,从电路交换,全面向分组交换进行转变。手机通信开始 IP 化,服务于多媒体数据业务。这种转化,也使互联网走向了移动互联网时代。移动互联网让人类的衣食住行发生了根本性的变化。它创造了无数的新型商业模式,构建了线上数字世界。图像、音视频业务、O2O 业务仍然在不断产生流量,流量刺激网络进一步扩建。

针对海量的业务需求,计算技术开始从集中式走向分布式,催生了云计算技术。海量的数据,进一步催生了大数据技术。算力的增长,又为人工智能的发展奠定了基础。

通信技术一贯是服务于信息技术。过去是这样,现在是这样,未来也是这样。信息技术将自己的服务具象化,统一表征为算力。通信则化身为连接力,服务于算力的搬运,以实现算力的泛在服务。

21 世纪,通信最大的转变,不是技术原理的颠覆,而是服务对象的变化。通信不再像 20 世纪一样服务于人类,而是服务于整个物理世界,服务于"万物智联"(图 3-11)。将所有的物体都连接起来,变成数字世界的映射、神经末梢、控制节点,让数据随意流动,让 AI 人工智能获得一切数据,管理一切事物,或者是一种理想的状态。那么,这背后是否蕴藏着巨大的危机呢?

图 3-11　物联网

通信技术发展到现在，进入了一个转折点。以前，是用户需求驱动技术进步；现在，是技术超前发展，孵化用户需求。

回首通信的发展历程，每一次高速发展，都和信息技术的升级革新密切相关。例如，编码和存储技术的革命、计算需求（计算机）的普及，或者线上数字世界的构建。

展望未来，基于半导体的 0 和 1 到底要用到什么时候？无线电磁波的红利，到底要吃多久？基于生物和量子技术的计算或存储，真的会爆发吗？

结构化布线系统

随着计算机网络技术的发展,数据流量迅猛增长。传统的布线系统已无法满足新技术对通信质量和可靠性的要求。为了应对数据流量快速增长、模块化与可扩展性需求、提高空间利用率和能效、降低维护成本和提高管理效率等多方面的需求和挑战,结构化布线系统应运而生,它以标准化、模块化、可扩展性和可维护性等优势,成为了现代数据中心和企业网络等智能建筑中不可或缺的信息传输基础设施。

学习目标

◇ **素养目标**

(1) 提高对行业规范认知,扎实牢固专业理论和专业技能。

(2) 具备创新精神,勇于突破,结合新技术,不断推动行业进步。

(3) 发扬工匠精神,追求精湛的技艺和高度的责任感。

◇ **知识目标**

(1) 了解结构化布线系统的基础知识。

(2) 掌握结构化布线系统六大子系统的含义及其设计要点。

(3) 理解常用传输介质的性能特点。

(4) 掌握双绞线、大对数双绞线、光纤的端接步骤及应用。

◇ **能力目标**

(1) 能准确划分结构化布线各子系统及其包含的内容。

(2) 能熟练制作直通线和交叉线。

(3) 能及时了解并掌握新技术、新产品和新方法,并将其运用到实践操作中。

知识梳理

4.1 结构化布线系统的组成

对于现代化的建筑物,要提高楼宇使用合理性与效率,离不开结构化布线系统的支持。它如同体内的神经,遵循特定标准和规范,以模块化的组合方式,实现对设备的自动监控、对信息资源的管理和对使用者的服务以及与建筑的优化组合。那么,结构化布线系统由哪些部分组成呢？下面分别从结构化布线系统的概念、特点、标准、组成、等级等方面展开详细介绍。

1. 智能大厦的概念

智能大厦，又称智能化大厦或智能型大厦，是指利用系统集成方法，将智能型计算机、通信、信息技术与建筑艺术有机结合。其通过对设备的自动监控、对信息资源的管理和对使用者的服务及与建筑的优化组合，获得高效率、高功能、高度安全与高度舒适的建筑。它的核心在于提高楼宇使用的合理性与效率。

智能大厦一般包括以下几个核心的系统，简称 3A 系统。

(1) 楼宇自动化系统(BA)主要负责大厦内各种设备的监控和管理，包括能源管理、给排水监控系统、消防系统、保安监控系统、空调系统等。

(2) 通信网络系统(CA)提供大厦内外语音、数据、图像传输的基础设施，也是与外部通信网络相连的重要桥梁，确保信息的畅通无阻。该系统包括程控交换机、数据通信主干网等。

(3) 办公自动化系统(OA)包括计算机和网络设备、电子邮件、电视会议、个人办公事务处理、综合管理和辅助决策等系统，为办公人员提供高效的办公环境。

2. 结构化布线系统的概念

结构化布线系统是一个能够支持任何用户选择的话音、数据、图形图像应用的电信布线系统。其支持话音、图形、图像、数据多媒体、安全监控、传感等各种信息的传输，支持 UTP、光纤、STP、同轴电缆等各种传输载体，支持多用户多类型产品的应用，支持高速网络的应用。

结构化布线系统与传统的布线系统的最大区别：结构化布线系统的结构与当前所连接的设备的位置无关。在传统的布线系统中，设备安装在哪里，传输介质就要铺设到哪里；而结构化布线系统则是先按建筑物的结构，将建筑物中所有可能放置设备的位置都预先布好线，然后再根据实际所连接的设备情况，通过调整内部跳线装置，将所有设备连接起来。同一线路的接口可以连接不同的通信设备，例如，电话、终端或微型机，甚至可以是工作站或主机。

3. 智能大厦与结构化布线

结构化布线为智能大厦提供基础物理平台。它如同智能大厦的神经系统，将大厦内的各种智能化设备、计算机系统、通信设备以及各类控制设备等有效地连接起来，确保了不同设备之间能够快速、稳定地传输数据、语音和视频信号，实现信息的共享和交互。随着时间和业务的发展，智能大厦的功能需求可能会不断变化，而结构化布线系统高度的灵活性，能够方便地进行扩展、调整和重新配置。无论是增加新的设备、改变办公布局还是升级网络系统，结构化布线都可以轻松适应这些变化，为智能大厦的持续发展提供了有力支持。

结构化布线系统能提升智能大厦的整体价值。智能大厦中的结构化布线系统为员工提供了高效、便捷的通信和信息共享平台，有助于提高工作效率；通过智能化管理，还可以实现能源的节约和优化，降低能源消耗和运营成本；先进的结构化布线系统可以提供更好的办公环境和服务，吸引更多的优质客户入驻，有助于提高大厦的品牌形象和市场价值。

在智能大厦的设计和建设中，应充分重视结构化布线系统的规划和实施，以确保智能大厦的高效、稳定和可持续发展。

4. 结构化布线系统的特点

(1) 实用性：能支持多种数据通信、多媒体技术及信息管理系统等，能够适应现代和未来技术的发展。

（2）灵活性：任意信息点能够连接不同类型的设备，如微机、打印机、终端、服务器、监视器等。

（3）开放性：能够支持任何厂家的任意网络产品以及任意网络结构，如总线型、星型、环型等。

（4）模块化：所有的接插件都是积木式的标准件，方便使用、管理和扩充。

（5）扩展性：实施后的结构化布线系统是可扩充的，以便将来有更大需求时，很容易将设备安装接入。

（6）经济性：一次性投资，长期受益，维护费用低，使整体投资达到最少。

5．结构化布线系统的标准

结构化布线是一个复杂的系统，它包括各种线缆、插接件、适配器、检测设备、传输介质等，而相关设备材料生产厂家众多，产品各具特色，为了规范市场秩序、使产品互相兼容、集成度更高，便于使用和管理，必须制定统一的标准。目前所使用的标准依据可分为国际标准和国内标准。

1）国际标准

ISO/IEC 11801：信息技术-用户建筑通用布线。该标准是由国际标准化组织（ISO）和国际电工委员会（IEC）共同制定的，适用范围全球，具有更广泛的国际认可度。它定义了商业建筑中的结构化布线系统，详细规定了布线系统的各个组成部分及其性能要求。1995 年发布的 ISO/IEC 11801：1995 是该标准的第一个版本，定义了通用布线系统的基本要求。随着技术的进步，该标准的版本不断更新优化，又先后发布了 ISO/IEC 11801：2002、ISO/IEC 11801：2010、ISO/IEC 11801：2017 等多个版本。目前的最新版本是 ISO/IEC 11801：2018，全称为《信息技术-用户建筑通用布线》，发布于 2018 年。该版本支持更高带宽、更多应用场景和更严格的性能要求，是结构化布线系统的权威国际标准，它与其他国际标准（如 TIA-568-D 和 EN 50173）兼容，适用于全球范围内的布线系统设计和实施。

EN 50173：信息技术-通用布线系统。该标准是由欧洲标准化委员会（CENELEC）制定，适用于欧洲地区，最早的版本 EN 50173：1995 于 1995 年发布，旨在为欧洲范围内的商业建筑提供结构化布线系统的设计和安装规范。自发布以来，该标准经历了多次更新和修订，以适应不断发展的技术和市场需求，目前的最新版本是 EN 50173：2018，支持多种应用场景，与 ISO/IEC 11801 兼容。

2）国内标准

我国综合布线系统标准是一个涵盖多个方面的规范体系，旨在确保综合布线系统的质量和性能符合设计要求和应用需求。

（1）按照国家标准可以参考以下两个标准。

①《建筑与建筑群综合布线系统工程设计规范》（GB/T 50311—2016）：该标准是我国综合布线系统的基础性国家标准，对综合布线系统的设计、施工、验收等方面进行了全面规范。该标准自发布以来，经过多次修订和完善，以适应信息技术的发展和应用需求。

②《建筑与建筑群综合布线系统工程验收规范》（GB/T 50312—2016）：该标准与 GB/T 50311 配套使用，对综合布线系统的验收工作进行了详细规定，包括验收流程、验收内容、验收标准等，用以确保综合布线系统的质量和性能符合设计要求。

（2）按照行业标准可参考《大楼通信综合布线系统》（YD/T 926—2009）：该标准是我国通信行业的综合布线系统标准，由信息产业部发布并实施，对大楼内的通信综合布线系统进行了规范，包括系统组成、技术要求、测试方法等方面。

（3）按照协会标准可参考《建筑与建筑群综合布线系统工程设计规范》（CECS 72—1995）：该标准由中国工程建设标准化协会在 1995 年发布，是我国早期关于综合布线系统的设计规范之一。其既参考了国际先进经验，又结合了我国实际情况进行制定。

6. 结构化布线系统的组成

结构化布线系统强调的是系统的标准化、模块化和灵活性，注重各个子系统之间的协调和整合。每一个子系统是一个独立的模块，更改其中的任何一个子系统都不会影响到其他子系统。根据其组成部分不同，通常分为以下几个子系统。

（1）工作区子系统（Work Area Subsystem）又称服务区子系统，是指从信息插座延伸到终端设备的整个区域，它由跳线与信息插座所连接的终端设备组成，一般一个终端设备划分为一个工作区。常见的信息插座有墙面型、地面型、桌面型等，常见的终端设备包含计算机、监视器、音响设备以及传感器等，如图 4-1 所示。

设计工作区子系统时应注意以下几点。

① 从 RJ-45 信息插座到终端设备间的连线建议使用双绞线，且不超过 5m。

② 确定信息插座安装位置时首选在墙壁上或不易碰触的地方，通常安装在墙面上的信息插座，其位置应高出地面 30cm。

③ 信息插座与电源插座等应按照规范保证 20cm 以上的距离。

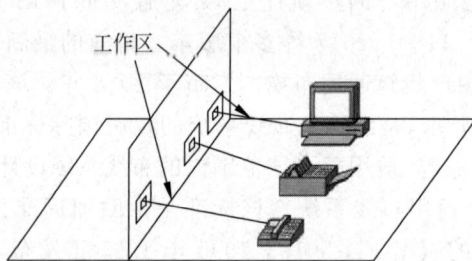

图 4-1　工作区子系统

（2）水平干线子系统（Horizontal Backbone Subsystem）是指从工作区到管理间子系统（Administration Subsystem）（楼层配线间）的连接，采用星型拓扑结构，每个楼层都是一个独立的水平子系统。该系统由工作区信息插座到楼层接线间连接线缆、配线架、跳线等组成，通常使用双绞线，将其一端与信息插座模块连接，另一端连接到管理间子系统的配线架上。其作用是将干线子系统线路延伸到用户工作区，如图 4-2 所示。

设计水平子系统时应注意以下几点。

① 了解用户近期和远期的终端设备要求，包括设备的类型和数量，以及可能的位置变动情况，合理规划线缆的走向和长度。

② 水平子系统中一般使用双绞线作为传输介质，长度一般不超过 90m。

③ 线缆不直接走线，必须通过线槽/管，或者在天花板吊顶内使用桥架、软管等方式布线，尽量不走地面线槽。

④ 水平子系统布线与电力电缆之间保持一定的安全距离,以减少电磁干扰对网络信号的影响。

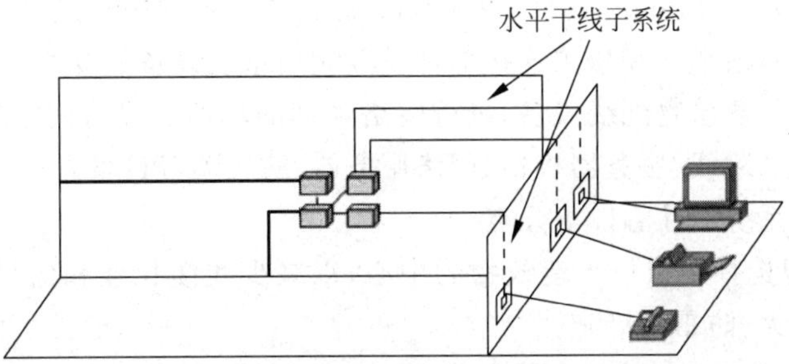

图 4-2　水平干线子系统

（3）管理间子系统是布线系统中的一个关键组成部分。该系统是专门安装楼层机柜、配线架、交换机的楼层房间,一端将从水平子系统过来的线缆端接在配线架上,另一端将垂直子系统过来的线缆端接到跳线架（大对数线缆使用）或光纤配线架上（光纤使用）。

管理间子系统内部需要通过交连、互连实现通信。其中交连即通过跳线等连接设备,将不同的配线架端口进行连接。例如,可以将来自水平子系统的特定端口与垂直子系统中对应的端口连接起来,实现特定信息点与上层网络或其他楼层网络的通信。而互连主要用于连接管理间子系统内部的不同设备,如交换机、集线器等。通过互连,这些设备可以协同工作,对数据进行处理和转发。互连使管理间子系统能够整合不同类型的网络设备,提高网络的性能和可靠性。

管理间子系统通过连接、交连、互连、设备管理和信号传输等功能,实现了对布线系统的有效管理和数据传输,实现了结构化布线的灵活性、开放性和扩展性。

设计管理间子系统时应注意以下几点。

① 配线架的配线对数由所管理的信息点数决定。

② 输入/输出线路、跳线等都应采用标签进行明确标识,方便管理。

③ 管理间的使用面积应不小于 $3m^2$,有足够的空间放置配线架和网络设备。

④ 有集线器、交换机的地方要配备稳压电源。

⑤ 通风良好,温度、湿度适宜,具备防尘、防静电、防火和防雷击条件。

（4）垂直干线子系统（Riser Backbone Subsystem）是建筑物的主干线缆,由连接主设备间到各楼层配线间之间的线缆构成,两端分别连接在管理间子系统和设备间子系统的配线架上,实现各楼层配线架与设备间主配线架间相连,为楼层之间提供通信通道。垂直干线子系统的布线结构通常采用分层星型拓扑结构,即每个楼层配线间均需采用垂直主干线缆连接到主设备间,而垂直主干线缆和水平子系统线缆之间的连接需要通过管理间的跳线来实现。垂直干线子系统通常使用大对数铜缆或光缆进行通信传输。

设计垂直干线子系统时应注意以下几点。

① 考虑建筑物当前使用和未来升级需求,预留一定的容量和灵活性。

② 确定垂直通道的位置和数量,通常选择建筑物的弱电井或专用的垂直通道。

③ 根据需求选择合适的线缆类型,如光纤、大对数电缆等。垂直干线子系统一般选用光纤作为传输介质,以提高传输速率。

④ 垂直干线光缆要有适当的保护,如遇拐弯,不能用直角拐弯,应有相对的弧度,以避免光缆受损。

(5) 设备间子系统(Equipment Subsystem)通常称为数据中心或主配线间,是在建筑物内的适当地点放置布线缆线和相关连接部件及其应用系统设备的场所,也是设置电信设备、计算机网络设备以及建筑物配线设备,进行网络管理的场所。设备间子系统通常包含光纤配线架、语音配线架、跳线、服务器机柜、网络服务器、防火墙等设备。

设计设备间子系统应注意以下几点。

① 设备间位置选择尽量位于建筑物的中心,以减少线缆长度和信号衰减,远离强电磁场源,具有防尘、防火、防雷击措施。

② 设备间的面积应足够容纳所有的设备、机柜、配线架等,并留有一定的维护空间。

③ 设备间内应保持适宜的温度、湿度,可以安装空调设备或加湿/除湿器。

④ 设备间内应提供稳定可靠的电源供应,电源插座应分布合理,满足设备的用电需求。

⑤ 设备标识、线缆标识、机柜标识等应清晰、醒目,便于人员识别和操作。

(6) 建筑群子系统(Campus Backbone Subsystem)是指将一个建筑物中的电缆延伸到建筑群中的另外一些建筑物中的通信设备和装置上,它是整个布线系统中的一部分,支持提供楼群之间通信所需的硬件,用来实现建筑物之间的相互连接。不同的施工环境,敷设通信线路的方式也不同,通常可以选择地下管道、直埋沟内、架空,或者三者任意组合的方式来进行。

设计建筑群子系统时应注意以下几点。

① 选择符合国际标准和行业规范的布线产品和技术,确保系统设备的开放性、兼容性,便于未来的扩展和升级。

② 考虑系统的维护和管理成本,选择易于维护和管理的产品和技术。

③ 预留足够的电缆容量和端口数量,以满足未来业务发展的需求。

④ 采取必要的防护措施,确保信息的安全、保密传输。

⑤ 合理规划电缆的走向和布局,使系统看起来整洁、有序。

以上各子系统构成一个有机的整体,如图 4-3 所示。

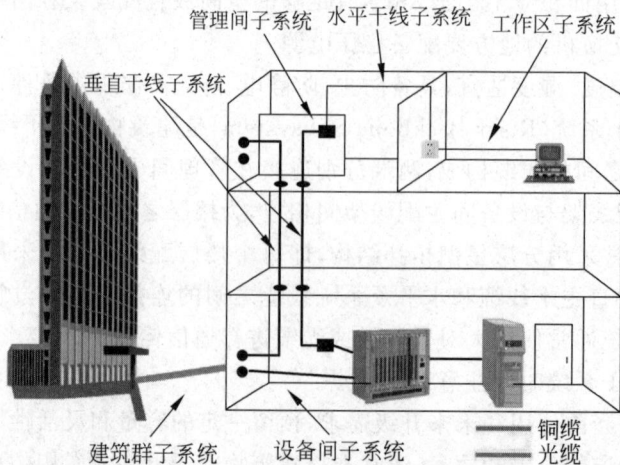

图 4-3　结构化布线六大子系统

7. 结构化布线系统的等级

不同等级的布线系统能够适用于不同的应用场景和需求,为用户提供更加灵活和高效的网络解决方案。它们在性能、配置、支持的带宽、传输距离、应用环境以及未来升级的需求等方面存在显著差异。通常,结构化布线系统可分为基本型、增强型、综合型三种等级,其特点和配置如表 4-1 所示。

表 4-1　结构化布线系统的等级

等 级	特 点	配 置
基本型	① 支持语音和数据的传输需求。 ② 系统配置较为简单,成本较低,适用于小型网络或预算有限的项目	① 通常采用铜质双绞线作为传输介质。 ② 每个工作区都有一个信息插座。 ③ 每个工作区的配线电缆为一条 4 对双绞线电缆。采用夹接式交接硬件
增强型	① 不仅支持语音和数据的传输,还具有抗干扰能力和灵活性。 ② 适用于中等配置标准的场合	① 每个工作区都有两个或两个以上信息插座。 ② 每个工作区的配线电缆为两条 4 对双绞线电缆。采用插接式交接硬件
综合型	① 是一种高性能的布线系统。 ② 能支持高速数据传输,多媒体应用等复杂需求	① 在基本型和增强型的基础上,增设光缆系统。 ② 每个工作区的配线电缆为多条 4 对双绞线电缆和光缆组合。 ③ 采用智能型交接硬件

需要注意的是,等级划分并不是绝对的,实际项目中可能会根据具体需求进行定制化的设计和实施。此外,随着网络技术的不断发展,结构化布线系统的设计和实施也在不断发展和创新。

4.2　传 输 介 质

传输介质是连接网络设备的中间介质,也是信号传输的媒介。不同的传输介质对网络的通信速度和通信质量影响不同。因此,必须根据网络的具体要求,选择适合的传输介质。

传输介质可以分为两种,即有线传输介质和无线传输介质。有线传输介质是指在两个通信设备之间通过电缆或光缆充当传输媒介来实现物理连接的传输介质,目前网络通信线路中常用的网络传输介质主要有双绞线、光纤(缆)、大对数双绞线、同轴电缆等。无线传输介质是指利用电波或光波等充当传输媒介的传输介质,如微波、红外线和卫星通信等。本节主要介绍有线传输介质。在有线通信系统中,线缆主要有铜缆和光缆两大类。

不同的网络传输介质具有不同的结构和功能,它们所使用的环境各不相同,比如在结构化布线的六大子系统中,工作区子系统和水平子系统通常使用双绞线进行通信传输,而垂直子系统和设备间子系统中通常使用光缆(或光纤)和大对数进行主干部分数据传输。下面就来具体介绍双绞线、大对数双绞线、光纤(缆)、同轴电缆的相关属性。

4.2.1　双绞线

双绞线是一种结构化布线工程中最常用的传输介质,尤其在局域网中广泛应用,特别是在星型拓扑网络中。

1. 双绞线的基本构成

双绞线由两根具有绝缘保护层的铜导线组成,把两根绝缘的铜导线按一定密度缠绕在一起,每一根导线在传输中辐射出来的电波会被另一根线上发出的电波抵消。双绞线一般由两根 22~26 号绝缘铜导线相互缠绕而成,这也是双绞线名称的由来。实际使用时,双绞线通常是由多对双绞线一起包在一个绝缘电缆套管里,形成双绞线电缆,生活中简称双绞线。

2. 双绞线的分类

双绞线的分类标准不同,对应有多种类型,以满足不同应用场景的需求。

1) 按屏蔽方式分类

屏蔽双绞线:外层具有金属屏蔽层,可以有效减少电磁干扰和信号衰减,防止窃听,安全性好,但成本较高,安装复杂,占用空间较大。常用于军事、情报、政府等部门的网络布线系统中。

非屏蔽双绞线:外部没有金属屏蔽层,价格相对较低,安装灵活,便于在复杂环境中进行布线,但易受电磁干扰,存在一定的信号衰减和线对之间的串扰。在网络传输领域应用广泛,特别是以太网(局域网)和电话线中。

2) 按照电气性能分类

电子工业协会(EIA)根据双绞线的特性进行分类,主要有 1 类、2 类、3 类、4 类、5 类、超 5 类、6 类、超 6 类、7 类,各类双绞线的主要特性和应用如表 4-2 所示。

表 4-2　各类双绞线的主要特性和应用

类　别	简称	最高传输速率	应　　用
1 类	CAT1	20Kbps	20 世纪 80 年代初之前的电话线缆,报警系统
2 类	CAT2	4Mbps	语音传输,4Mbps 令牌传递协议网络
3 类	CAT3	10Mbps	语音、10BASE-T 以太网
4 类	CAT4	16Mbps	令牌环网络,10BASE-T/100BASE-T
5 类	CAT5	100Mbps	语音传输,100BASE-T/1000BASE-T 以太网
超 5 类	CAT5e	155Mbps	千兆位以太网(短距离),性能优于五类线
6 类	CAT6	200Mbps	适用于传输速率高于 1Gbps 的应用
超 6 类	CAT6e	10Gbps	适用于传输速率高于 10Gbps 的应用
7 类	CAT7	10Gbps	适应万兆位以太网技术的应用

3) 按照特性阻抗分类

双绞线电缆有 100Ω、120Ω 和 150Ω 等几种。常用的是 100Ω 的双绞线电缆。

3. 双绞线的工作原理

双绞线的工作原理主要基于电磁干扰的减少和信号衰减的抑制。两根相互绞合的导线在传输信号时,会互相产生电流并形成一个磁场,这个磁场可以有效地抵消其他电子设备产生的电磁干扰,从而降低电磁干扰对数据传输的影响。同时,双绞线中的每根导线由多根铜线细丝组成,这些细丝被紧密地绞合在一起,增强了导线的物理强度,并有助于减少信号在传输过程中的能量损失。

4．双绞线的线序标准和连接器件

在结构化布线系统中使用的双绞线是由 4 个线对组成的，分别是橙/橙白、蓝/蓝白、绿/绿白、棕/棕白。与双绞线匹配的连接器件为国际标准的 RJ-45 水晶头、RJ-45 信息模块和 RJ-45 配线架。不论哪种连接器件，都遵循 EIA/TIA 的布线标准中规定的 T568A 和 T568B 两种线序标准。在实际工程中，通常使用 T568B 线序进行端接。下面具体介绍两种线序及三种连接器件的端接步骤。

1）线序标准

T568A 的线序标准：绿白、绿、橙白、蓝、蓝白、橙、棕白、棕。

T568B 的线序标准：橙白、橙、绿白、蓝、蓝白、绿、棕白、棕。

当双绞线用于不同类型的网络设备，如计算机和交换机、路由器和交换机等连接时，使用直通线，即双绞线两端线序相同，都遵循 T568A 或 T568B 线序标准；当用于相同类型的网络设备，如计算机和计算机、交换机和交换机等连接时，则使用交叉线，即双绞线一端遵循 T568A 线序标准，另一端遵循 T568B 线序标准。

2）RJ-45 水晶头

RJ-45 水晶头是一种有 8 个凹槽和 8 个触点(8p8c)的连接器接口，遵循 IEEE 802.3 标准，广泛应用于以太网中。它的内部有 8 个金属引脚，用于连接网线的 8 根线芯，外部由塑料外壳包裹，起到保护和固定作用，如图 4-4 所示。根据与其端接的线缆类型不同，RJ-45 水晶头也对应多种类型，主要包括超五类(Cat5e)、六类(Cat6)、超六类(Cat6a)、七类(Cat7)等。此外，还有非屏蔽(UTP)和屏蔽(STP/FTP)之分。其中，超五类是目前市场上最常见的类型。

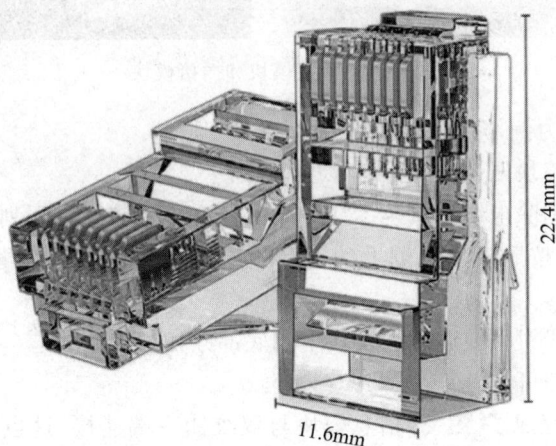

图 4-4　RJ-45 水晶头

下面详细介绍 RJ-45 水晶头端接双绞线的步骤。

(1) 使用剥线钳剥除电缆套管至少 2cm(注意不要将绝缘层划破)，露出 4 对线。

(2) 剪掉牵引线，将缠绕的双绞线反向拆开，并按照规定线序将 8 根导线排好。

(3) 将 8 根线芯捋直、平行排列。

(4) 保留线芯长度约 1.5cm，铰齐线头，保证切面整齐。

(5) 一手捏住水晶头、金属面朝上，另一手捏平双绞线，按照最左侧对应橙白、最右侧对

应棕的顺序（以 T568B 线序为例），将插头插到水晶头顶端。

（6）确认线序正确，线芯顶到头后，将 RJ-45 水晶头放入压线钳的压头槽内，用力夹紧，RJ-45 水晶头就端接完成了。

重复以上步骤，端接另一头，就可以制作一条两端都是水晶头的双绞线跳线。

跳线制作完毕后需进行测试，将两端水晶头分别插入测试仪的发射端和接收端。观察指示灯显示顺序。

直通线的亮灯顺序：1-1,2-2,3-3,4-4,5-5,6-6,7-7,8-8。

交叉线的亮灯顺序：1-3,2-6,3-1,4-4,5-5,6-2,7-7,8-8。

3）RJ-45 信息模块

RJ-45 信息模块是一种遵循 IEEE 802.3 标准的网络接口模块，通常安装在网络面板或配线架上，用于连接网线（如 UTP 或 STP/FTP）和网络设备（如计算机、路由器、交换机等）。RJ-45 信息模块通常由塑料外壳、金属引脚和电路板等部件组成。其中，金属引脚用于连接网线中的线芯，电路板则负责信号的处理和传输。RJ-45 信息模块的分类与 RJ-45 水晶头基本一致。在网络工程中常用的信息模块有卡接模块和插接模块。卡接模块需要借助打线钳卡接，插接模块又称免打模块，直接插好压紧即可，如图 4-5 所示。

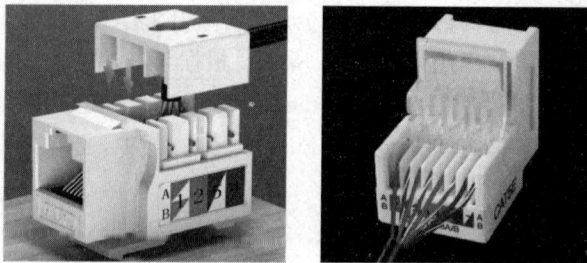

图 4-5   卡接模块和插接模块

下面以卡接模块为例，介绍端接双绞线的步骤。

（1）打开并取下模块压盖板。

（2）使用剥线器剥除电缆套管至少 4~5cm（注意不要将绝缘层划破），露出 4 对线。

（3）剪掉牵引线，按照模块两侧上的色标顺序将线芯依次压入模块卡扣中（以 T568B 线序为例）。

（4）使用单刀打线钳将线芯压入模块卡扣底部并切掉多余线芯（注意刀口朝外）。

（5）扣好压线盖即可。

按照以上步骤就完成了 RJ-45 信息模块与双绞线一端连接，这也实现了水平子系统与工作区子系统相连。

4）信息插座面板

信息插座面板是 RJ-45 模块的安装设备，是暗装方形盒子，其按照插座面板外形尺寸可分为 86 型、118 型、120 型等。其中，86 型面板为国标定义面板，宽高尺寸为 86mm×86mm。常用的信息插座面板分为单口面板和双口面板，如图 4-6 所示。

5）RJ-45 配线架

配线架是用在局端对前端信息点进行管理的模块化设备。从水平子系统过来的信息点线缆进入管理间后,首先进入配线架,将线缆打在配线架的模块上(反面),然后用跳线将配线架的 RJ-45 接口(正面)连接到交换机,通过标准化的 RJ45 接口实现网络线路的连接和管理,如图 4-7 和图 4-8 所示。

图 4-6 单口信息面板和双口信息面板

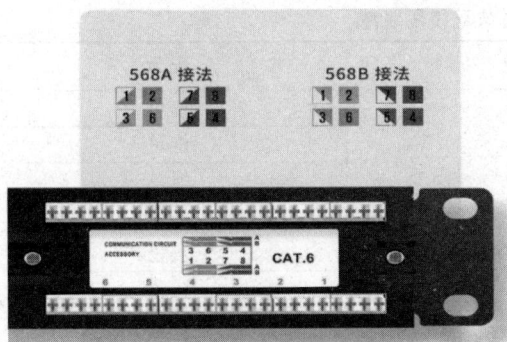

图 4-7 六类配线架反面

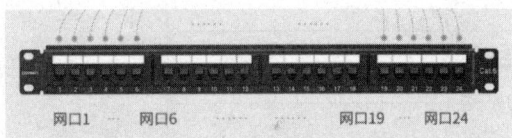

图 4-8 六类配线架正面

配线端接技术的原理是将线芯用机械力量压入两个刀片中,在压入过程中刀片将绝缘护套划破,使刀片与铜线芯紧密接触,同时金属刀片的弹性将铜线芯夹紧,从而实现长期稳定的电气连接。下面介绍 RJ-45 配线架端接双绞线的步骤。

(1) 使用剥线器剥线,长度为 4~5cm。

(2) 剪掉牵引线,按照配线架上的色标顺序将线芯进行排列(以 T568B 线序为例)。

(3) 按线序颜色将线芯轻卡在配线架上。

(4) 使用单刀打线钳将线芯压入卡扣底部并切掉多余线芯(注意打线钳垂直向下打,刀口朝外)。

(5) 完成连接。

4.2.2 大对数双绞线

大对数即多对数的意思,是指很多对的电缆组成一小捆,再由很多小捆组成一大捆(更大对数的电缆则再由很多一大捆组成一根更大的电缆)。大对数双绞线是一种在电信领域中广泛应用的电缆,主要通过一对对绝缘的铜线进行数据传输,多用于垂直干线子系统的语音通信等,如图 4-9 所示。

图 4-9 大对数双绞线

1. 大对数双绞线的分类

按双绞线类型(屏蔽型 4 对 8 芯线缆)电缆可分为 3 类、5 类、超 5 类、6 类等。

按屏蔽层类型可分为 UTP 电缆(非屏蔽)、FTP 电缆(金属箔屏蔽)、SFTP 电缆(双总屏蔽层)、STP 电缆(线对屏蔽和总屏蔽)。

按规格(对数)分为 25 对、50 对、100 对等电缆规格。

2. 大对数双绞线的线序标准

大对数双绞线采用颜色编码进行管理,每个线束对都有不同的颜色编码,同一束的每个线对也有不同的颜色编码。线缆主色为白、红、黑、黄、紫,线缆配色为蓝、橙、绿、棕、灰。一般把白、红、黑、黄、紫色线束称为 a 线,蓝、橙、绿、棕、灰色线束称为 b 线。不管大对数线缆的对数有多大,通常都是按 25 对色为一小捆标识组成。25 对大对数双绞线接线线序如表 4-3 所示。

表 4-3　25 对大对数双绞线线序

线序	主色	配色
1	白色	蓝色
2		橙色
3		绿色
4		棕色
5		灰色
6	红色	蓝色
7		橙色
8		绿色
9		棕色
10		灰色
11	黑色	蓝色
12		橙色
13		绿色
14		棕色
15		灰色
16	黄色	蓝色
17		橙色
18		绿色
19		棕色
20		灰色
21	紫色	蓝色
22		橙色
23		绿色
24		棕色
25		灰色

3. 大对数双绞线的连接器件

大对数线缆布线的时候,要端接在 110 配线架上,使用剥线刀、打线钳、5 对打线器等打线工具与 110 连接块进行端接操作。110 配线架与 110 连接块如图 4-10 所示。

图 4-10　110 配线架与 110 连接块

110 配线架通常是安装固定在机柜上的,准备好大对数线缆,用剥线刀剥开适当长度的外皮,如图 4-11 所示。

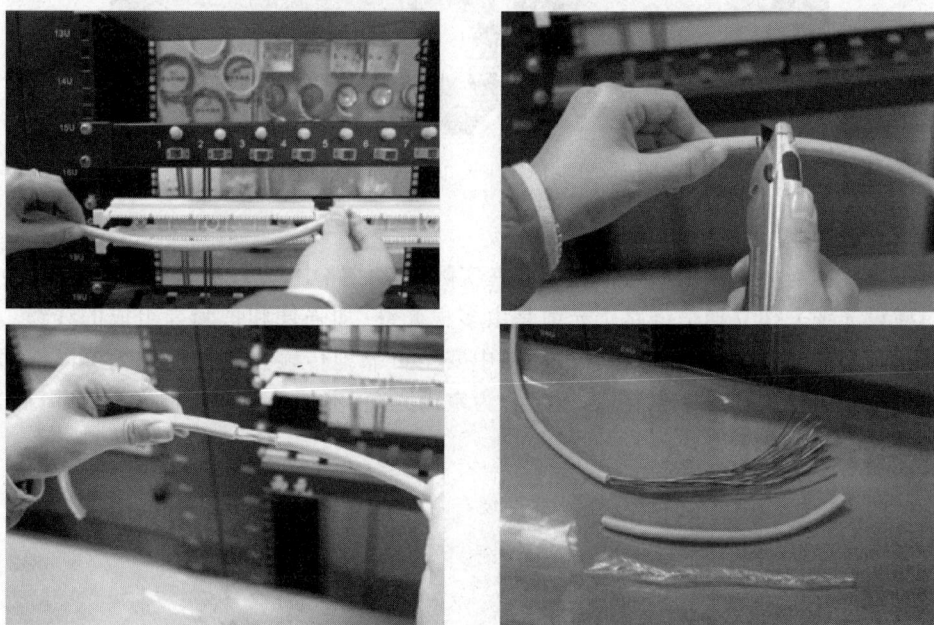

图 4-11　量线、剥线操作

从机柜进线的地方把线伸进去沿着机柜的两侧摆放到 110 配线架的打线处,按照线序把线对进行排列,排列完成后,将对应颜色的线对逐一压入槽内,如图 4-12 所示。

准备好 5 对打线器和 110 连接块,把 110 连接块插在打线器上,用打线器把 110 连接块垂直压入配线架的槽里,如图 4-13 所示。最后清除多余的线对即可。

大对数双绞线广泛应用于办公楼、学校和家庭等局域网环境,是连接计算机、打印机和其他网络设备的常见选择。大对数双绞线具有防干扰能力强、成本低廉、灵活性高和传输质量高等特点,在电信领域得到了广泛应用。但其传输距离相对较短,在远距离传输时可能会受到限制。

4.2.3　光纤

光纤是光导纤维的简写,是一种利用光学原理传输信息的介质,主要由一根或多根细长

图 4-12　排线固定

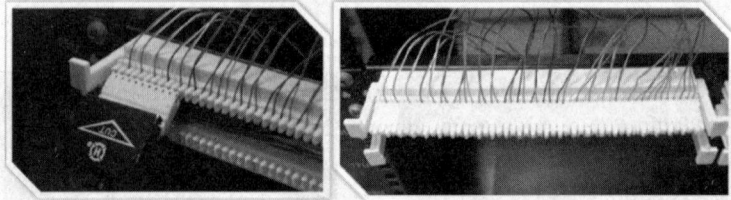

图 4-13　压入 110 连接块

的玻璃或塑料纤维组成。

由于光纤本身质地较脆,易折断,因此在实际通信线路中,光纤通常被封装在光缆中,然后通过敷设光缆来建立通信链路。光缆是由多根光纤、加强件和护套等组成的线缆。它的主要作用是保护光纤,使其能够在各种环境中安全可靠地传输光信号。光缆可以根据不同的应用场景和需求进行设计和制造,通常分为室内光缆、室外光缆和特种光缆,如海底光缆、阻燃光缆,如图 4-14 所示。

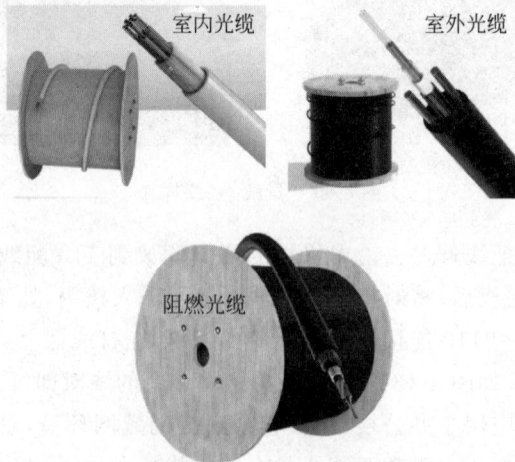

图 4-14　室内光缆、室外光缆、阻燃光缆

1. 光纤的结构和传输原理

光纤的结构主要由三部分组成:纤芯、包层和涂覆层,如图 4-15 所示。它们由内向外构成了同心圆柱体,且纤芯的折射率高于包层材料的折射率。

（1）纤芯：光纤中光信号传输的核心部分，位于光纤的中心部位，由光透明材料（如高纯度的玻璃或塑料）构成。

（2）包层：围绕在纤芯外部的一层材料，其作用是保护纤芯并限制光信号的泄漏。

（3）涂覆层：位于包层之外的保护层，用于增强光纤的强度和提供机械保护。涂覆层通常由耐磨性、耐腐蚀性和抗拉伸性能强的聚合物材料（如聚酯或尼龙）构成。

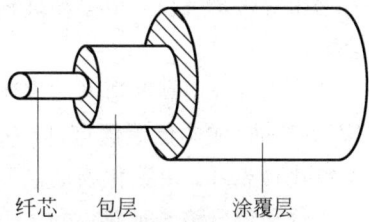

图 4-15　光纤的结构

光纤的传输原理主要基于光的全反射现象，当光线从一种密度较高的介质（如纤芯）射向密度较低的介质（如包层）时，如果入射角大于或等于某一临界角，光线将全部被反射回原介质中，而不会进入另一种介质，这就是光的全反射现象。纤芯的折射率高于包层，且光纤的内部表面非常光滑，因此光信号在传输过程中经过多次全反射到达光纤的另一端，几乎不会因为光的漏失而减弱，能够保持较远距离的传输，具有高速、低损耗、抗干扰等优点。

2. 光纤通信系统

光纤通信系统是以光波为载体、光导纤维为传输介质的通信方式，起主导作用的是光源、光纤、光发射机和光接收机。光纤传输系统的结构如图 4-16 所示。

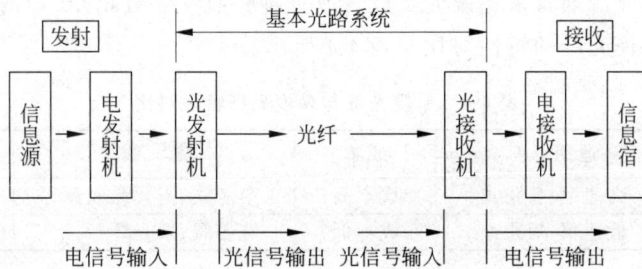

图 4-16　光纤传输系统的结构

（1）光源：光波产生的根源。光纤系统使用两种不同类型的光源，即发光二极管（Light Emitting Diode，LED）和注入型激光二极管（Injection Laser Diode，ILD）。发光二极管是一种固态器件，当电流通过时就发出光。注入型激光二极管也是一种固态器件，它根据激光器原理进行工作。发光二极管价格较低，工作在较大的温度范围内，并且有较长的工作周期。注入型激光二极管的效率较高，而且可以保持很高的数据传输速率。

（2）光纤：传输光波的导体。

（3）光发射机：负责产生光束，将电信号转变为光信号，再把光信号导入光纤。

（4）光接收机：负责接收从光纤上传输过来的光信号，并将它转变为电信号，经解码后再作相应处理。

3. 光纤的种类

光纤作为现代通信中不可或缺的传输介质，其类型多种多样，根据不同的分类标准可以划分出不同的种类。下面介绍三种常见的分类。

1）按制造材料分类

石英光纤：目前通信中普遍使用的光纤类型，由高纯度的二氧化硅（SiO_2）制成，具有优异的传输性能和稳定性。

多组分玻璃光纤：由多种玻璃材料混合而成，具有特定的光学和物理性能，适用于特定场合。

塑料光纤：用高度透明的聚苯乙烯或聚甲基丙烯酸甲酯(有机玻璃)等材料制成，具有柔软、易弯曲、成本低等优点，但传输性能相对较差。

氟化物光纤：由氟化物玻璃制成，具有较低的损耗和较高的非线性系数，适用于高功率激光传输和特殊波长通信。

2）按传输模式分类

单模光纤(Single Mode Fiber，SMF)：中心玻璃芯很细(芯径一般为 8.3μm 或 9/10μm)，只能传输一种模式的光，如 8.3/125(μm)突变型单模光纤，它的光纤直径为 8.3μm，包层直径为 125μm。光线的入射角接近水平，光线在其中没有反射，而是沿着直线传播。因此，单模光纤的色散很小，对光源的谱宽和稳定性有较高的要求，价格相对较高，适用于远程通信和高数据速率传输。其光源通常采用激光二极管。

多模光纤(Multi Mode Fiber，MMF)：中心玻璃芯较粗(芯径一般为 50μm 或 62.5μm)，可以传输多种模式的光，如 62.5/125(μm)缓变增强型多模光纤，它的光纤直径为 62.5μm，包层直径为 120μm。多模光纤的色散较大，限制了传输信号的频率和距离，但价格相对较低。其光源通常采用发光二极管或垂直腔面发射激光器(VCSEL)。

单模光纤与多模光纤的特性对比如表 4-4 所示。

表 4-4 单模光纤与多模光纤特性对比

光纤类型	适用范围	成本	芯 线	性 能
单模光纤	高速率、长距离	成本高	窄芯线、需要激光源	损耗小，效率高
多模光纤	低速率、短距离	成本低	宽芯线、聚光纤	损耗人，效率低

3）按光纤通信中使用的光波长分类

光纤按波长划分，主要可以分为短波长光纤和长波长光纤两大类。

短波长光纤使用的光波长主要在 0.6～0.9μm(典型值为 0.85μm)范围内，在传输过程中其损耗相对较大，且色散效应较明显，常被用于家庭和办公室网络等短距离通信场景。

长波长光纤的光波长在 1.0～2.0μm 范围，主要包括 1310nm 和 1550nm 两种波长的光纤。其中，1310nm 波长的光具有相对较小的色散，在长距离传输中能保持较好的信号质量。但与 1550nm 波长相比，其光在光纤中的损耗稍大。1550nm 波长的光具有最小的损耗，是长距离传输的理想选择，广泛应用于长途海底光缆、卫星通信等需要长距离、高速率传输的场景。

此外，还有掺稀土光纤、多芯光纤、空心光纤、高分子光纤等多种特殊类型的光纤，它们各自具有独特的性能和应用领域。在实际应用中，需要根据具体需求选择合适的光纤类型。

4. 光纤的连接器件

在结构化布线工程中，一条完整的光纤通信链路，不仅需要光纤(缆)这样的传输介质，还需要各种光纤连接器件。其中，一部分光纤连接器件用于光纤的整合和支撑，另一部分则用于光纤的连接。

在结构化布线系统中，光纤的连接主要在设备间完成，当外部运营商提供的通信光缆输入后,首先连接至光纤配线架(光纤终端盒),每根光纤芯与一条光纤尾纤熔接,尾纤的连接器插入光纤配线架的适配器入口端,适配器出口端则用光纤跳线连接,跳线的另一端根据实际需要插到对应的接口,如连接到交换机或光纤收发器的光纤接口等。

1) 光纤配线设备

光纤配线设备是光纤接入网技术的关键设备之一,用于光纤通信系统中光缆的集中管理,可方便地实现光纤线路的熔接、跳线、分配和调度等功能,主要分为室内配线和室外配线设备两大类。其中,室内配线包括机架式光纤配线架、机柜式光纤配线柜、壁挂式光纤配线箱等,室外配线设备包括光缆交接箱、光纤配线箱、光缆接续盒。

光纤配线架(柜)用于外部光缆与光通信设备的连接,并具有外部光纤的固定、分纤缓冲、熔接、接地保护以及光纤的分配、调度等功能。机架式 24 口光纤配线架如图 4-17 所示。

光缆接头盒是将两根或多根已用熔纤机熔接的光缆按规范顺序一一放置,多余部分按倒 8 字形在盒内盘绕,盘绕半径不宜少于 4cm(避免折断光纤),要求盘绕整齐。光缆接头盒具有保护部件接续部分的作用,是光缆线路工程建设中光纤熔接部分必须采用的,而且是非常重要的器材之一,光缆接头盒的质量直接影响光缆线路的质量和光缆线路的使用寿命,如图 4-18 所示。

图 4-17　机架式 24 口光纤配线架　　　　　　　图 4-18　光缆接头盒

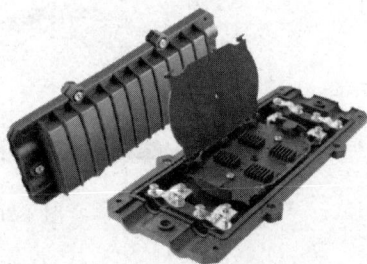

2) 光纤连接器

光纤或光缆在接续时必须考虑的一点就是如何降低损耗,光纤链路接续分为固定式和活动式两种方式。固定式的接续大多采用熔接法来实现,活动式的接续一般采用光纤连接器来实现。

光纤连接器是光纤与光纤之间进行可拆卸(活动)连接的器件。其主要作用是将光纤的两个端面精密对接起来,以使发射光纤输出的光能量能最大限度地耦合到接收光纤中,同时减少因连接器接入光链路而对系统造成的影响。光纤连接器侧重于实现光纤之间的快速、可靠连接和断开。

光纤连接器按接头结构可分为 FC、SC、ST、LC、DIN、MT、MU 等类型。

光纤连接器按传输媒介的不同可分为常见的硅基光纤连接器(包括单模光纤连接器和多模光纤连接器),还有以塑胶等其他材料为传输媒介的光纤连接器。

此外按照光纤芯数可分为单芯光纤连接器、双芯光纤连接器和多芯光纤连接器,如 MT-RJ 等。

常见的光纤连接器有 LC 型(直插式)、SC 型(直插式)、FC 型(螺纹连接型)和 ST 型(卡扣式)等,如图 4-19 所示。

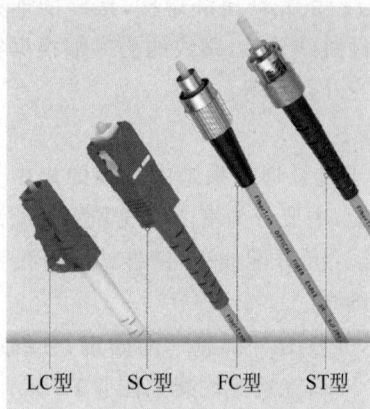

图 4-19　常见的光纤连接器

3) 光纤跳线、尾纤、适配器及面板

(1) 光纤跳线。光纤跳线(Optical Fiber Patch Cable)是一种用于实现光路活动连接的线缆组件。它通常由光纤光缆与光纤连接器通过一定的工艺加工而成,中间是光纤光缆,两端则固定有光纤连接器。光纤跳线的主要作用是用于光纤配线架到交换设备或光纤信息插座到计算机的连接,实现光信号的传输。

光纤跳线既可根据光纤芯数的不同分为单芯、双芯和多芯三种类型,又可根据传输模式分为单模光纤跳线和多模光纤跳线。一根光纤跳线两端的连接器既可以是相同类型的,也可以是不同类型的,通常长度不超过 5m。

单模光纤跳线一般使用黄色绝缘层包裹,其接头和保护套为蓝色,传输距离较长;多模光纤跳线一般使用橙色绝缘层包裹,其接头和保护套用米色或者黑色,传输距离较短。单模和多模光纤跳线如图 4-20 所示。

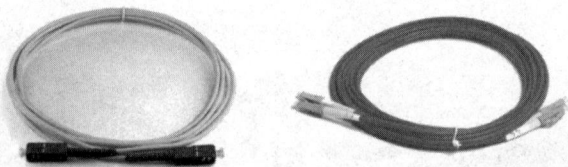

图 4-20　单模和多模光纤跳线

(2) 光纤尾纤。光纤尾纤的一端是衔接头(即连接器),另一端则是一根光缆纤芯的断头,经过熔接与其他光缆纤芯相连。光纤尾纤是一种在光纤通信中广泛使用的连接组件,它主要用于连接光纤和光纤适配器,或者连接其他网络设备如光纤收发器、协议转换器、交换机等。

单模尾纤外观为黄色,多模尾纤为橙色。在布线工程中应注意尾纤线芯与熔接光纤的纤芯应为相同类型。

(3) 光纤适配器。光纤适配器,又称光纤耦合器,是一种特殊的光纤连接器,因此它也能够实现光纤之间的连接功能。通过精密的设计和制造,它能够将一根光纤中的光能量最大限度地耦合到另一根光纤中,同时减少光信号的损失和干扰。相较于光纤连接器,光纤适配器则更侧重于实现光信号在光纤之间的有效传输和分配。

光纤适配器固定在光纤配线架、光纤通信设备等的面板上。常见的接口类型有 FC、SC、ST、LC、MT、MU、MTRJ 等。其中,当适配器两端接口相同时,如 SC-SC、LC-LC,称为非变换型光纤适配器;当适配器两端接口不同时,如 SC-FC、LC-SC,则称为变换型光纤适配器。非变换型和变换型光纤适配器如图 4-21 所示。

(4) 光纤面板。与双绞线布线相同,要实现光纤到桌面需要在工作区安装光纤信息插座,光纤信息插座是一个带有光纤适配器的光纤面板,如图 4-22 所示。当光纤敷设至底盒时,光纤与一条尾纤熔接,用尾纤上的连接器插入光纤面板上的光纤适配器一端,用一条光

图 4-21　非变换型和变换型光纤适配器

图 4-22　单口光纤面板

纤跳线分别连接光纤适配器的另一端和计算机即可。光纤面板外观尺寸符合国标 86 型,在实际工程中,选择光纤面板时应根据对接的尾纤的接口类型和数量进行合理选择。

4)光纤接续

(1)采用熔接法接续。熔接法是指通过放电的方法将两根光纤的连接点熔化并连接在一起。这种方法是光纤永久性接续中最常用且效果最好的方法。其主要特点是连接衰减在所有连接方法中最低,典型值为 0.01～0.03dB/点,以确保信号在传输过程中的损耗非常小。

(2)采用光纤连接器接续。光纤连接器接续又称光纤冷接,主要依赖于机械精密对接的方式来实现两根光纤的连接。光纤冷接通常使用一种特殊的冷接子(又称快速连接器或机械接续连接器)来完成,如图 4-23 所示。它的特点是操作简单、成本低廉、接续速度快,但其接续损耗较大,因此在长距离高速传输中应尽量避免使用。

4.2.4　同轴电缆

同轴电缆是一种电线及信号传输线,一般是由四层物料制成:最内层是一条导电铜线,线的外面有一层塑胶(作绝缘体、电介质之用)围拢,绝缘体外面又有一层薄的网状导电体(一般为铜或合金),导电体外面是最外层的绝缘物料作为外皮,如图 4-24 所示。

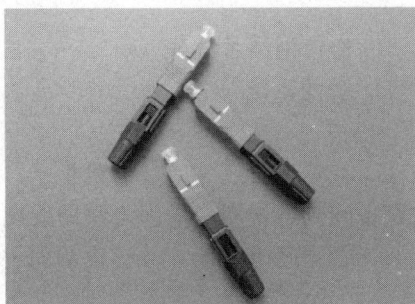

图 4-23　SC 型光纤连接器

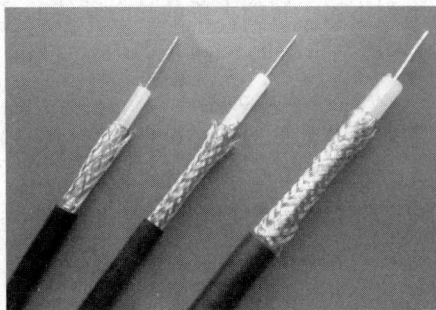

图 4-24　同轴电缆

同轴电缆有两种基本类型：基带同轴电缆和宽带同轴电缆。它可用于模拟信号和数字信号的传输，适用于各种各样的应用，其中最重要的是有线电视传播、长途电话传输、计算机系统之间的短距离连接以及局域网等。一个有线电视系统可以负载几十个甚至上百个电视频道，其传播范围可以达几十千米。长期以来同轴电缆都是长途电话网的重要组成部分。随着网络技术飞速发展，同轴电缆已逐渐被通信传输速率更高、稳定性更强的新型传输介质所取代。

习　　题

一、单选题

1. 在结构化布线系统中，设计工作区子系统时应注意，从 RJ-45 信息插座到终端设备间的连线建议使用的传输介质及长度分别为（　　）。

    A. 双绞线 10m　　　B. 双绞线 5m　　　C. 光纤 10m　　　D. 光纤 5m

2. 下列对结构化布线系统的优点描述中正确的是（　　）。

    A. 能支持多种数据通信、多媒体技术及信息管理系统等

    B. 符合国际通信标准的各种计算机和网络结构

    C. 结构化布线系统是可扩充的，以便将来有更大需求时，很容易将设备安装接入

    D. 以上全是

3. 传输介质是连接网络设备的中间介质，分为有线传输介质和无线传输介质。下列选项中是有线传输介质的是（　　）。

    A. 红外线　　　B. 卫星　　　C. 光缆　　　D. 微波

4. 下列连接器件中用来端接光纤的是（　　）。

    A. 配线架　　　B. 水晶头　　　C. 信息模块　　　D. SC 型连接器

5. 在水平子系统中通常连接配线架到墙面信息模块所使用的传输介质是（　　）。

    A. 光纤　　　B. 大对数　　　C. 双绞线　　　D. 同轴

6. 配线架主要用在结构化布线的是（　　）。

    A. 水平子系统　　　B. 垂直子系统　　　C. 管理间子系统　　　D. 设备间子系统

7. 下列不属于结构化布线系统的国际标准的是（　　）。

    A. GB/T 50311　　　　　　　　　B. ISO/IEC 11801

    C. EIA/TIA TSB-67　　　　　　　D. EIA/TIA 568

8. 下列不属于智能大厦的核心系统的是（　　）。

    A. 楼宇自动化系统(BA)　　　　　B. 通信网络系统(CA)

    C. 办公自动化系统(OA)　　　　　D. 智能系统(XA)

9. 下列不是常见的终端设备的是（　　）。

    A. 计算机　　　B. 监视器　　　C. 音响设备　　　D. 机柜

10. （　　）具有建筑物的主干线缆，由连接主设备间到各楼层配线间之间的线缆构成。

    A. 水平子系统　　　B. 垂直子系统　　　C. 管理间子系统　　　D. 设备间子系统

二、简答题

1. 结构化布线系统有哪些特点？它与传统布线最大的区别是什么？

2．结构化布线系统由哪几部分组成？

3．光纤的传输速率非常高,应用广泛,它的结构是怎样的？

4．按屏蔽方式进行分类,双绞线有哪些类型,有什么异同？

5．双绞线的线序标准是怎样的？

三、案例题

1．在实际工程中,需要根据用户需求结合建筑物的结构特点确定布线的等级,通常结构化布线有哪几种等级,各有什么特点？

2．在结构化布线系统施工过程中,对每个子系统的施工都有严格要求,设计管理间子系统时应注意哪些事项？

3．小明家网络传输出现故障,经过检查发现是一端网线上的水晶头接触不良导致的,请帮助他重新制作一个 RJ-45 水晶头,并简述操作步骤。

四、综合题

某公司正在进行结构化布线系统施工,在设备间中要将外部运营商提供的通信光缆输入,需要实施光纤接续工作,此时应选择熔接法接续还是光纤连接器接续？这两种方法各有哪些优缺点？请说出理由。

拓展阅读

我国结构化布线的发展历程

起步阶段(20 世纪 80 年代末—20 世纪 90 年代初)：国外结构化布线理念开始引入中国,国内一些大型项目开始尝试采用这种先进的布线方式。但此时市场认知度较低,相关技术人才匮乏,产品主要依赖进口,成本高昂,应用范围有限。例如,一些外资企业在中国的办公场所率先采用结构化布线,为国内带来了示范效应。

快速发展阶段(20 世纪 90 年代中期—21 世纪初)：随着中国信息化建设的加速,对网络基础设施的需求大增,结构化布线市场迅速发展。国内企业开始涉足结构化布线产品的生产,技术水平不断提高,行业标准也逐渐完善。1995 年,中国工程建设标准化协会组织编写了国内第一本建筑与建筑群综合布线系统工程设计规范,为行业发展提供了指导。

成熟阶段(21 世纪初至今)：中国结构化布线行业日益成熟,国产产品在市场上的份额逐渐增加,与国际品牌形成竞争态势。布线技术不断创新,如光纤布线技术的广泛应用,大幅提高了网络传输速度和带宽。同时,结构化布线在各个领域得到广泛应用,包括商业建筑、政府机构、学校、医院等。

结构化布线对网络技术发展的贡献

提供可靠的物理基础：结构化布线为网络连接提供了稳定、可靠的物理通道,确保数据能够准确、快速地传输。它降低了信号干扰、数据丢失等问题发生的概率,保障了网络的正常运行,使网络技术的应用更加可靠和稳定。

支持网络升级与扩展：结构化布线的模块化、灵活性和可扩展性的特点,使网络能够轻松应对不断增长的业务需求和技术发展。无论是增加设备数量、提高数据传输速率,还是引入新的网络应用,结构化布线都能为网络的升级和扩展提供有力支持。

推动网络技术普及：结构化布线的广泛应用降低了网络建设的成本和难度,使网络技术能够在更多的地区和领域得到普及。无论是城市还是农村、大型企业还是小型办公室,都能够通过结构化布线构建自己的网络系统,享受网络技术带来的便利。

促进智能化发展:为智能建筑、物联网等新兴技术的发展提供了基础。在智能建筑中,结构化布线将各种智能系统连接在一起,实现了建筑的智能化管理和控制;在物联网领域,结构化布线为大量的传感器和设备提供了网络连接,推动了物联网技术的应用和发展。

计算机网络设备

导 读

在计算机网络中,为了实现互相通信的功能,除了计算机、服务器外,还必须用到各种各样的网络设备,如集线器、交换机、路由器等。计算机、网络设备和通信媒体按照一定的物理拓扑结构连接在一起,形成计算机网络的硬件平台,不同的网络设备承担着网络通信中特定的功能。网络设备按照其主要用途可以分为如下三大类。

(1) 接入设备,用于计算机与计算机网络进行连接的设备,常见的有网络适配卡、调制解调器等。

(2) 网络互联设备,用于实现网络之间的互联,主要设备有中继器、路由器、以太网交换机等。

(3) 网络服务设备,用于提供远程网络服务的设备,如拨号访问服务器、网络打印机等。本章将介绍在整个网络中发挥重要作用的设备。

学习目标

◇ **素养目标**

(1) 培养学生热爱科学、实事求是的品质,并使其具有创新意识、创新精神和良好的职业道德。

(2) 培养学生语言表达、团结协作、社会交往以及高度的责任感等综合职业素养。

◇ **知识目标**

(1) 理解网卡、集线器、交换机、路由器的工作原理。

(2) 掌握网卡、集线器、交换机、路由器的功能及分类。

(3) 掌握调制解调器、中继器、收发器、网桥、网关的相关知识。

◇ **能力目标**

(1) 使学生具备网络硬件设备的基本认知,有识别和选择不同网络硬件设备的能力。

(2) 培养学生分析问题和解决问题的基本能力。

(3) 培养学生搜集资料、阅读资料、利用资料的能力。

5.1　网　卡

　　网络适配卡,又称网络接口卡,简称网卡,是一块被用来允许计算机在计算机网络上进行通信的计算机硬件,充当计算机与网络的接口,其外观如图 5-1 所示。网卡的功能主要是完成网络互联的物理层连接,属于数据链路层设备,同时具有数据链路层和物理层的功能,它使用户可以通过电缆或无线相互连接。

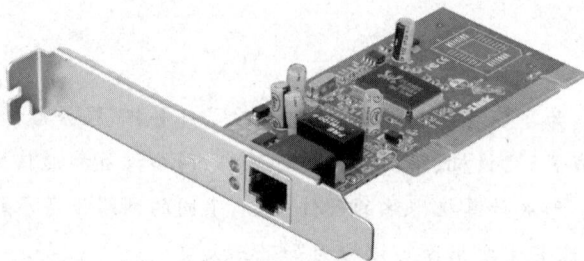

图 5-1　网卡

5.1.1　网卡的工作原理

　　网卡是计算机与网络之间进行通信的关键硬件,充当计算机和网络缆线之间的物理接口,它通过一系列复杂的电气和电子过程,将计算机中的数字信号转换成电信号或光信号在媒体中传输,确保计算机能够准确地发送和接收数据,从而实现与网络上其他设备的通信。

　　网卡工作在 OSI 参考模型的最底两层,即物理层和数据链路层,物理层定义了数据传送与接收所需要的电与光信号、线路状态、时钟基准、数据编码和电路等,并向数据链路层设备提供标准接口。数据链路层则提供寻址机构、数据帧的构建、数据差错检查、传送控制、向网络层提供标准的数据接口等功能。当需要发送数据时,计算机的操作系统会将要发送的数据包传递给网卡。网卡会先检查数据包的格式和有效性,然后根据目标 IP 地址和子网掩码判断目标主机是否在同一子网内。如果在同一子网,网卡会直接将数据包发送到目标主机;如果不在,网卡则会将数据包发送给网关。在发送数据包的过程中,网卡会将数据组装成数据帧,并附上源和目的 MAC 地址(Media Access Control Address),然后将数据帧转换成电信号,通过电缆将数据发送到网络上。同时,网卡还会监听传输介质上的信号,检测是否发生数据碰撞,并采取相应的处理方式。而在接收数据时,网卡会监听网络中的数据流量,一旦检测到有数据传输到达,它会读取数据包的内容,并根据 MAC 地址判断是否是自己需要接收的数据,如果是,网卡会将数据包传递给计算机的操作系统进行进一步处理;如果不是,则会丢弃这个数据包。

　　总的来说,网卡的工作原理就是在物理层和数据链路层上,通过发送和接收数据包,实现计算机与网络之间的通信。在这个过程中,网卡确保了数据的准确传输和接收,让人们可以顺畅地在网络上进行各种操作。

5.1.2　网卡的功能

网卡作为计算机网络中连接计算机与网络的重要组成部分,具有物理连接和数据传输、物理地址识别、数据包的封装和解封、数据包过滤和筛选、数据编码与译码、网络管理等功能。通过这些功能,网卡能够实现计算机与网络的连接,并保证数据在网络中的正常传输。

1. 物理连接和数据传输

网卡负责计算机与网络之间的物理连接和数据传输。当计算机需要发送数据时,网络协议将数据传递给网卡,网卡将其转化为适合网络传输的信号,并通过物理层的电缆或无线信道发送出去。当接收到网络数据时,网卡将其转化为计算机可以理解的数据,并传递给计算机进行处理。

2. 物理地址识别

网卡通常有一个唯一的硬件物理地址,称为 MAC 地址。MAC 地址是由网卡厂商预置的,用于在局域网中唯一标识一个设备,确保数据包被正确地传送到目标设备。当数据在网络中传输时,网卡使用源 MAC 地址标识数据的发送者,使用目的 MAC 地址标识数据的接收者,以便网络设备将数据正确地传递给目标主机。

3. 数据包的封装与解封

网卡将计算机内部的数据封装成网络数据包(通常是以太网帧),在每个数据包中添加一些必要的控制信息,如源 MAC 地址、目的 MAC 地址、校验和等,并发送到网络上,这些信息可以让网络设备对数据包进行正确地传输并进行错误检测,确保数据的可靠传输。同时接收来自网络的数据包并解析它们,以便计算机内的应用程序能够处理这些数据。

4. 数据包过滤和筛选

网卡可以通过硬件或软件机制对传入和传出的数据包进行筛选和过滤。通过设置过滤规则,网卡可以只接收符合规则的数据包,而过滤掉不需要的数据包。这可以提高网络传输的效率,减少计算机的处理负担。

5. 数据编码与译码

在物理层,网卡负责数据的编码与译码,即曼彻斯特编码与译码,确保数据的正确传输。曼彻斯特码,又称数字双向码、相位编码(PE),是一种常用的二元码线路编码方式之一,被物理层使用来编码一个同步位流的时钟和数据;在通信技术中,是用来表示所要发送比特流中的数据,与定时信号相结合的代码;常用在以太网通信,列车总线控制,工业总线等领域。

6. 其他功能

网卡还具有连接管理、性能管理、链路管理功能。网卡通过一些网络通信协议和机制来管理与网络的连接,这些协议和机制确定了数据如何在网络上传输和组织。例如,当计算机需要与一个网络设备建立连接时,网卡可以使用一些协议(如 DHCP)自动获取 IP 地址,并与网络设备进行握手和交互,建立一个稳定的连接。网卡通过实现链路层的管理功能,如CSMA/CD 等,以处理网络中的数据冲突和访问控制。另外,网卡的性能特性,如传输速率、半双工或全双工模式等,对网络通信的性能和效率具有重要影响。

这些功能使网卡成为计算机与网络进行通信的关键接口,无论是连接有线网络还是无线网络,网卡都扮演着至关重要的角色。

5.1.3　网卡的类型

根据传输速度、总线接口、网络接口、拓扑结构、应用领域等不同,网卡可分为以下几种不同的类型。

1. 按传输速率分类

随着网络技术的发展,网络带宽也在不断提高,目前主流的网卡主要有 10Mbps 网卡、100Mbps 以太网卡、10Mbps/100Mbps 自适应网卡、1000Mbps 千兆以太网卡四种。千兆网卡的网络接口主要有两种,一种是普通的双绞线 RJ-45 接口,另一种是千兆 SFP/GBIC 光纤接口。

2. 按总线接口类型分类

网卡按总线接口类型一般可分为 ISA 总线网卡、PCI 总线网卡、PCMCIA(Personal Computer Memory Card International Association)总线网卡、USB(Universal Serial Bus)总线网卡。其中 ISA 总线网卡已被淘汰。以太网卡(常见于 PCI-E 插槽)、光纤网卡(常见于 PCI-E 插槽,用于光纤传输)、Wi-Fi 网卡(常见于 USB 接口)等。

(1) PCI 网卡,即外部设备互连总线,其设计标准是于 1993 年推出的 PC 局部总线标准,是目前的一种主流网卡接口类型。如今大多数计算机都没有扩展卡,而是使用嵌入式网卡。

(2) PCI-X 网卡:PCI-X 是一种增强的 PCI 总线技术。与原来的 PCI 相比,输入/输出(I/O)速度提高了一倍,数据传输速度也比 PCI 接口快。PCI-X 总线接口网卡一般有 32 位总线宽度,但也支持 64 位操作,其数据传输速度最高可达 1064Mbps。多数情况下 PCI-X 的插槽与 PCI 网卡是向后兼容的。

(3) PCI-E 网卡:基于 PCI-E 的扩展卡可插入主机、服务器和网络交换机等设备主板上的 PCI-E 插槽。现在大部分计算机主板都有对应 PCI-E 卡的专用 PCI-E 插槽。一般来说,插槽的宽度会与网卡的宽度相同,甚至更宽。

(4) PCMCIA 总线型网卡:PCMCIA 总线是笔记本电脑(便携式计算机)使用的总线,该网卡是一种插入计算机内存槽的网卡,专门用于笔记本电脑,如图 5-2 所示。

(5) USB 网络适配器:一种通过 USB 接口连接到计算机的网卡,其具有即插即用、方便携带等特点,适用于笔记本电脑和台式计算机。USB 网络适配器其实是一种外置式网卡,连接在计算机的 USB 接口上,如图 5-3 所示。

3. 按网络接口分类

网卡提供的网络接口主要有以太网的 RJ-45 接口、细同轴电缆的 BNC 接口和粗同轴电缆 AUI 接口、FDDI 接口、ATM 接口等。有的网卡为了适用于更广泛的应用环境,提供了两种或多种类型的接口,如有的网卡会同时提供 RJ-45 接口、BNC 接口或 AUI 接口。

(1) RJ-45 接口:提供的网络接口适用于 UTP 的接口。

图 5-2　PCMCIA 总线型网卡　　　　　　　　图 5-3　USB 网络适配器

（2）BNC 接口：提供的网络接口适用于连接细同轴电缆的接口。

（3）AUI 接口：提供的网络接口适用于连接粗同轴电缆的接口，它一般用于一些专有设备。

（4）FDDI 接口：FDDI 是目前成熟的局域网技术中传输速率最高的一种，这种接口的网卡适应于 FDDI 网络中，具有 100Mbps 的带宽，它所使用的传输介质是光纤，因此 FDDI 接口网卡的接口也是光纤接口的。

（5）ATM 接口：ATM 接口网卡应用于 ATM 光纤网络，其物理传输速度可达 155Mbps。ATM 网络主要分为两大接口：UNI(User-Network Interface)——ATM 网络中用户设备与 ATM 网络之间的接口；NNI(Network-Network Interface)——ATM 网络中 ATM 交换机之间的接口。

4. 按拓扑结构分类

按拓扑结构分类有星型网卡、总线型网卡、树型网卡等。

5. 按应用领域分类

如果根据网卡所应用的计算机类型来分，可以将网卡分为应用于工作站的网卡和应用于服务器的网卡，也可以分为企业级网卡(适用于大型企业、数据中心等)和消费级网卡(适用于个人用户、家庭网络等)。前面介绍的基本上都是工作站网卡，通常也应用于普通服务器上。但是在大型网络中，服务器通常采用专门的网卡，相对于工作站所用的普通网卡来说在带宽、接口数量、稳定性、纠错等方面都有比较明显的提高。

除了以上几类网卡以外，还有一些非主流分类方式，如现在非常流行的无线网卡。在实际应用中，根据不同的需求和场景，可以选择不同类型的网卡，以满足网络传输速度、稳定性和适用范围等方面的要求。

5.1.4　网卡的选择

网卡作为网络的重要设备之一，其性能的好坏直接影响到计算机之间数据传输能力的高低，甚至影响到计算机的稳定性和网络的稳定性，能否正确选用、连接和设置网卡，往往是能否正确连通网络的前提和必要条件，所以应特别关注网卡的选择。一般来说，在选购网卡时要考虑以下因素。

1．网络类型

比较流行的有以太网、令牌环网、FDDI 网等，应根据网络的类型来选择相对应的网卡。

2．传输速率

应根据服务器或工作站的带宽需求并结合物理传输介质所能提供的最大传输速率来选择网卡的传输速率。以以太网为例，可选择的传输速率就有 10Mbps、10/100Mbps、1000Mbps、10Gbps 等，但不是速率越高就越合适。例如，为连接在只具备 100Mbps 传输速度的双绞线上的计算机配置 1000Mbps 的网卡就是一种浪费，因为其至多也只能实现 100Mbps 的传输速率。

3．总线类型

计算机中常见的总线插槽类型有 ISA、EISA、PCI 和 PCMCIA 等。在服务器上通常使用 PCI 或 EISA 总线的智能型网卡，工作站则可用 PCI 或 ISA 总线的普通网卡，在笔记本电脑中则采用 PCMCIA 总线的网卡或并行接口的便携式网卡。PC 机已不再支持 ISA 连接，因此购买网卡时，千万不要选购已经过时的 ISA 网卡，而应当选购 PCI 网卡。

4．网卡支持的电缆接口

网卡最终是要与网络进行连接，不同的网络接口适用于不同的网络类型，常见的接口主要有以太网的 RJ-45 接口、细同轴电缆的 BNC 接口和粗同轴电缆 AUI 接口、FDDI 接口、ATM 接口等。而且有的网卡为了适用于更广泛的应用环境，提供了两种或多种类型的接口，如有的网卡会同时提供 RJ-45 接口、BNC 接口或 AUI 接口。

5．接口

（1）RJ-45 接口：这种接口网卡是最常见的一种网卡，也是应用最广的一种接口类型网卡，这主要得益于双绞线以太网应用的普及。因为这种 RJ-45 接口类型的网卡就是应用于以双绞线为传输介质的以太网中，它的接口类似于常见的电话接口 RJ-11，但 RJ-45 是 8 芯线，而电话线的接口是 4 芯的，通常只接 2 芯线（综合业务数字网（Integrated Service Digital Network，又称一线通 ISDN）的电话线接 4 芯线）。在网卡上还自带两个状态指示灯，通过这两个指示灯颜色可初步判断网卡的工作状态。

（2）BNC 接口：这种接口类型的网卡应用于用细同轴电缆为传输介质的以太网或令牌网中，比较少见，主要因为用细同轴电缆作为传输介质的网络比较少。

（3）AUI 接口：这种接口类型的网卡对应用于以粗同轴电缆为传输介质的以太网或令牌网中，其更为少见。

（4）FDDI 接口：这种接口的网卡是适应于 FDDI 网络中，其网络具有 100Mbps 的带宽，但使用的传输介质是光纤，因此这种 FDDI 接口网卡的接口也是光纤接口的。随着快速以太网的出现，它的速度优越性已不复存在，但必须采用昂贵的光纤作为传输介质的缺点并没有改变，因此也非常少见。

（5）ATM 接口：这种接口类型的网卡通常用于 ATM 光纤（或双绞线）网络中。它提供的物理传输速度达 155Mbps。

6．价格与品牌

不同速率、不同品牌的网卡价格差别较大，可选择性价比较高的产品。

目前在台式计算机中,网卡一般都集成在主板上,其性能足以满足一般的网络需求。

5.1.5 网卡的安装

在计算机主机中安装网卡的步骤如下。

(1) 操作前戴上防静电手套或防静电手环,并保持接地良好。

(2) 关闭计算机,切断电源,卸下主机外壳固定螺钉,拆下外壳。

(3) 找到主板上空闲 PCI(或 PCI-E)插槽,拆除机壳后方对应插槽位置上的挡板。

(4) 将网卡垂直插入 PCI(或 PCI-E)插槽,用螺丝固定网卡。

(5) 安装固定主机外壳,连接好主机电源线及网线。

(6) 开机并安装网卡的驱动程序。

5.2 集 线 器

集线器是一种工作在 OSI 参考模型的物理层的网络设备,它主要用于连接多个网络设备,如计算机、打印机、服务器等,使这些节点能够共享同一条通信线路,形成一个局域网,如图 5-4 所示。

图 5-4 集线器

5.2.1 集线器的主要作用

集线器的主要作用可以概括为以下几个方面。

(1) 信号放大与再生:集线器接收来自一个端口的数据信号,并将其放大后再发送到其他所有端口。这是因为数据信号在传输过程中会因为线路衰减而变弱,集线器通过放大信号确保数据能够完整地传输到所有连接的设备上。

(2) 广播传输:集线器采用广播的方式传输数据。当集线器接收到一个端口发送的数据包时,它会将数据包广播到除了接收端口之外的所有端口上。这意味着所有连接到集线器的设备都会收到这个数据包,然后由设备自己根据数据包的目的地址来决定是否接收该数据包。这种方式虽然简单,但会导致网络上的数据流量增加,尤其是在大型网络中可能会引发广播风暴等问题。

(3) 连接多个设备:集线器提供了多个端口,允许多个设备通过网线连接到同一个集线器上,从而实现设备之间的通信。这为小型家庭或办公室网络提供了便捷的组网方式。

（4）扩展网络范围：通过级联或堆叠多个集线器，可以扩展网络的范围和端口数量。级联是指通过网线将两个集线器的端口连接起来，而堆叠则是使用特殊的堆叠电缆或端口将多个集线器连接成一个逻辑上的整体。

需要注意的是，由于集线器采用广播的方式传输数据，不具备任何数据交换的智能性，没有智能地转发数据包到目标端口的能力，只是简单地将接收到的数据帧广播到所有连接的端口上，而不管这些数据帧是否应该被接收者接收。因此在大型网络中可能会导致性能瓶颈和安全问题。

5.2.2　集线器的工作原理

集线器的工作原理主要基于物理层的数据传输和信号放大，通过广播机制将数据发送到所有连接的端口上，并由每个设备自行判断和处理接收到的数据。

1. 信号接收与放大

当网络中的某个设备（如计算机）发送数据时，这些数据首先以电信号或光信号的形式在物理介质（如双绞线、光纤）上传输。

集线器接收这些信号后，会对其进行再生放大。这是因为信号在传输过程中会因为衰减而逐渐减弱，如果不进行放大，信号将无法被远端的设备正确接收。

2. 广播机制

经过放大后的信号，集线器会将其广播到所有连接的端口上。这意味着，无论目标设备是否接收该数据，所有连接到集线器的设备都会收到这份数据。这种广播机制是集线器工作原理的核心，也是与其他网络设备（如交换机）的主要区别之一。交换机可以根据目标设备的 MAC 地址将数据包仅发送到需要接收它的设备，而集线器不具备这种智能性。

3. 数据接收与判断

当数据广播到所有端口后，每个设备都会检查数据帧的 MAC 头部信息，以确定该数据帧是否是发给自己的。如果是发给自己的数据帧，设备会接收并处理这些数据；如果不是发给自己的数据帧，设备则会将其丢弃。

4. 带宽共享

由于集线器采用广播机制，所有连接到它的设备都共享同一带宽。这意味着，如果某个设备正在大量传输数据，其他设备的网络性能可能会受到影响。

5. 半双工通信

在集线器网络中，同一时间只能有一个设备发送数据，而其他设备必须等待。这是因为集线器无法同时处理多个设备的发送请求，只能按照接收到的顺序依次处理这些数据。

6. 冲突域问题

集线器采用广播机制，并且所有设备都共享同一带宽，因此连接到一个集线器的所有设备都位于同一个冲突域内。如果两个设备同时发送数据，就会发生冲突，导致数据损坏。集线器无法检测和解决这种冲突，这也是它在现代网络中逐渐被交换机取代的原因之一。

由于集线器存在带宽共享、半双工通信和冲突域等问题，随着网络技术的发展，集线器在现代网络中的应用已经越来越少,取而代之的是交换机。交换机具有更高的性能和智能性,能够根据需要将数据帧转发到正确的端口,从而避免了不必要的广播和冲突,提高了网络的整体性能和效率。

5.2.3　集线器的主要特点

1. 广播通信

集线器会将接收到的数据帧广播到所有连接的端口,这可能导致网络拥塞和安全问题,因为不需要这些数据的设备也会接收到这些数据。

2. 共享带宽

所有连接到集线器的设备共享同一带宽,这意味着当某个设备正在大量传输数据时,其他设备的网络性能可能会受到影响。

3. 半双工通信

在集线器网络中,同一时间只能有一个设备发送数据,而其他设备必须等待。这是因为集线器无法同时处理多个设备的发送请求。

4. 冲突域

连接到一个集线器的所有设备都位于同一个冲突域内。如果两个设备同时发送数据,就会发生冲突,导致数据损坏。集线器无法检测和解决这种冲突。

5. 成本低廉

相对于交换机和路由器等其他网络设备,集线器的成本通常较低,这使它在一些小型网络或预算有限的环境中仍然有一定的应用价值。

5.2.4　集线器的分类

集线器主要可以根据以下几个方面进行分类。

1. 按端口数量分类

(1) 少量端口集线器:通常具有 4~8 个端口,适用于小型家庭或办公室网络。

(2) 中等端口集线器:具有 8~24 个端口,适用于中等规模的网络环境。

(3) 大量端口集线器:端口数量超过 24 个,通常用于大型企业或数据中心等大规模网络环境。

2. 按带宽和速度分类

(1) 10Mbps 集线器:支持最大 10Mbps 的数据传输速率,这是早期以太网的标准速度。

(2) 100Mbps 集线器:支持最大 100Mbps 的数据传输速率,是快速以太网的标准速度。

(3) 1Gbps 集线器:虽然在实际应用中很少见,理论上可以支持高达 1Gbps 的数据传输速率,适用于需要高速连接的环境。但需注意,由于集线器采用广播方式传输数据,其实际性能可能远低于标称带宽。

3. 按是否需要外部电源分类

（1）无源集线器：通常不需要外部电源，仅通过网线供电（如通过以太网供电（PoE），但PoE更多用于交换机），但严格意义上的无源集线器并不常见，因为大多数集线器都需要一定的电力来放大和再生信号。

（2）有源集线器：需要外部电源供电，支持其信号放大和再生功能。

4. 按是否可堆叠分类

（1）可堆叠集线器：允许用户通过特殊的堆叠电缆或端口将多个集线器连接在一起，从而扩展网络的端口数量和覆盖范围。

（2）非堆叠集线器：每个集线器独立工作，不支持堆叠功能。

5. 按是否可管理性分类

（1）不可网管集线器（俗称哑集线器）：不可网管集线器只起信号放大和再生作用，无法对网络进行性能优化。

（2）可网管集线器（又称智能集线器）：可网管集线器带有一个管理模块，支持SNMP，可以向网络管理软件报告集线器运行状态，也可以接受网络管理软件的指令，打开或关闭某些端口，或者自动屏蔽有故障的端口。目前大部分集线器为可网管集线器。

5.2.5　集线器的选择

选择集线器时，通常需要考虑以下几个关键因素，以确保其满足网络需求和未来扩展的可能性。

1. 端口数量和类型

端口数量：根据网络设备的数量来选择具有足够端口的集线器。如果设备数量较多，需要选择端口数更多的集线器。

端口类型：确认集线器提供的端口类型（如RJ-45、光纤等）是否满足用户的设备需求。

2. 带宽和传输速率

集线器通常工作在物理层，所有端口共享同一带宽。确认集线器的最大传输速率（如10Mbps、100Mbps或更高），确保其不会成为网络瓶颈。

3. 标准和兼容性

确保集线器支持用户使用的网络标准和协议（如以太网、快速以太网等）。检查其与现有网络设备的兼容性，包括不同品牌、型号的设备。

4. 扩展性和升级性

考虑未来可能增加的网络设备数量，选择具有足够端口或可堆叠设计的集线器，以便于未来扩展。虽然集线器本身的升级空间有限，但选择易于集成到更大网络架构中的产品是有益的。

5. 物理尺寸和安装方式

根据网络环境和空间限制，选择合适的物理尺寸和安装方式（如桌面型、机架安装型等）。

6. 其他因素

选择集线器时也要考虑能源效率和散热性能、品牌和可靠性及成本等方面因素,如能源效率是现代网络设备的重要衡量指标,选择低功耗的集线器可以节省电费并减少对环境的影响;散热性能也很重要,确保集线器能够在长时间运行中保持稳定的工作温度;选择知名品牌的产品,通常意味着更高的质量和更可靠的售后服务;通过查看用户评价和专业评测,可以了解产品的实际表现和潜在问题,在满足需求的前提下,考虑成本效益,比较不同品牌和型号的价格,选择性价比高的产品等。

5.3　交换机

交换机是一种用于电(光)信号转发的网络设备,可以为接入交换机的任意两个网络节点提供独享的电信号通路,其主要功能包括物理编址、网络拓扑结构、错误校验、帧序列以及流控。交换机还具备学习(Learning)和转发(Forwarding)两种主要机制,以实现信息的有效传递。最常见的交换机是以太网交换机。其他常见的还有电话语音交换机、光纤交换机等,交换机如图 5-5 所示。

图 5-5　交换机

5.3.1　交换机硬件组成

交换机硬件一般由总线、处理器模块、交换模块、接口和管理模块等几个部分组成,处理器模块和交换模块之间通过 PCI 总线相连。

处理器模块包括 CPU、闪存(Flash)、内部存储器等部分,Flash 芯片用于存储交换机所需要的所有软件和相关配置,系统启动后,Flash 中存储的程序加载到工作内部存储器,以保证系统正常运行。

交换模块通过总线与处理器模块进行通信完成数据的传输。根据接口机构的不同,交换机可能具有不同类型的网络接口,例如,以太网接口、快速以太网接口、千兆以太网接口、FDDI/CDDI 接口、令牌环接口、ATM 接口,以及用于进行交换机的配置和管理的控制台(Console)通信端口。

为了实现交换和平衡不同端口的数据负载,通常采用缓存技术。缓存可分为共享缓存和基于端口的缓存两种,典型的局域网交换机对所有通过交换机的数据帧采用共享缓冲池。有的交换机的每个端口都有缓冲,这些缓冲分成两个池,其中一个用于要到达的帧,另一个用于要出去的帧。按端口进行缓冲确保不会有帧滞留在交换机的共享缓冲中。当数据帧到达某个端口时,该端口会将其存储在自己的缓冲中,并且由于不采用共享式缓冲池,每个通过交换机背板仅有一次,即帧只需要通过从接收端口的入界缓冲到目的端口的出界缓冲。

5.3.2　交换机的工作原理

交换机的工作原理主要基于数据链路层(OSI 模型的第二层)的操作,特别是通过 MAC 地址(媒体访问控制地址)进行数据的转发和交换。

传统交换机本质上是具有流量控制能力的多端口网桥,即二层交换机。二层交换机的工作原理和网桥一样,是工作在链路层的联网设备,它的各个端口都具有桥接功能,每个端口可以连接一个局域网或一台高性能网站或服务器。交换机通过自学习来了解每个端口的设备连接情况,并存储到交换机内存中,根据数据帧的 MAC 地址转发数据。

典型的局域网交换机是以太网交换机。以太网交换机通过交换机端口之间的多个并发连接,实现多节点之间的数据并发传输。这种并发数据传输方式与共享式以太网在某一时刻只允许一个节点占用共享信道的方式完全不同。典型的交换机结构与工作过程如图 5-6 所示,交换机有 6 个端口,其中端口 1、端口 5、端口 6 分别连接节点 A、节点 D 和节点 E。节点 B 和节点 C 通过共享式以太网连入交换机的端口 4。于是,交换机"端口/MAC 地址映射表"就可以根据以上端口与节点 MAC 地址建立对应关系。

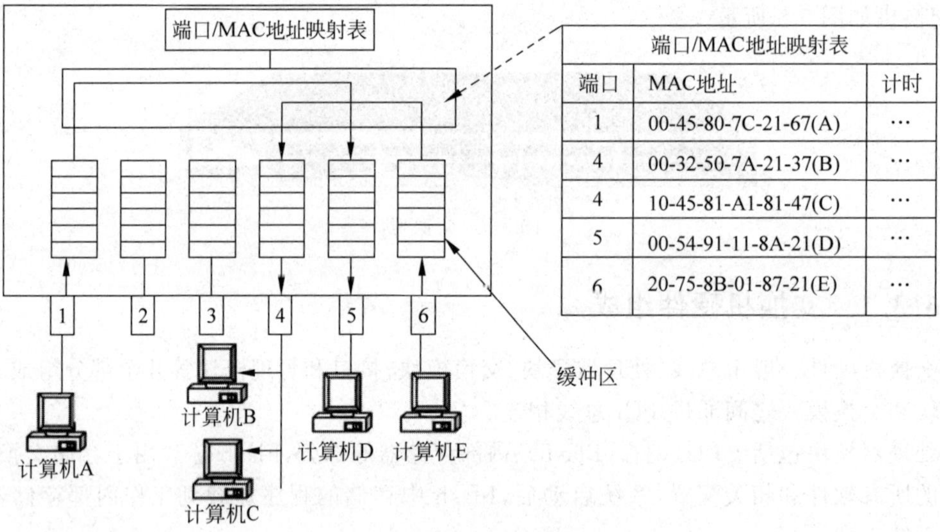

端口/MAC地址映射表		
端口	MAC地址	计时
1	00-45-80-7C-21-67(A)	…
4	00-32-50-7A-21-37(B)	…
4	10-45-81-A1-81-47(C)	…
5	00-54-91-11-8A-21(D)	…
6	20-75-8B-01-87-21(E)	…

图 5-6　典型交换机的结构与工作过程

当节点 A 要向节点 D 发送信息时,节点 A 首先将目的 MAC 地址指向节点 D 的帧,并发往交换机端口 1。交换机接收该帧,并在检查到其目的 MAC 地址后,在交换机的"端口/MAC 地址映射表"中查找节点 D 所连接的端口号。一旦查到节点 D 所连接的端口号 5,交换机将在端口 1 与端口 5 之间建立连接,将信号转发至端口 5。与此同时,节点 E 需要向节点 B 发送信息。于是,交换机的端口 6 与端口 4 也建立起一条连接,并将端口 6 收到的信息转发到端口 4。这样,交换机在端口 1 至端口 5 和端口 6 至端口 4 之间建立并发的两条连接。节点 A 和节点 E 可以同时发送信息,节点 D 和接入交换机端口 4 的以太网可以同时接收信息。根据需要,交换机的各个端口之间可以建立多条并发连接。交换机利用这些并发连接,对通过交换机的数据信息进行转发和交换。

交换机一般采用帧交换技术,它通过对传统传输媒介进行微分段,提供并行传送的机制,以减小冲突域,获得更高的带宽。每个公司产品的实现技术会有差异,但对网络帧的数据交换和转发的方式一般有以下 3 种。

1. 直接交换方式

直接交换方式又称直通式交换(Cut-through Switching),是一种高效的数据包转发机制。这种交换方式的核心特点是在接收到数据包的开始部分时,即确定其目的地址后,便立即进行转发。

这种交换方式的具体流程:交换机只读出数据帧的前 14 个字节,然后根据目的 MAC 地址将网络帧传送到相应的端口上,实现数据交换。交换机只要接收并检测到目的地址字段,立即将该数据帧转发出去,而不管这一帧数据是否出错。数据帧是否出错的检测任务由节点计算机完成。这种转发方式的优点是延迟时间短,缺点是缺乏差错检测能力,而且不支持不同速率端口之间的帧转发。

2. 存储转发交换方式

在存储转发方式中,交换机首先完整地接收发送帧,并进行差错检测。如果接收帧正确,则根据帧的目的地址确定输出端口,然后转发出去。这样可以在转发数据包以前检查数据的完整性和正确性,减少不必要的数据转发。这种交换方式的优点是具备数据帧差错检测能力,并能支持不同速率端口之间的帧转发,缺点是数据帧转发时间将延长。

3. 改进的直接交换方式

改进的直接交换方式则将直接交换方式与存储转发交换方式结合起来,它在收到帧的前 64 字节后,判断数据帧头字段,如果正确则转发出去。这种方法对于短的帧来说,其交换延迟时间与直接交换方式比较接近;而对于长的帧来说,由于只对数据帧的地址和控制字段进行差错检测,其转发延迟时间将会缩短。

5.3.3　交换机的功能数据

交换机在计算机网络中扮演着至关重要的角色,它通过提供高效的数据转发、灵活的网络划分、智能的流量控制以及增强的安全功能等,为现代网络通信提供了坚实的基础。其主要功能包括以下几个方面。

(1)数据转发:交换机的基本功能是在网络中转发数据包。当交换机接收到一个数据包时,它会根据数据包中的目的 MAC 地址(媒体访问控制地址)来决定将数据包转发到哪个端口。这个过程是快速且高效的,因为它是基于硬件的 MAC 地址表进行查找和转发,而不是像路由器那样基于 IP 地址进行路由决策。

(2)MAC 地址学习:交换机通过动态学习网络中设备的 MAC 地址来构建其 MAC 地址表。当交换机首次看到来自某个设备的数据包时,它会记录该设备的 MAC 地址以及该数据包进入交换机的端口。这样,当未来有数据包需要发送到该设备时,交换机就能快速找到正确的端口进行转发。

(3)广播抑制:在网络中,当交换机不知道某个目的 MAC 地址的位置时(即该 MAC 地址不在其 MAC 地址表中),它会将数据包广播到除了接收端口之外的所有端口。然而,交换机也会通过学习和更新 MAC 地址表来减少不必要的广播,从而提高网络效率。

(4)流量控制:交换机能够监控网络中的流量,并根据需要执行流量控制策略,如限制特定端口的带宽使用、优先级设置等,以确保网络资源的合理分配和有效利用。

(5)虚拟局域网(VLAN)支持:交换机支持 VLAN 技术,可以将一个物理网络划分为多个逻辑上独立的虚拟网络。VLAN 之间不能直接通信,必须通过路由器或其他三层设备进行路由。VLAN 的引入增强了网络的安全性、灵活性和管理性。

(6)链路聚合:交换机支持链路聚合技术,可以将多个物理链路捆绑成一个逻辑链路,从而增加带宽和提供冗余路径。这对于需要高可靠性和高带宽的应用场景非常有用。

(7)安全功能:现代交换机通常还具备一系列安全功能,如端口安全、MAC 地址过滤、访问控制列表(ACL)等,用于保护网络免受未经授权的访问和攻击。

5.3.4　交换机的分类

交换机的分类方式多种多样,以下是一些主要的分类方式,可以根据不同的需求和场景选择合适的交换机类型。

1. 按网络构成方式分类

(1)接入层交换机:主要用于连接最终用户设备,如计算机、打印机等,提供网络接入功能。它们通常具有较低的端口速率和较少的端口数量。

(2)汇聚层交换机:用于将接入层交换机连接起来,实现数据的汇聚和转发。它们具有较高的端口速率和较多的端口数量,以及较强的数据处理能力。

(3)核心层交换机:位于网络的核心位置,负责高速、大容量的数据转发。它们通常具有高性能的硬件平台和丰富的端口类型,以满足大型网络的需求。

2. 按传输介质和传输速度分类

(1)以太网交换机:用于以太网环境,支持标准以太网速率(如 10Mbps、100Mbps)。

(2)快速以太网交换机:支持更高速率的以太网,如 100Mbps 快速以太网。

(3)千兆以太网交换机:支持千兆以太网速率的交换机,适用于需要高速数据传输的网络环境。

(4)10Gbps 以太网交换机:支持 10Gbps 速率的以太网交换机,用于满足更高带宽需求的应用场景。

(5)FDDI 交换机:用于 FDDI 网络,是一种早期的高速网络技术。

(6)ATM 交换机:用于 ATM 网络,支持面向连接的数据传输方式。

(7)令牌环交换机:用于令牌环网络,是一种基于令牌传递机制的局域网技术。

3. 按规模应用分类

(1)企业级交换机:适用于庞大的企业网络,如大公司或跨国企业。它们通常是机架式的,具有高度的可扩展性和可靠性。

(2)部门级交换机:适用于中型企业网络,可以是机架式或固定配置式。它们具有较高的性能和一定的扩展能力。

(3)工作组交换机:适用于小型企业或办公室网络,通常是固定配置式的,具有较低的成本和简化的管理功能。

4. 按 OSI 模型层次分类

(1)第二层交换机:工作在 OSI 参考模型的第二层(数据链路层),主要依据数据帧中的 MAC 地址进行数据的转发。它们不具有路由功能,但具有 VLAN 功能。

(2) 第三层交换机:工作在网络层,将二层交换技术和路由技术结合为一体。它们可以依据数据包中的 IP 地址进行路径选择和快速的数据包交换,实现不同逻辑子网和 VLAN 之间的通信。

(3) 第四层及以上交换机:工作在传输层及以上层次,具有更复杂的网络处理能力和更高的性能。它们可以根据应用层信息进行数据的转发和处理。

5. 按硬件形态分类

(1) 盒式交换机:具有固定端口数,有时也带有少量扩展槽。它们通常用于接入层或小型网络。

(2) 机架式交换机:插槽式的交换机,具有较好的扩展性和支持多种网络类型的能力。它们通常用于汇聚层或核心层网络。

6. 按可管理性分类

(1) 可管理型交换机:支持 SNMP、RMON 等网管协议,可以通过网络管理工具进行远程管理和配置。

(2) 不可管理型交换机:不支持 SNMP、RMON 等网络管理协议,通常只能通过本地控制台进行管理和配置。

7. 按端口结构分类

(1) 固定端口交换机:端口数量是固定的,不能通过添加扩展模块来增加端口数量。

(2) 模块化交换机:具有扩展槽,可以插入不同类型的扩展模块来增加端口数量或支持其他类型的网络。

5.3.5　交换机的选择

在选择局域网交换机时,需要综合考虑网络需求、性能、功能、易用性、可管理性、扩展性、冗余性、品牌和价格等多个因素,仔细分析和比较不同品牌和型号的交换机,确保所选交换机能够满足自己的网络需求并具有良好的性能。以下是一些关键的选择要点。

1. 明确网络需求

网络规模:要清楚地了解网络的规模,包括终端设备的数量、网络的结构(如接入层、汇聚层、核心层)以及未来的扩展计划。

应用需求:分析网络的主要应用,如是否需要支持高清视频传输、语音传输协议(VoIP)、大数据传输等,以及是否有特殊的安全需求或管理需求。

2. 考虑交换机性能

1) 端口数量和类型

端口数量:根据网络设备的数量选择合适的端口数量,并考虑未来的扩展需求。

端口类型:包括以太网、光纤、SFP＋、PoE 等,根据网络设备的接口类型选择相应的端口类型。

2) 吞吐量与转发速率

吞吐量:衡量交换机数据处理能力的重要指标,表示在无丢包的情况下,交换机单位时间内能够转发的数据量。

转发速率：交换机每秒能够处理的数据包数量,对于需要处理大量小数据包的网络尤为重要。

3）背板带宽

交换机内部所有端口同时传输数据时的最大带宽总和,决定了交换机处理并发数据流的能力。

3. 关注交换机功能

VLAN 支持,能够实现不同 VLAN 之间的隔离,提高网络的安全性和灵活性。

QoS(服务质量)机制,在网络资源有限的情况下,能够优先处理关键业务的数据流,确保网络的稳定性和高效性。

安全特性,如访问控制列表(ACLs)、端口安全、DHCP Snooping、风暴控制等,能够防止未经授权的访问和数据泄露,保护网络的安全。

4. 考虑易用性和是否可管理性

用户界面：提供直观的图形用户界面(GUI)或命令行界面(CLI),方便网络管理员进行配置和管理。

监控和诊断工具：内置的诊断工具可以帮助定位硬件故障和软件问题,实时监控网络流量和设备状态。

远程管理：支持 SSH、Telnet 等远程访问协议,方便远程网络管理员进行监控和故障排除。

5. 考虑扩展性和冗余性

堆叠技术：多台交换机可以通过堆叠技术形成逻辑上的单一设备,提高端口密度和简化管理。

冗余设计：用于确保在部分组件发生故障时网络仍然可以正常运行,如冗余电源。

6. 品牌和价格

品牌：选择知名品牌的交换机,可以获得更好的产品质量、技术支持和售后服务。

价格：根据预算选择性价比高的交换机,避免盲目追求高端配置而忽略实际需求。

5.3.6　三层交换机

Internet 的广泛应用促进了大量的企业、部门和学校组建自己的网络,并将自己的企业网和校园网作为子网,通过路由器接入 Internet。当企业内部网或校园网的用户访问 Internet 时,人们会对网络服务质量提出更高的要求。从用户的角度来看,希望访问 Internet 服务的系统响应时间更短,传输文本、语音和图像信息量更大;从网络设计人员的角度来看,要解决如何增加网络带宽和如何提高网络服务质量的问题。解决这些问题的途径有两个:一是采用光纤作为传输介质,增加传输通道的带宽;二是研究出性能更加优越的路由器产品,提高网络数据交换能力。人们在网桥、路由器与交换机制的结合上,找到了有效的解决方法,那就是将交换机制引入路由器的设计中,大幅度缩短路由器对数据包的处理时间,提高网络数据交换能力,由此产生了第三层交换机的概念。三层交换机网络应用示意图如图 5-7 所示。

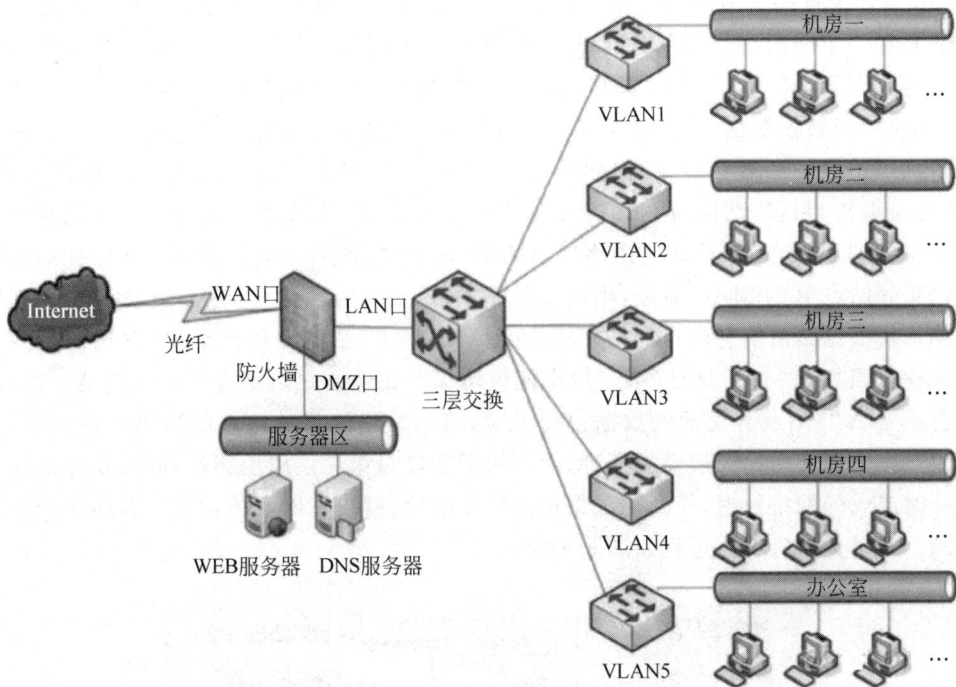

图 5-7　三层交换机网络应用示意图

从 OSI 模型中数据帧所交换的层次来分,局域网的交换机通常可分为二层交换机与三层交换机。二层交换机是指交换时只查看数据帧内的 MAC 地址,如果知道目的地址的位置,则把信息发送给相应的接口;三层交换机是工作在网络层,将二层交换技术和路由技术结合,实现路由功能的设备,它能根据网络层信息所包含的网络目的地址进行路径选择和信息转发。三层交换机如图 5-8 所示。

图 5-8　三层交换机

1. 三层交换机的工作原理

三层交换机的工作原理是“一次路由、多次转发”。其中,一次路由是指数据流的第一个数据包通过三层引擎重新封装 MAC 头部根据路由表转发;多次转发是指从数据流的第二个开始,根据三层交换机的 MLS 记录(转发信息表 FIB＋邻接关系表)实现硬件交换转发。三层交换机的简单工作过程如下。

假设有两个使用 IP 的站点 A(信源)和站点 B(信宿),通过第三层交换机进行通信。若发送站点 A 在开始发送时,已知目的站点 B 的 IP 地址,但尚不知道它在局域网上发送所需要的 MAC 地址,则需要采用地址解析协议来确定站点 B 的 MAC 地址。站点 A 根据其

TCP/IP 属性配置的子网掩码计算出网络地址,和站点 B 的 IP 地址比较,确定站点 B 与自己是否在同一子网内。若站点 B 与站点 A 在同一子网内,则站点 A 广播一个 ARP 请求,站点 B 返回其 MAC 地址,站点 A 得到站点 B 的 MAC 地址后将这一地址缓存起来,并用此 MAC 地址封包转发数据,第二层交换模块查找 MAC 地址表确定将数据包发向目的端口。

若两个站点不在同一子网内,则站点 A 要向其 TCP/IP 属性中配置的"默认网关"发 ARP(地址解析)封包,默认网关的 IP 地址实际上对应第三层交换机的第三层交换模块。当站点 A 对默认网关的 IP 地址广播出一个 ARP 请求时,若第三层交换模块在以往的通信过程中已得到站点 B 的 MAC 地址,则向发送站站点 A 回复站点 B 的 MAC 地址;否则第三层交换模块根据路由信息向目的站广播一个 ARP 请求,站点 B 得到此 ARP 请求后向第三层交换模块回复其 MAC 地址,第三层交换模块保存此地址并回复给发送站点 A。以后,当再进行站点 A 与站点 B 之间的数据包转发时,将用最终的目的站点的 MAC 地址封包,数据转发过程全部交给第二层交换处理,而不再需要经过第三层路由系统处理,从而消除了路由选择时造成的网络延迟,提高了数据包的转发效率,解决了网间传输信息时路由产生的速率瓶颈。三层交换机工作过程如图 5-9 所示。

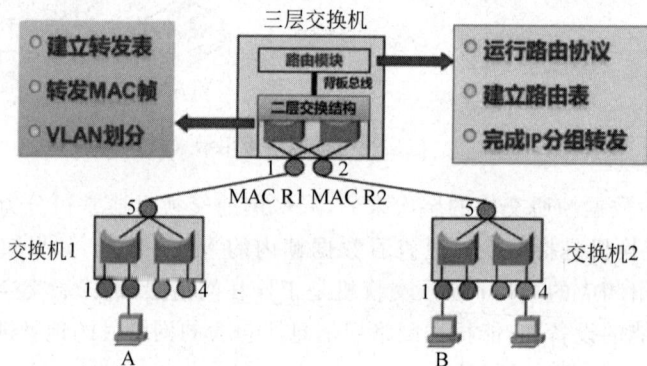

图 5-9 三层交换机工作过程

两台处于不同子网的主机通信,必须通过路由器进行路由。在图 5-9 中,主机 A 向主机 B 发送的第 1 个数据包必须经过三层交换机中的路由器进行路由才能到达主机 B,但是此后的数据包再发向主机 B 时,就不必再经过路由器处理了,因为三层交换机有"记忆"路由的功能。三层交换机虽然同时具有二层交换和路由的特性,但是三层交换机与路由器在结构和性能上存在很大区别。在结构上,三层交换机更接近于二层交换机,只是针对三层路由进行了专门设计,因此称为三层交换机而不是交换路由器;在交换性能上,路由器比三层交换机的交换性能要弱很多。

2. 三层交换机的主要功能

三层交换机结合了交换机和路由器的功能,可以简单地将三层交换机理解为由一台路由器和一台二层交换机构成,具备数据帧转发和网络层路由处理的能力。它能够进行更高级别的网络分段和流量控制,提供更灵活、智能和安全的网络解决方案,主要功能如下。

(1)路由表构建:三层交换机通过静态配置或动态路由协议学习到网络中的路由信息,并构建路由表,包括目的网络地址和相应的出接口。

(2)路由决策:当收到一个数据包时,三层交换机会根据数据包的目的 IP 地址查询路由表,找到匹配的路由信息,确定下一跳(Next Hop)的出接口。

(3) 数据转发:根据路由决策,三层交换机将数据包转发到相应的出接口,并使用目的 MAC 地址更新数据帧头部,以确保数据包在目标网络中正确到达。

(4) 路由更新和维护:三层交换机会定期更新路由表,学习新的路由信息或删除失效的路由信息,以适应网络拓扑的变化。

(5) 策略控制和安全功能:三层交换机可以基于路由表和其他配置信息实施流量控制、负载均衡、访问控制列表等策略,并提供网络安全功能,如防火墙、虚拟专用网络(VPN)等。

3. 三层交换机的主要应用

三层交换机在网络设计和部署中发挥着重要作用。它能够提高网络的性能和可靠性、保证网络的正常运行,并在各种网络场景中发挥重要作用。随着网络技术的不断发展和应用需求的不断增加,三层交换机的应用前景将更加广阔,其主要应用可以归纳为以下几个方面。

1) 核心层网络构建

在大型网络中,三层交换机通常被部署在核心层,以加快大型局域网内部的数据交换。它具有强大的路由功能和高速的数据转发能力,能够实现一次路由、多次转发的效果,从而提高整个网络的通信效率和速度。在校园网、城域网等环境中,三层交换机在核心骨干网中的应用尤为关键,它确保了成千上万台计算机之间的高效、安全通信。

2) 子网间通信

三层交换机具有路由功能,能够根据不同的 IP 地址进行路由选择,从而实现不同子网之间的通信和数据转发。在大型企业、政府机关等场所中,局域网规模巨大,需要支持多个子网之间的通信和数据转发。此时,三层交换机能够发挥重要作用,将不同的子网连接在一起,并将数据准确地转发到目标子网中。

3) VLAN 划分与通信

三层交换机支持 VLAN 的划分和通信。通过 VLAN 划分,可以将网络中的设备按照功能或地域等因素划分成不同的虚拟网段,从而提高网络的安全性和可管理性。同时,三层交换机还能够实现 VLAN 间的通信,确保不同 VLAN 之间的设备能够正常通信和数据交换。

4) 数据中心网络部署

在现代数据中心中,三层交换机也扮演着重要角色。数据中心网络需要支持高速、高效、安全、可靠的网络需求,而三层交换机正好具备这些特点。它能够实现高速数据包转发、灵活的网络划分、高可靠性和可扩展性等功能,从而满足数据中心网络的各种需求。

5) 其他应用

除了以上几个主要应用外,三层交换机还可以用于其他多种网络场景。例如,在云计算环境中,三层交换机可以作为云平台的网络基础设施之一,实现虚拟机之间的通信和数据交换;在远程办公和移动办公场景中,三层交换机可以支持 VPN 技术,实现远程用户的安全接入和数据传输。

4. 三层交换机的优点

三层交换机在网络分段、运行效率、网络管理能力、可扩充性、性价比、多媒体传输支持以及智能化和安全化等方面都具有显著的优势,主要体现在以下几个方面。

1)更好的网络分段

VLAN支持:三层交换机可以将局域网划分为多个VLAN,每个VLAN可以看作一个独立的广播域,从而有效地隔离广播风暴,提高网络的安全性和稳定性。这种划分方式有助于减少网络中的广播流量,提高网络带宽的利用率。

2)更高的网络运行效率

路由与交换的融合:三层交换机结合了二层交换机的快速转发能力和三层路由器的路由功能,可以在硬件层面实现IP的路由功能,提高数据包转发的效率。

优化路由软件:通过优化的路由软件,三层交换机能够更高效地处理路由过程,解决了传统路由器软件路由的速度问题。

子网间传输带宽可任意分配:与传统路由器相比,三层交换机可以定义多个VLAN,并通过这些VLAN实现子网间的通信,且子网间的传输带宽没有限制,可以根据实际需求进行灵活分配。

3)更强的网络管理能力

监控与调节:三层交换机可以实现对网络流量、带宽等参数的监控和调节,帮助网络管理员更好地管理网络资源。

内置安全机制:三层交换机具有访问列表的功能,可以实现不同VLAN间的单向或双向通信,从而限制用户访问特定的IP地址,提高网络的安全性。此外,还可以防止校园网、城域网外部的非法用户访问内部网络资源。

4)高可扩充性和高性价比

高可扩充性:在连接多个子网时,三层交换机子网只是与第三层交换模块建立逻辑连接,不需要像传统外接路由器那样增加端口,从而保护了用户对网络建设的投资,并满足网络应用快速增长的需要。

高性价比:三层交换机具有连接大型网络的能力,其功能基本上可以取代某些传统路由器,但价格却接近二层交换机。这使三层交换机成为连接子网和构建大型网络的理想选择。

5)多媒体传输支持

QoS控制:三层交换机具有QoS的控制功能,可以给不同的应用程序分配不同的带宽。这对于需要传输多媒体信息的教育网等环境尤为重要,可以确保视频流等多媒体数据的稳定传输。

6)智能化和安全化

智能化:随着网络技术的不断发展,三层交换机可能会加入人工智能、大数据等技术,实现更加智能化的网络管理和数据处理。

安全化:三层交换机可能会进一步增强对网络安全的支持和保护,防止黑客攻击和恶意软件侵入,提高网络的整体安全性。

5.4 路 由 器

路由器又称路径器,是一种网络层互联设备,用于连接多个逻辑上分开的网络。全球最大的互联网Internet就是由众多的路由器连接起来的计算机网络组成的,路由器是互联网络的枢纽。各种不同档次的产品已成为实现各种骨干网内部连接、骨干网间互联和骨干网与互联网互联互通业务的主力军。网络层互联设备主要是路由器。路由器如图 5-10 所示。

图 5-10　路由器

路由是指通过相互连接的网络把信息从源地点移动到目标地点的活动，而路由器正是执行这种行为和动作的设备，路由器能将不同网络或网段之间的数据信息进行"翻译"，使它们能够相互"读懂"对方的数据，从而构成一个更大的网络，如图 5-11 所示。

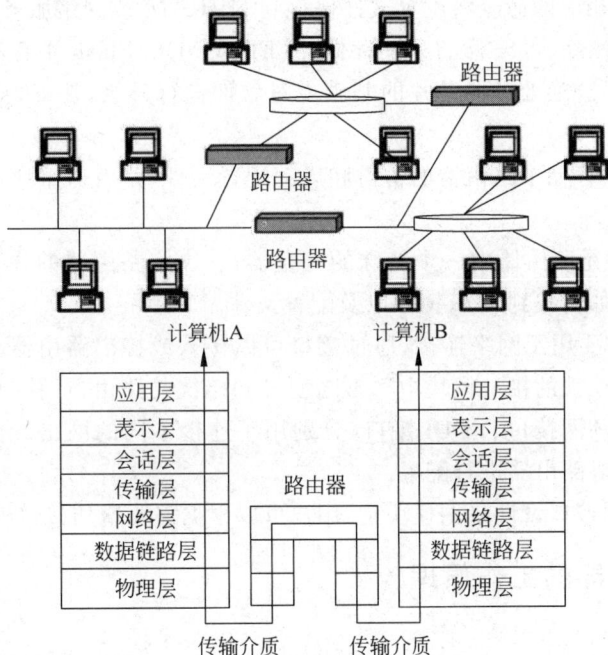

图 5-11　网络层互联设备——路由器

5.4.1　路由器的构成

典型的路由器硬件包括只读存储器(ROM)、随机存取存储器(RAM/DRAM)、Flash、非易失性 RAM(NVRAM)、配置寄存器和接口(Interface)，路由器内部的硬件配置组件等如图 5-12 所示。

(1) ROM 中存放加电自测试(Power On Self Test,POST)诊断所需的指令、自举程序和操作系统软件。ROM 中的软件升级需要替换 CPU 中的可拔插芯片。

(2) RAMDRAM 中存储的信息包括路由选择表、ARP 高速缓存、快速交换(Fast-Switching)

Interface(接口)						
内存					NVRAM	Flash
ROM		RAM/DRAM				
Boot strap	post	IOS			配置文件	IOS
Mini IOS	Rom monitor	各种进程	活动配置文件	缓冲区		
CPU总线						

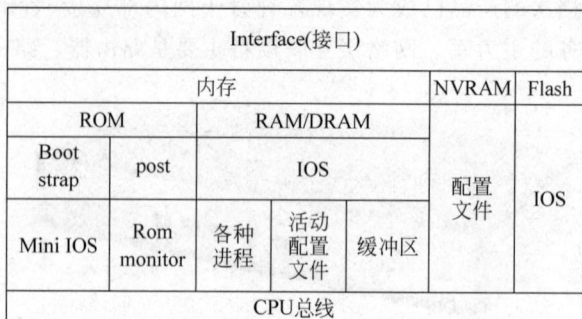

图 5-12 路由器硬件配置组件图

高速缓存、分组缓冲(共享 RAM)、分组保持队列(Packet Hold)等。当路由器加电后,路由器的配置文件被加载到 RAM 中,RAM 负责提供路由器运行时所需要的工作内存,对路由器的配置也被存储在工作内存中。重启或关闭路由器后,RAM 中的内容丢失,如果要保存配置文件,需要通过相应的命令将配置文件保存到 NVRAM 或网络服务器中。

(3) Flash 是可擦除、可编程的只读存储器(EPROM)。Flash 中存有操作系统的映像和微代码。可以在不替换处理器芯片的基础上对软件进行升级,在 Flash 中可存放多个版本的 IOS 软件。

(4) NVRAM 中存储了路由器的备份和启动配置文件,路由器重启或关闭后 NVRAM 中的内容不会丢失。

(5) 配置寄存器是路由器中一个特殊的寄存器,它决定路由器的许多启动和正在运行的选项,包括路由器如何找到 IOS 镜像以及配置文件。

(6) Interface 主要用于网络连接,通过接口可以接入或接出路由器。接口可以固化在主板上,也可以连在单独的接口模块中。不同型号和档次的路由器,接口悬殊,往往包含多个以太网接口、令牌环网接口、FDDI 接口,分别用于连接不同的网络。接口通常还包含一个控制台接口,用于对路由器进行配置。

高档的路由器的接口设计采用模块化,用户可以根据需要增加接口模块。

5.4.2 路由器的工作原理

1. 工作原理

路由器识别不同网络的方法是通过识别不同网络的网络 ID 进行的,因此为保证路由成功,每个网络都必须有一个唯一的网络编号。路由器要识别另一个网络,首先要识别的是对方网络的路由器 IP 地址的网络 ID,是不是与目的节点地址中的网络 ID 号一致,如果是,就向这个网络的路由器发送所要发送的报文。接收网络的路由器在接收到源网络发来的报文后,根据报文中所包括的目的节点 IP 地址中的主机号来识别是发给哪一个节点的,然后再直接发送。

路由器在发送数据时,找最佳路径的过程称为路由。路由发生在网络层,其选择功能使路由器能够确定目的地的可用路径,从而建立包的首选路径。在确定网络路径时,路由选择协议(Routing Protocol)使用网络拓扑结构信息,这些信息由网络管理人员配置,或者通过运行于网络的动态进程收集。路由器确定了应用哪条路径后,进而交换包,接收从一个接口收到的包,然后将其转发到能反映到目的地最优路径的另一个接口或端口。

为了进行有效的通信,网络必须一致地表示在路由器之间的可用路径,在这里路由器必须选出一条最佳路径。而确定最佳路径是一件非常复杂的事,通常由路由算法来完成。Metric(度量标准)是路由算法用以确定到达目的地的最佳路径的计量标准,如路径长度。为了帮助选路,路由算法初始化并维护包含信息的路由表,路径信息根据使用的路由算法不同而不同。

路由表包含的信息分组需达到的目的网络号、连接路由器的下一个节点(即下一跳)、度量值(如距离等)、信息分组在路由器上的生存时间等信息。路由器彼此通信,通过交换路由信息维护其路由表,路由更新信息通常包含全部或部分路由表,通过分析来自其他路由器的路由更新信息,该路由器可以建立详细的网络拓扑图。路由器间发送的另一个信息例子是链路状态信息广播,它将发送者的链路状态通知到其他路由器,链路状态信息用于建立完整的拓扑图,使路由器可以确定最佳路径。

为了更清楚地说明路由器的工作原理,假设有这样一个网络,其中一个网段网络 ID 号为"A",在同一网段中有 4 台终端设备连接在一起,这个网段的每个设备的 IP 地址分别假设为 A1、A2、A3 和 A4。连接在这个网段上的一台路由器是用来连接其他网段的,路由器连接于 A 网段的那个端口 IP 地址为 A5。同样路由器连接另外三个网段的网络 ID 号分别为"B""C"和"D",如图 5-13 所示。

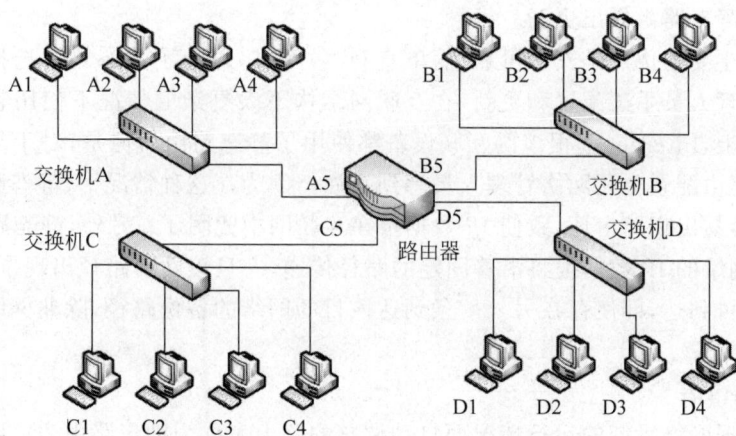

图 5-13　路由器工作原理示意图

分析图 5-13 所示网络环境下路由器是如何发挥其路由、数据转发作用的。假设网络 A 中用户 A1 要向网络 C 中的用户 C3 发送一个请求信号,信号传递的步骤如下。

第 1 步:用户 A1 将目的用户 C3 的地址 C3 连同数据信息以数据帧的形式,通过集线器或交换机,再以广播的形式发送给同一网络中的所有节点,当路由器 A5 端口侦听到这个地址后,分析得知所发目的节点不是本网段终端,需要路由转发,就把数据帧接收下来。

第 2 步:路由器 A5 端口接收到用户 A1 的数据帧后,先从报头中取出目的用户 C3 的地址,并根据路由表计算出发往用户 C3 的最佳路径。因为从分析得知 C3 的网络 ID 号与路由器的 C5 网络 ID 号相同,所以由路由器的 A5 端口直接发向路由器的 C5 端口应是信号传递的最佳途径。

第 3 步:路由器的 C5 端口再次取出目的用户 C3 的 IP 地址,找出 C3 的 IP 地址中的主机号,如果在网络中有交换机则可先发给交换机,由交换机根据 MAC 地址表找出具体的网络节点位置;如果没有交换机设备,则根据其地址中的主机号直接把数据帧发送给用户 C3,完成一个完整的数据通信转发过程。

从分析信号传递的步骤可以看出,无论网络有多么复杂,路由器的工作就是这么几步。当然,实际的网络要比以上分析的例子复杂许多,但总过程大致相同。

2. 路由表

路由器的主要工作就是为经过路由器的每个数据帧寻找一条最佳传输路径,并将该数据有效地传送到目的站点,因此选择最佳路径的策略即路由算法是路由器的关键所在。为了完成这项工作,在路由器中保存着各种传输路径的相关数据——路由表,供路由选择时使用。路由表中保存着子网的标志信息、网上路由器的个数和下一个路由器的名字等内容。路由表可以由系统管理员固定设置好、由系统动态修改、由路由器自动调整,以及由主机控制。路由表有以下两种类型。

1) 静态路由表

由系统管理员事先设置好固定的路由表称为静态路由表,一般是在系统安装时就根据网络的配置情况预先设定的,它不会随未来网络结构的改变而改变。使用静态路由表的路由器称为静态路由器。静态路由在正常工作时不会发生自动变化,因此,到达某一个目的网络的 IP 数据报的路径就固定下来了,当网络的拓扑结构发生变化时,网络管理人员必须手工对路由器的静态路由做出更新。

静态路由主要的优点是安全可靠、简单直观、效率高,避免了动态路由选择的开销。由于需要网络管理人员手工配置和更新,在互联网结构不太复杂的情况下使用它是一种很好的选择。实际上,Internet 上很多的互联设备都使用了静态路由。但是,对于复杂的网络拓扑结构,静态路由配置会让网络管理人员感到头痛。因为在这种情况下,静态路由的配置工作量大,而且容易出现路由环,致使 IP 数据报在互联网中兜圈子;另外,静态路由配置完毕后,去往某一网络的 IP 数据报将沿着固定的路径传递,一旦该网络路径出现了故障,目的网络就会变得不可到达,即使存在另外一条到达该目的网络的备份路径,除非网络管理人员对静态路由重新配置。

2) 动态路由表

路由器根据网络系统的运行情况而自动调整的路由表称为动态路由表。路由器根据路由选择协议提供的功能,自动学习和记忆网络运行情况,在需要时自动计算数据传输的最佳路径。

大多数网络采用动态路由,这是因为它能使网络自动适应变化。例如,软件可随时监测网络中的流量及网络硬件的状态,然后根据实际情况修改路由。由于大型网络为应对偶发的硬件故障而设计有冗余连接,大多数大型网络采用动态路由。

5.4.3   路由器的功能

路由器在网络中扮演着至关重要的角色,它不仅是网络间数据转发的枢纽,还负责路径选择、数据转发、网络隔离、流量控制、协议转换、网络管理和安全保护等多种功能。其主要功能可以概括为以下几个方面。

(1) 路径选择(路由选择):路由器的主要任务是根据网络层的信息(如 IP 地址)选择最

佳的路径,将数据包从一个网络转发到另一个网络。这通常基于路由表中的信息来决策,路由表包含了到达不同网络或子网的最佳路径信息。

(2) 数据转发:路由器接收到数据包后,会检查其目的地址,并根据路由表确定下一跳的地址,然后将数据包转发给下一跳。这个过程会重复进行,直到数据包到达其目的地。

(3) 网络隔离:路由器可以通过其路由和转发功能,实现不同网络之间的逻辑隔离。这有助于保护网络免受外部威胁,提高网络的安全性。

(4) 流量控制:路由器可以对网络中的流量进行管理和控制,以确保网络资源的合理分配和高效利用。例如,通过 QoS 机制,路由器可以优先处理某些类型的数据包(如视频流或语音通话),以保证这些关键应用的性能和稳定性。

(5) 协议转换:虽然现代路由器主要处理 IP 协议的数据包,但在某些特殊情况下,路由器也可以支持不同网络协议之间的转换,以实现不同网络之间的互操作性。

(6) 网络管理:路由器通常具有网络管理功能,允许网络管理员通过远程或本地接口对路由器进行配置、监控和维护。这有助于确保网络的正常运行和故障排除。

(7) 安全保护:现代路由器还集成了多种安全保护功能,如防火墙、VPN 支持、访问控制列表等,以增强网络的安全性。

5.4.4　路由器的种类

路由器的分类可以从多个角度进行,以下是一些主要的分类方式。

1. 按性能划分

(1) 高端路由器:主要应用于大型网络的核心路由器,拥有非常高的包处理能力,端口密度高、类型多,能够适应复杂的网络环境。

(2) 中端路由器:适用于较大的网络,拥有较高的包处理能力,具有较丰富的网络接口,能够适应较为复杂的网络结构。

(3) 低端路由器:主要适用于小型网络的 Internet 接入或企业网络远程接入,端口数量和类型,以及处理能力都非常有限。

2. 按结构划分

(1) 模块化结构路由器:中高端路由器通常为模块化结构,各种类型的模块有助于灵活配置路由器,增加端口的数量,提供丰富的端口类型,从而适应企业不断变化的业务需求。

(2) 非模块化结构路由器:多数低端路由器为非模块化结构,只能提供固定类型和数量的端口。

3. 按网络位置划分

(1) 核心路由器:位于网络中心,通常使用性能稳定的高端模块化路由器,一般为电信级超大规模企业所选,以满足快速的包交换能力和高速的网络接口的需求。

(2) 分发路由器:主要特点是端口数量多、价格便宜、应用简单。一般适用于大中型企业和 Internet 服务提供商,或者分级系统中的中级系统。

(3) 接入路由器:一般位于网络边缘,故又称边缘路由器,通常采用中、低端产品,也是目前应用最广的一类路由器,主要应用于中小型企业或大型企业的分支机构中,要求相对低速的端口及较强的接入控制能力。

4．按功能划分

（1）通用路由器：即通常所说的路由器，用于连接不同的网络或 Internet 接入。

（2）专用路由器：通常为实现某种特定功能对路由器接口、硬件等做了专门优化。

5．按传输性能划分

（1）线速路由器：通常是高端路由器，其完全按传输介质带宽进行通畅传输，基本上没有间断和延时，具有非常高的端口带宽和数据转发能力，能以媒体速率转发数据包。

（2）非线速路由器：通常是中、低端路由器，但一些宽带路由器也有线速转发能力。

6．按网络类型划分

（1）有线路由器：借助物理连线建立连接的路由器，平时所说的路由器基本上都是有线路由器。

（2）无线路由器：随着无线网络应用的快速普及，近几年出现的新产品。在功能上和有线路由器没有很大的区别，同样是用来连接不同的网络或接入 Internet，不同的是无线路由器的连接是借助无形的电磁波实现的。

7．其他分类

（1）家用路由器：用于家庭网络环境的路由器，主要需求是提供稳定的无线网络覆盖，支持多设备连接，以及带宽的合理分配。

（2）企业级路由器：用于中小型企业或组织机构的路由器，需要满足更高的性能、可靠性和安全性要求，以支持大规模的用户连接和复杂的网络环境。

（3）智能家居路由器：随着智能家居设备的普及，智能家居路由器逐渐兴起。它增加了对智能设备的支持和管理功能，可以与智能家居设备进行互联互通，提供更稳定和智能化的网络连接。

（4）路由器的分类方式多种多样，可以根据不同的需求和场景选择合适的路由器，比较常见的路由器生产厂家有华为、TP-Link、Cisco 等。

5.4.5 选择路由器时的注意事项

路由器作为整个局域网的 Internet 出口，决定着整个网络性能、应用和网络安全，在选择路由器时应该从以下几方面去考虑。

1．使用场合

目前有企业路由器、网吧路由器、家用路由器等，请根据使用场合选择适合的类型。

2．无线功能

路由器是否支持无线功能，请根据接入的终端类型（台式计算机、笔记本电脑、手机等）选择适合的路由器。无线路由器除上述功能还应考虑无线带机量、无线速率、无线频段等参数。

3．带机量

不同路由器的带机量不同。组网时要根据需要接入网络的终端数量来选择合适的型号，在降低成本的同时保障网络能够正常、高效地运行。

4．WAN 口数目及速率

不同型号路由器支持的 WAN 口数目及速率不一样，WAN 口数目有 1～4 个不等，其速率有支持 10/100Mbps 或者 10/100/1000Mbps。请根据实际环境接入的宽带线路情况选择合适的型号。

5．认证功能

基于以太网的点对点通信协议（PPPoE）服务器、Web 认证、微信认证等认证方式在不同型号路由器上支持情况不一样，需要根据网络接入认证需求选择对应的路由器。

6．扩展性

任何网络并非一成不变的，当前选购的网络设备需要考虑中短期内网络规模、应用的扩展需要，并结合后续规划的需求来选择合适的设备。

5.5　其他网络设备简介

5.5.1　调制解调器

调制解调器是调制器（Modulator）和解调器（Demodulator）的缩写，根据调制解调器的谐音，称为"猫"，是一种能够实现通信所需的调制和解调功能的电子设备。腾达 D820B ASDL2 调制解调器如图 5-14 所示。

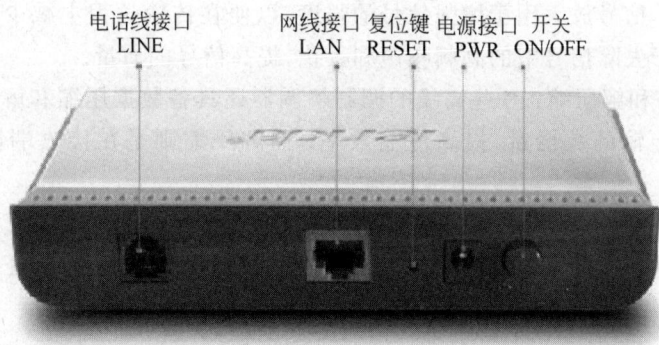

图 5-14　腾达 D820B ADSL2 调制解调器

调制解调器的主要作用是作为模拟信号和数字信号的"翻译员"。电子信号分为模拟信号和数字信号两种，电话线路传输的是模拟信号，而计算机之间传输的是数字信号。因此，当计算机需要通过电话线进行通信时，调制解调器就起到了将数字信号转换为模拟信号（调制），以及将接收到的模拟信号转换为数字信号（解调）的作用。

1．调制解调器的组成及工作原理

调制解调器由发送、接收、控制、接口、操纵面板及电源等部分组成。通常，数据终端设备以二进制串行信号形式发送数据，经调制解调器的接口转换为内部逻辑电平送入发送部分，再经调制电路变成线路要求的信号向线路发送。调制解调器的接收部分接收来自线路的信号，经滤波、反调制、电平转换后还原成数字信号送入数字终端设备，如图 5-15 所示。

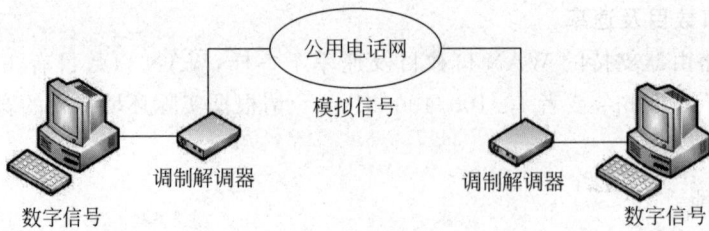

图 5-15　调制解调器的工作原理

2. 调制解调器的功能

调制解调器的主要功能是在数字信号和模拟信号之间进行转换,使计算机能够通过模拟传输介质(如电话线、同轴电缆或无线电波)进行通信。具体来说,调制解调器主要包括以下功能。

(1)调制:将数字信号(计算机内部使用的二进制数据)转换为模拟信号(如音频信号)的过程。这是因为许多通信介质(特别是传统的电话线)只能有效地传输模拟信号。在调制过程中,数字信号被转换成模拟信号的波形、频率或相位等特性,以便在通信介质上传输。

(2)解调:调制的逆过程,即将接收到的模拟信号转换回原始的数字信号。当模拟信号通过通信介质到达接收端时,调制解调器会解析这些信号的波形、频率或相位等特性,恢复原始的数字信号。

(3)信号放大和滤波:除了基本的调制和解调功能外,调制解调器还可能包括信号放大和滤波的电路。信号放大用于增强信号的强度,以便在传输过程中减少信号衰减和噪声干扰。滤波则用于去除信号中的高频噪声和干扰,提高信号的质量。

(4)数据压缩和解压缩:一些高级的调制解调器还具备数据压缩和解压缩的功能。数据压缩可以减少传输的数据量,提高传输效率;而解压缩则是在接收端恢复原始数据的过程。

(5)错误检测和纠正:为了确保数据传输的可靠性,调制解调器还可能包括错误检测和纠正的机制。这些机制可以检测并纠正传输过程中出现的错误,以保证数据的完整性和准确性。

3. 调制解调器的分类

(1)外置式调制解调器:放置于机箱外,通过串行通信口与主机连接。

(2)内置式调制解调器:安装于机箱内,占用主板扩展槽。

(3)PCMCIA 插卡式:主要用于笔记本电脑,体积小巧。

(4)机架式调制解调器:将一组调制解调器集中于一个箱体或外壳里。

除以上四种常见的调制解调器外,还出现了 ISDN 调制解调器、ADSL 调制解调器和 Cable Modem 调制解调器等,在此不再赘述。

5.5.2　中继器

中继器是工作在 OSI 参考模型物理层的一种简单的网络连接设备,主要负责在两个结点的物理层上按位传递信息,完成信号的复制、调整和放大功能,以此来延长网络的距离。中继器如图 5-16 所示。

图 5-16　中继器

中继器是最底层的物理设备,用于在局域网中连接几个网段,只起到简单的信号放大作用,用于延伸局域网的长度。严格地说,中继器是网段连接设备而不是网络互联设备,其工作示意图如图 5-17 所示。

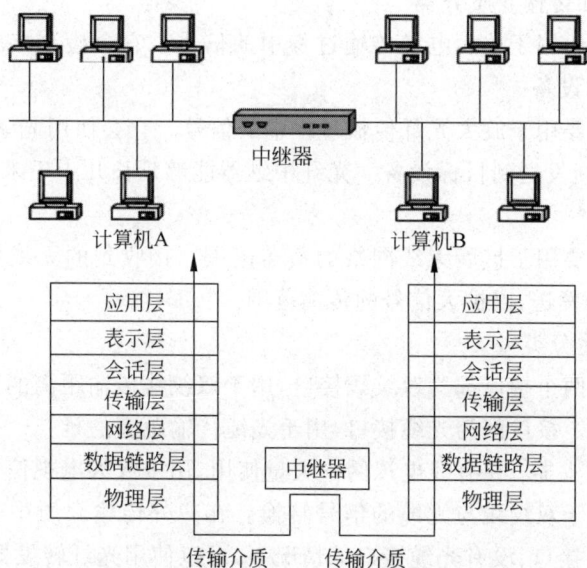

图 5-17　物理层互联设备——中继器工作示意图

1. 中继器的作用

信号在网络传输介质中有衰减和噪声,衰减到一定程度时将造成信号失真,因此会导致接收错误,中继器就是为解决这一问题而设计的。中继器在网络中用于延伸计算机之间的距离,也用于不同线缆类型之间的转换,起到信号再生和放大整形等作用。再生是指通过对虽然失真但仍然可以辨认的波形进行分析,重新生成原来的波形;放大是指将信号衰减的幅度加以恢复。通过再生和放大能够扩大网络传输距离。图 5-18 简单地说明了中继器的基本工作原理。

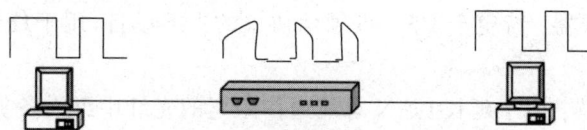

图 5-18　中继器的基本工作原理

需要注意的是,一般情况下,中继器的两端连接的是相同的媒体,但有的中继器也可完成不同媒体的转接工作。从理论上讲中继器的使用是无限的,网络也因此得以无限地扩展。但事实上,这是不可能的,因为网络标准中都对信号的延迟范围作了具体的规定,中继器只能在此规定的范围内进行有效的工作,否则会引起网络故障。以太网络标准中约定了一个以太网上只允许出现 5 个网段,最多使用 4 个中继器,而且其中只有 3 个网段可连接计算机终端。中继器在以同轴电缆为介质的网络中经常使用,目前在网络连接大量使用双绞线和光纤的情况下,很少再使用中继器。

2. 中继器的分类

中继器的分类方式多种多样,可以根据不同的需求和场景选择合适的类型。在实际应用中,需要根据网络的具体情况和需求来选择合适的中继器类型和数量。

1) 按工作原理和传输介质分类

电缆中继器:主要用于放大电缆传输过程中的信号。它会检测接收到的信号,然后放大并重新发送到目标设备。

光纤中继器:主要用于放大光纤传输过程中的信号。它会使用光学技术检测和放大接收到的光信号,并重新发送到目标设备。光纤中继器能够延长几十千米的通信距离,适用于长距离光纤通信。

无线中继器:主要用于扩展无线网络的覆盖范围。接收到的无线信号会经过放大,并在不同的频段上重新发送,以扩大信号的传输范围。

2) 按接口和用途分类

双绞线中继器:两个接口都为双绞线接口,用于双绞线传输距离的延长。

光缆中继器:两个接口都为光缆接口,用于光缆传输距离的延长。

有线电视信号放大器:在有线电视网中大量使用,用于放大电视信号。

光纤转发器:用于双绞线与光缆的信号转换。在户外传输介质中采用光缆传输,而在两端设备只有双绞线接口、没有光缆接口的情况下,可以使用光纤转发器进行信号转换。

3) 按网络层次分类

物理层中继器:主要负责在物理层上传输信号,对收到的信号进行放大和转发,以延长网络距离。

数据链路层中继器:除了完成物理层的功能外,还可以完成数据链路层的功能,如错误检测和纠正、流量控制等。

网络层中继器:除了完成物理层和数据链路层的功能外,还可以完成网络层的功能,如路由选择、拥塞控制等。但需要注意的是,传统意义上的中继器通常只工作在物理层,网络层的中继功能更多地由路由器等设备承担。

4) 其他特定类型中继器

485 中继器/集线器:特定于 RS-485 通信协议的中继设备,用于延长 RS-485 总线的通信距离。

CAN 光纤中继器:用于延长 CAN 总线通信距离的光纤中继设备。

ADSL 中继器、SDH 再生中继器、PON 光中继器等:这些中继器是针对不同网络技术和协议设计的,用于满足特定场景下的通信需求。

3. 中继器的优缺点

中继器的主要优点是安装简单、使用方便、价格相对低廉。它不仅起到网络距离的作用，还可以将不同传输介质的网络连接在一起。中继器工作在物理层，对于高层协议完全透明，其主要优点如下。

（1）扩大了通信距离。

（2）增加了节点的最大数目。

（3）各个网段可使用不同的通信速率。

（4）提高了可靠性。当网络出现故障时，一般只影响个别网段。

（5）性能得到改善。

中继器的主要缺点表现在以下方面。

（1）由于中继器会将接收到的被衰减的信号再生（恢复）到发送时的状态，并转发出去，增加了延时。

（2）CAN 总线的 MAC 子层并没有流量控制功能。当网络上的负荷很重时，可能因中继器中缓冲区的存储空间不够而发生溢出，以致产生帧丢失的现象。

（3）中继器若出现故障，对相邻两个子网的工作都将产生影响。

5.5.3　收发器

收发器是一种将信号进行转换并在通信线路上进行传输的电子设备，如图 5-19 所示。它通常包括发送器和接收器两个部分，用于实现数据在不同信号格式之间的转换和传输。在通信领域中，收发器是无线通信、有线通信、计算机网络等通信系统中必不可少的组成部分。

图 5-19　光纤收发器

1. 收发器的组成

收发器的组成可以分为两个部分：发送器和接收器。

发送器通常由一个电流驱动器和一个电平转换器两部分组成。电流驱动器将数据转换成一个电流信号，电平转换器将电流信号转换成电压信号，并将其输出到通信线路上。在发送数据之前，发送器需要将数据编码成电流信号。通常采用的编码方式有非返回零码（NRZ）编码、曼彻斯特编码、差分曼彻斯特编码等。

接收器通常由一个前置放大器、一个比较器和一个电平转换器三部分组成。前置放大器用于放大信号，比较器用于将电压信号转换成电流信号，电平转换器则用于将电流信号转换成数字信号，供后续处理使用。在接收数据时，接收器需要将从通信线路上接收到的信号转换成数字信号。通常采用的解码方式有非返回零码解码、曼彻斯特解码、差分曼彻斯特解码等。

2. 收发器的特点

（1）半双工和全双工：收发器可以实现半双工和全双工两种通信模式。半双工通信是指数据传输只能单向进行，一方发送数据时，另一方必须停止发送并等待接收；而全双工通信则可以实现双向数据传输,两端设备可以同时发送和接收数据。

(2)传输速率:收发器具有高速传输的特点,可以实现从几千位每秒到几百兆位每秒的传输速率。

(3)支持多种协议:收发器可以支持多种不同的协议,包括 RS232、RS485、RS422、以太网、USB、PCI Express 等。

(4)自适应性:收发器具有自适应性,可以自动适应不同的传输距离和信号强度,从而保证数据传输的可靠性。

(5)低功耗:收发器具有低功耗的特点,可以在不同的功率模式下运行,实现更长的电池寿命和更高的能效。

3. 收发器的分类

收发器根据其功能和应用场景可以分为以下类型。

(1)有线通信收发器:有线通信收发器主要用于有线通信领域,包括 RS232、RS485、RS422 等。它们可以实现高速、长距离数据传输,并具有抗干扰能力强、信号稳定等特点。

(2)无线通信收发器:无线通信收发器主要用于无线通信领域,包括蓝牙、Wi-Fi、Zigbee、LoRa 等。它们可以实现无线数据传输,具有高速、大容量、广覆盖等特点。

(3)计算机网络收发器:计算机网络收发器主要用于计算机网络领域,包括以太网、USB、PCI Express 等。它们可以实现计算机之间的数据传输,具有高速、稳定、可靠等特点。

(4)光纤通信收发器:光纤通信收发器主要用于光纤通信领域,包括单模光纤收发器和多模光纤收发器等。它们可以实现高速、长距离数据传输,并具有抗干扰能力强、信号稳定等特点。

5.5.4 网桥

网桥又称桥接器,是连接两个局域网的存储转发设备,用它可以完全连接具有相同或相似体系结构的网络系统,这样不但能扩展网络的距离或范围,而且可提高网络的性能、可靠性和安全性,如图 5-20 所示。

图 5-20   千兆电信级高功率无线 AP/网桥

网桥工作在数据链路层,将两个局域网连起来,根据 MAC 地址来转发帧,可以看作一个低层的路由器[路由器工作在网络层,根据网络地址(如 IP 地址)进行转发],其工作示意图如图 5-21 所示。

当两种相同类型的但又使用不同协议的网络进行互联时,就需要使用桥接器,也就是通常所说的网桥。例如,局域网 A 与局域网 B 是两个以太网络,局域网 A 使用的是 IPX 协议,局域网 B 使用的是 TCP/IP 协议,当局域网 A 与局域网 B 连接时,就必须使用网桥,如图 5-22 所示。

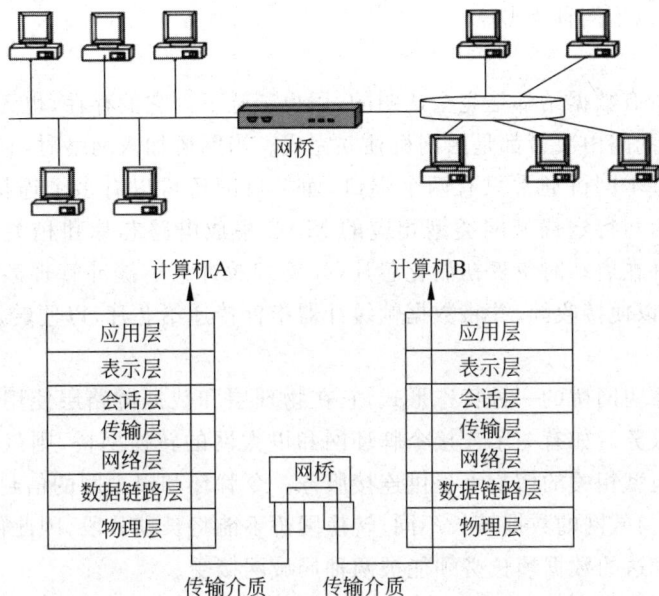

图 5-21　数据链路层互联设备——网桥工作示意图

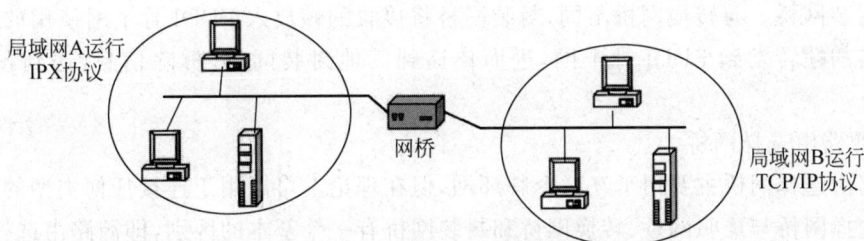

图 5-22　网桥和数据流分割

1. 网桥的工作原理

网桥在初始状态下,它对网络的各工作站一无所知,其地址表是空的。当网络中的设备开始通信时,网桥会监听并自动记下各个设备的 MAC 地址及其对应的端口信息,并将这些信息存储在地址表中,直到建立起一张完整的网络地址表,这个过程通常称为"自学习"或"地址学习过程"。当网桥接收到一个数据帧时,它会首先检查帧的目的 MAC 地址,如果地址表中存在该地址,并且对应的端口不是接收帧的端口,则网桥会将数据帧转发到该端口;如果地址表中不存在该地址,或者数据帧是广播帧(目的 MAC 地址为全 F),则网桥会将数据帧转发到除了接收端口之外的所有端口(即泛洪)。

网络中的设备可能会移动或新增,导致网桥的地址表需要动态更新。网桥通过监听网络中的数据帧来更新地址表,当发现新的 MAC 地址或 MAC 地址与端口对应关系发生变化时,会及时更新地址表。

2．网桥的分类

网桥可以在数据链路层为不同的局域网提供连接服务。根据它们所连接的局域网类型，网桥主要分为以下四种类型。

1）透明网桥

透明网桥对所有数据站都是完全透明的，用户感觉不到它的存在，也无法对网桥进行直接寻址，因此所有的路由决策都是由网桥独立完成。当网桥加入网络时，它能自动进行初始化并配置自身。基本网桥通常只有两个端口，而多口网桥可以有多个连接局域网的端口。每个网桥端口都由与特定局域网类型相应的 MAC 集成电路芯片和相关端口管理软件组成。端口管理软件在启动时负责初始化芯片，并管理缓冲器。缓冲管理涉及将空闲缓冲器指针传递给芯片，以便接收帧，并将数据帧缓冲器指针传递给芯片，以便转发帧。

2）转换网桥

转换网桥是透明网桥的一种特殊形式，它在物理层和数据链路层使用不同协议的局域网提供网络连接服务。如有一个连接令牌环网和以太网的转换网桥，则该转换网桥通过处理与每种局域网类型相关的信封来提供连接服务。令牌环和以太网的信封（Envelope）处理相对简单，但两种局域网的数据帧长不同，转换网桥不能将长帧分段，因此使用这种网桥时，互联的局域网所发送的数据帧长必须能被两种局域网接受。

3）封装网桥

封装网桥通常用于连接 FDDI 骨干网。例如，现有一个将四个以太网连接到 FDDI 骨干网的封装网桥。与转换网桥不同，封装网桥将接收的帧放入 FDDI 骨干网使用的信封内，并将封装的帧转发到 FDDI 骨干网，进而传递到其他封装网桥，拆除信封，送到预定的工作站。

4）源路由选择网桥

源路由选择网桥主要用于互联令牌环网，但在理论上可以用于连接任何类型的局域网。源路由选择网桥与透明网桥、转换网桥和封装网桥有一个基本的区别，即源路由选择网桥要求信息源（而不是网桥本身）提供传递数据帧到终点所需的路由信息。

3．网桥的主要应用

在实际的应用中，网桥将多个局域网互联起来，这些应用包括如下几项。

（1）一个单位需要将很多部门各自的服务器、工作站和计算机互联成网，不同的部门根据各自的需要选用不同的局域网，而各个部门之间又需要交换信息、共享资源，这时可以使用网桥将局域网互联起来。

（2）一个单位有很多栋办公楼，每个办公楼内部均建立了局域网，这些局域网需要使用网桥互联起来，构成支持整个单位管理信息系统的局域网环境。

（3）在一个大型企业或校园内，有数千台计算机需要联网，如果将其统一使用一个局域网连接起来，势必使局域网的负荷增加，性能下降。可行的办法是将数千台计算机按地理位置或组织关系分为多个子网，每个子网就是一个局域网，多个局域网互联起来构成大型企业网或校园网。这些局域网的连接可以使用网桥。

（4）如果联网的计算机之间的距离超过了单个局域网的最大覆盖范围，可以将它们分为几个局域网来组建，局域网之间用网桥来连接。

（5）如果一个企业的某个部门对数据信息的安全、保密方面要求较高，可以将这一部门的计算机单独连在一个局域网里，再用网桥将该局域网与其他局域网联接起来。

5.5.5　网关

网关又称信关、网间连接器或协议转换器，是工作在 OSI 参考模型网络层以上，将两个不同协议的网络段连接在一起的设备或节点。网关是最复杂的网络互联设备，既可以用于广域网互联，也可以用于局域网互联。如图 5-23 所示。

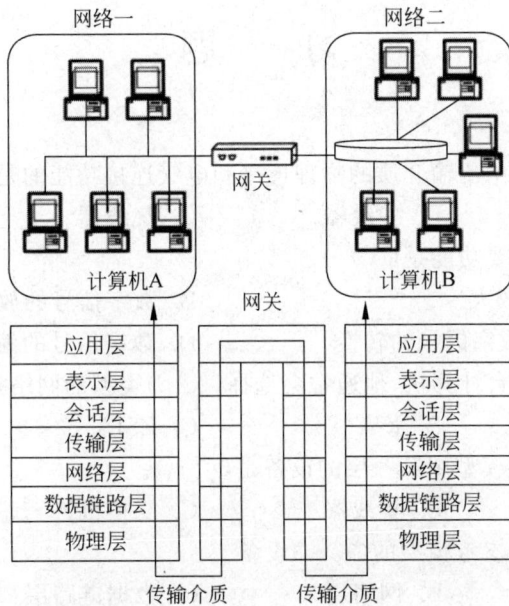

图 5-23　高层互联设备——网关工作示意图

1．网关的作用

网桥、交换机和路由器可以在运行多个协议的网络中使用，但是它们不能把使用不同架构的节点连接起来。例如，TCP/IP 节点可以和其他的 TCP/IP 节点通信，但不能和 Appletalk 节点或基于系统网络结构（SNA）的节点通信。网关提供了使用不同架构的网络之间的连接，与网桥只是简单地传达信息不同，网关对收到的信息要重新打包，以适应目的系统的需求。

网关是将两个不同协议的网络段连接在一起充当转换重任的计算机系统或设备。它的作用就是对两个网络段中使用不同传输协议的数据进行相互翻译转换。网关通过使用适当的硬件和软件实现不同网络协议之间的转换功能，硬件提供不同的网络接口，软件实现不同互联协议之间的转换。

2．网关的分类

网关可以根据不同的标准和功能进行分类，常见的分类方式如下。

（1）TCP/IP 下的网关：这种网关主要用于连接不同网络，实现网络数据量的转发和路由。它还可以提供网络地址转换、流量控制、数据过滤等功能。

（2）API 网关：API 网关是针对应用层协议实现的，主要用于管理和控制 API 服务请求。它封装了应用程序的内部结构,为客户端提供统一服务,并实现了认证、鉴权、监控、路由转发、协议转换等功能。

（3）按功能分类可分为流量网关和业务网关。

流量网关：主要聚焦于流量的中心化控制和管理,负责流量的聚合、治理、转发、控制和安全等方面的工作。

业务网关：更关注业务逻辑的处理和服务的暴露,承担更多的业务逻辑处理工作,如鉴权、路由、转换、协议适配、监控等。

习　题

一、选择题

1. 能够实现局域网中传输介质的物理连接和电气连接功能的是（　　　）。
   A. 网卡　　　　　　　B. 中继器　　　　　　C. 集线器　　　　　　D. 网桥

2. 调制解调器的主要功能是（　　　）。
   A. 模拟信号的放大　　　　　　　　　　B. 数字信号的放大
   C. 模拟信号和数字信号的转换　　　　　D. 数字信号的编码

3. 小明想去购买一台计算机,他通常会选择（　　　）类型的网络接口卡。
   A. PCI　　　　　　　　B. ISA　　　　　　　C. ESIA　　　　　　D. MCA

4. 工作在 OSI 参考模型中第一层的设备是（　　　）。
   A. 网卡　　　　　　　B. 集线器　　　　　　C. 交换机　　　　　　D. 路由器

5. 中继器属于 OSI 参考模型的（　　　）设备。
   A. 物理层　　　　　　B. 网络层　　　　　　C. 数据链路层　　　　D. 应用层

6. 与集线器相比,（　　　）是交换机的优点。
   A. 交换机能够提供网络管理信息
   B. 交换机能够更有效地从一个网段向另一个网段传输数据
   C. 交换机能够给某些节点分配专用信道
   D. 交换机能够在数据冲突发生率较高时提醒网络管理员

7. 为了克服衰减,获得更远的传输距离,在数字信号的传输过程中可采用（　　　）。
   A. 中继器　　　　　　B. 网桥　　　　　　　C. 调制解调器　　　D. 路由器

8. 可以连接两个具有相同或相似体系结构局域网的数据链路层设备是（　　　）。
   A. 中继器　　　　　　B. 网桥　　　　　　　C. 网关　　　　　　D. 路由器

9. Hub 是指（　　　）。
   A. 网卡　　　　　　　B. 交换机　　　　　　C. 集线器　　　　　　D. 路由器

10. 提供传输层及传输层以上各层之间的协议转换的中继设备是（　　　）。
    A. 中继器　　　　　　B. 网桥　　　　　　　C. 网关　　　　　　D. 路由器

11. 从 OSI 协议层来看,负责对数据进行存储转发的网桥属于（　　　）范畴。
    A. 网络层　　　　　　B. 数据链路层　　　　C. 物理层　　　　　D. 传输层

12. 从 OSI 协议层来看,用以实现不同网络间的地址翻译、协议转换和数据格式转换等功能的路由器属于（　　　）。

A. 网络层　　　　　B. 数据链路层　　　　C. 物理层　　　　D. 传输层

13. 路由器的主要功能是(　　)。

A. 重新产生衰减了的信号

B. 把各组网络设备归并进一个单独的广播域

C. 选择转发到目标地址所用的最佳路径

D. 向所有网段广播信号

14. 下列不是三层交换机优点的是(　　)。

A. 高可扩充性　　　　　　　　　　B. 内置安全机制

C. 计费功能　　　　　　　　　　　D. 对节点用户透明

15. 企业 Intranet 要与 Internet 互联,必需的互联设备是(　　)。

A. 中继器　　　　B. 调制解调器　　　　C. 交换机　　　　D. 路由器

二、简答题

1. 网卡主要有哪些功能?

2. 集线器的主要特点是什么?

3. 交换机对网络帧的数据交换和转发的方式一般分为哪几种?

4. 三层交换机的主要功能有哪些,主要应用在哪些方面?

5. 路由器的主要功能有哪些?

三、案例分析题

1. 某企业采用 ADSL 方式接入 Internet,使用的网络设备有 ADSL Modem 宽带路由器、交换机,传输介质有双绞线、电话线,网络连接示意图如图 5-24 所示,请回答下列问题。

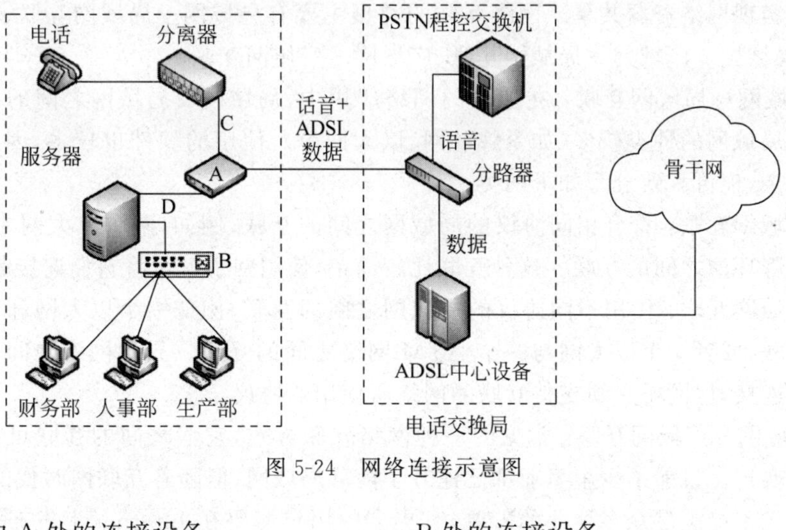

图 5-24　网络连接示意图

① 图中 A 处的连接设备:_____;B 处的连接设备:_____。

② 图中 C 处的传输介质:_____;D 处的传输介质:_____。

③ 随着计算机使用量的增加,希望控制部门间的网络流量,可以在_____设备上按部门划分_____。

2. 某办公室有 4 台计算机,但是只有一个信息插座,于是配置了一台 5 口(其中一口为

UpLink 端口)交换机。原以为 4 台计算机刚好与 4 个接口连接,1 个 UpLink 端口用于连接到局域网,但是接入网络之后,与 UpLink 端口相邻的 1 号接口无法正常使用。请分析造成这种现象的原因是什么,该如何解决?

3. 某学校原先服务器采用 10/100Mbps 网卡,运行一切正常。但是安装了一款 1000Mbps 网卡,用其连接至中心交换机的 1000Base-T 端口之后,服务器与网络的连接时断时续,连接很不稳定,无法提供正常的网络服务。使用网线测试仪测试网络,发现双绞线链路的连通性没有问题。请分析造成这种现象的原因是什么,该如何解决?

4. 巨龙纺织公司要组建局域网以便于管理,现申请的网络地址为 192.168.125.0,网络带宽为 100Mbps,要求每台主机获得 100Mbps 的带宽,请根据所学知识帮助公司完成以下任务清单。

① 网络传输介质用_____类的双绞线。

② 采用 100Mbps 交换机还是 100Mbps 集线器来连接各主机,理由是什么?

四、综合题

写出以下网间连接设备在网络互联模型的工作层数,并简要分析其主要工作原理及作用。(中继器、网桥、路由器、交换机、集线器)

拓展阅读

网络互联的相关技术知识

1. 网络互联的类型

互联网络是指将分布在不同地理位置的网络、设备连接起来,以构成更大规模的网络,最大程度地实现网络资源共享。网络互联的类型主要有局域网—局域网互联、局域网—广域网互联、局域网—广域网—局域网互联、广域网—广域网互联。

(1) 局域网—局域网互联:在实际的网络应用中,局域网—局域网之间的互联是最常见的一种。局域网的种类较多(如令牌环网、以太网等),使用的软件也较多,因此局域网的互联较为复杂,但可大致分为如下两类。

同型局域网互联:符合相同协议的局域网之间的互联,例如,两个以太网之间的互联,或者两个令牌环网之间的互联。这种互联比较简单,使用网桥就可将它们连接起来。

异型局域网互联:使用不同协议的局域网之间的互联,例如一个以太网和一个令牌环网之间的互联,或者一个以太网与一个 ATM 网络之间的互联。异型网络之间的互联也可通过网桥来连接,但网桥必须支持互联的网络所使用的协议。

(2) 局域网—广域网互联:常见的一种网络互联方式,它们之间的互联可以通过路由器或网关来实现。目前不少企事业都已建好了内部局域网,但随着互联网时代的到来,仅搭建局域网已经不能满足众多企业的需要,有更多的用户需要在 Internet 上发布信息或进行信息检索,将企业内部局域网接入 Internet 已经成为众多企业的迫切要求。将局域网接入Internet 有很多种方法,如采用 ISDN(或普通电话拨号)＋代理服务器(Proxy Service)软件Wingate 或网关服务器软件 Sygate、DDN 专线及 ATM 等。

(3) 局域网—广域网—局域网互联:将两个分布在不同地理位置的局域网通过广域网实现互联,这也是常见的网络互联类型之一。局域网—广域网—局域网互联也可以通过路由器或者网关来实现。局域网—广域网—局域网互联模式正在改变传统的接入模式,即主机通过广域网的通信子网的传统接入模式,而大量的主机通过组建局域网的方式接入广域网将是今后接入广域网的重要方法。

(4) 广域网—广域网互联:目前常见的一种网络互联的方式,如帧中继与 X.25 网、DDN 均为广域网,它们之间的互联属于广域网的互联。同样,广域网—广域网互联可以通过路由器或者网关来实现。广域网是通过专用的或交换式的连接将地域分布广泛的计算机或局域网互联的网络。通常广域网的互联比以上的互联要容易,这是因为广域网的协议层次常处于 OSI 七层模式的低层,不涉及高层协议。

2. 网络互联的层次

根据 OSI 参考模型的层次划分,网络协议分别属于不同的层次。因此,网络互联也存在着互联层次的问题。网络互联从通信协议的角度来看可以分成四个层次,如图 5-25 所示。根据网络层次的结构模型,网络互联层次可以分为数据链路层互联、网络层互联和高层互联。

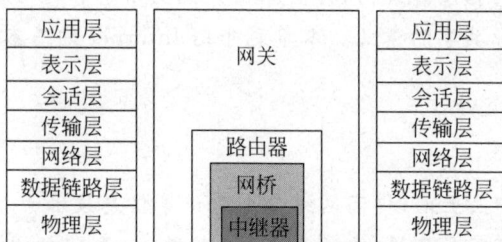

图 5-25 网络互联的四个层次

单元 6

Internet 基础

📖 **导读**

　　Internet 是当今世界上规模最大、覆盖范围最广的计算机互联网,已延伸到 170 多个国家和地区,Internet 的用户遍布全球,拥有数亿用户,并且用户数量还在以等比级数上升。它也是全球内容最丰富的信息资源网,为全球用户提供信息和通信服务,人们从 Internet 的应用中真正体会到了资源共享的意义。本单元介绍 Internet 的基本知识、相关技术和应用。

学习目标

◇ **素养目标**

(1) 培养学生文明守法上网,提高网络安全意识等信息技术素养。

(2) 引导学生做具有高尚品格、丰富知识、创新思维、奉献祖国的社会主义事业的建设者与接班人。

◇ **知识目标**

(1) 了解 Internet 的特点、组成和主要功能。

(2) 掌握 IP 地址的含义、分类、子网掩码的作用。

(3) 掌握 Internet 的域名服务及接入方式。

◇ **能力目标**

(1) 提高学生使用 Internet 相关技术、服务与应用的能力。

(2) 培养学生运用 Internet 综合信息的能力和解决实际问题的能力。

知识梳理

6.1 Internet 概述

6.1.1 Internet 的定义

　　Internet 是一个将世界上各个国家和地区成千上万的相同和不同类型的网络使用公用语言互联在一起而形成的一个全球性大型网络系统。它不是一个具有独立形态的网络,而是由计算机网络汇合成的一个网络集合体,它是当今世界上最大的国际性资源网络。

　　一旦连接到 Internet 的任何一个节点上,就意味着计算机已经联入 Internet。在 Internet 上,使用者的地位是平等的。Internet 用户不仅是信息资源的使用者,还可以是信息资源的提供者。今天的 Internet 已远远超过了计算机网络的含义，Internet 是具有下列特性的全球信息网。

（1）基于全球唯一的地址空间（这个地址空间最初是由 IPv4 协议定义的）逻辑地连接在一起。

（2）能够支持使用 TCP/IP（或其后继者及其他与 IP 兼容的协议）来通信。

（3）TCP/IP 是实现互联网连接性和互操作性的关键。

（4）提供、利用或形成在（1）～（3）中所述通信与相关基础设施之上的高层服务。

（5）Internet 是一个网络用户的集团，网络使用者在使用网络资源的同时，也为网络的发展壮大贡献自身的力量。

（6）Internet 是所有可被访问和利用的信息资源的集合。

6.1.2　Internet 的发展与现状

1. ARPANET 的诞生

Internet 起源于国防部高级研究计划局于 1968 年主持研制的用于支持军事研究的实验网 ARPANET。ARPANET 是世界上第一个采用分组交换的网络，在这种通信方式下，把数据分割成若干大小相等的数据包来传送，不仅有一条通信线路可供用户使用，而且在某条线路遭到破坏时，只要还有迂回线路可供使用，便可正常进行通信。此外，主网没有设立控制中心，网上各台都遵循统一的协议自主地工作。在 ARPANET 的研制过程中，建立了一种网络通信协议，称为 IP 协议。IP 协议的产生，使异种网络互联的一系列理论与技术问题得到了解决，并由此产生了网络共享、分散控制和网络通信协议分层等重要思想。ARPANET 的一系列研究成果标志着一个崭新的网络时代的开端，并奠定了当今的网络理论基础。

与此同时，其他广域网的产生对 Internet 的发展也起到了重要的推动作用。随着网络 TCP/IP 的标准化，ARPANET 的规模不断扩大，不仅在国内有许多网络和 ARPANET 相连，而且在世界范围内，很多国家也开始将本地的计算机和网络接入 ARPANET。20 世纪 80 年代中期，随着联入 ARPANET 上的主机不断增多，ARPANET 成为 Internet 的主干网，TCP/IP 也最终成为计算机网络互联的核心技术。

2. NSFNET 的建立

1985 年美国国家科学基金会（National Science Foundation，NSF）为鼓励大学与研究机构共享他们非常昂贵的 4 台计算机，希望通过计算机网络把各大学与研究机构的计算机与这些巨型计算机连接起来，于是利用 ARPANET 发展起来的 TCP/IP 将全国的五大超级计算机中心用通信线路连接起来，建立了一个名为美国国家科学基金会网（NSFNET）广域网。由于美国国家科学资金的鼓励和资助，许多机构纷纷把自己的局域网并入 NSFNET。NSFNET 最初以 56Kb/s 的速率通过电话线进行通信，连接的范围包括所有的大学及国家经费资助的研究机构。1986 年 NSFNET 建设完成，正式取代了 ARPANET 而成为 Internet 的主干网。NSFNET 已是 Internet 主要的远程通信设施的提供者，主通信干道以 45Mb/s 的速率传输信息。

3. 全球范围 Internet 的形成与发展

除了 ARPANET 和 NSFNET 外，国家航空航天局（National Aeronautics and Space

Administration，NASA)和美国能源部的 NSINET、ESNET(美国能源科学网)也相继建成，欧洲、日本等也积极发展本地网络，于是在此基础上互联形成了现在的 Internet。在 20 世纪 90 年代以前，Internet 由政府资助，主要供大学和研究机构使用，但 20 世纪 90 年代以后，该网络商业用户数量日益增加，并逐渐从研究教育网络向商业网络过渡。近几年来，Internet 规模迅速发展，已经覆盖了包括我国在内的 160 多个国家，连接的网络数万个，主机达数千万台，终端用户数亿，并且以每年 15%～20%的速度增长。目前，Internet 已经渗透到了社会生活的各个方面，人们通过 Internet 可以了解最新的新闻动态、旅游信息、气象信息和金融股票行情，可以在家进行网上购物、预订火车票和飞机票、发送和阅读电子邮件、到各类网络中搜索和查寻所需的资料等。

4. 我国 Internet 的发展状况

Internet 在我国的发展经历了两个阶段：第一阶段是 1987—1993 年，这一阶段实际上只是少数高等院校和研究机构提供 Internet 的电子邮件服务，还谈不上真正的 Internet；第二阶段从 1994 年开始，CNNIC 成立，负责中国地区 Internet 的运行管理和域名注册。我国通过 TCP/IP 连接 Internet，并设立了中国最高域名(CN)服务器。这时，我国才算是真正加入了国际 Internet 行列。中国的用户开始日益熟悉并使用 Internet。

目前我国已建立了 9 个 Internet 主干网，分别是中国科技网(CSTNET)、CHINANET、中国教育和科研计算机网(CERNET)、中国国际贸易互联网(CIETNET)、中国联通互联网(UNINET)、中国网通公用互联网(CNCNET)、中国移动互联网(CMNET)、中国长城互联网(CGWNET)和中国卫星集团互联网(CSNET)。

根据 CNNIC 在 2024 年 3 月公布的资料显示，截至 2023 年 12 月，我国网民规模达 10.92 亿人，IPv6 地址数量为 68042 块/32，国家顶级域名.CN 数量为 2013 万个，互联网宽带接入端口数量达 11.36 亿个。可以说，Internet 的普及应用是人类社会由工业社会向信息社会发展的重要标志。

6.1.3　Internet 的体系结构

从 Internet 的定义可知，无论是个人计算机还是专业的网络服务器，无论是局域网还是广域网，不管在世界的什么位置，只要共同遵循 TCP/IP，即可接入 Internet，它是一个开放的互联网络。实际上，在 Internet 上各个网络的互联采用的不是网状拓扑结构，而是利用自治系统，采用树状互联。

所谓自治系统，是指若干个网络通过内部网关互联形成一个区域性网络，其内部管理由独立的管理机构进行控制，这一区域性网络称为一个自治系统。自治系统再通过一个网关联入主干网络。自治系统概念的引入，使 Internet 的扩展变得简单易行，而且可以使 Internet 扩展到任意规模。为了管理自治系统，Internet 为每个自治系统分配一个自治系统号，用以标识不同的自治系统，如图 6-1 所示。

采用自治系统概念后，Internet 体系结构可以概括为一种分层网络互联群体的结构。一般 Internet 是由三层网络构成的：底层网、中间层网、主干网。底层网处于 Internet 的最下层，为科研院所、大学校园网或企业网。中间层网为地区网络和商用网络，最高层为主干网，是 Internet 的最高层，是 Internet 的基础和支柱网层。一般由国家或大型公司投资组建，比如，美国的 Internet 主干网是由 NSFNET、美国军用网(Milnet)、国家宇航局网(NSI)

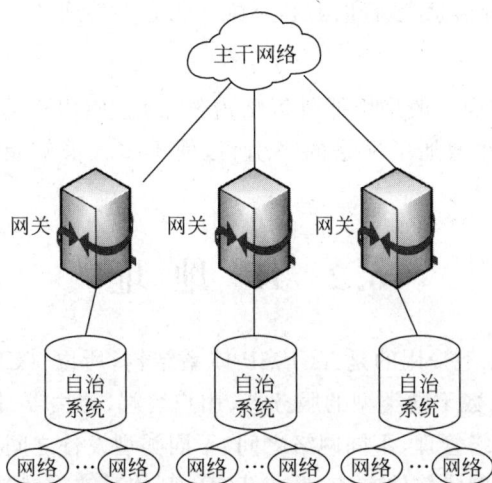

图 6-1　Internet 的系统结构

及 ESNET 等提供的多个网络互联构成。中国的 Internet 主干网由中国公用计算机互联网（CHINANET）、中国教育与科研网（CERNET）、中国科学技术网（CSTNET）、中国全桥信息网（CHINAGBN）等构成。

6.1.4　Internet 的特点

Internet 作为全球性的信息系统，具有以下主要特点。

1. 开放性

Internet 是一个开放的系统，是全球范围内的计算机互联网络，连接了世界各地的计算机和用户。它打破了传统信息传播的地域限制，只要遵循规定的网络协议，允许任何人随时随地加入。这种开放性使得 Internet 成为一个巨大的信息海洋，极大地促进了全球范围内的信息交流和资源共享。

2. 平等性

在 Internet 上人与人都是平等的，Internet 上的用户是不分等级的，每个用户都可以通过网络在任何地点以公开的或匿名的方式发表自己的观点和看法，都可以和其他用户进行通信，不受身份阶层的限制。这种平等性促进了言论自由和民主参与。

3. 共享性

Internet 是世界范围的信息和服务资源宝库。Internet 上汇聚了来自世界各地的海量信息资源，包括文本、图片、音频、视频等多种形式。这些资源通过用户的共享和发布，不断得到丰富和更新，形成了一个庞大的知识库。网络用户不仅可以在 Internet 上随意调阅别人的网页或"拜访"电子广告牌，寻找自己需要的信息和资料，还可以实现全球范围的电子邮件服务、WWW 信息查询和浏览、文件传输服务、语音和视频通信服务等功能。这种共享性鼓励了知识和信息的广泛传播，促进了全球范围内的学术交流和知识共享。

4. 交互性

Internet 提供了多种交互方式，如网页浏览、即时通信、电子邮件等。这些交互方式使用户之间可以实时地进行信息交流和沟通,增强了信息的传递效率和互动性。

5. 低廉性

Internet 的服务供应商一般采用低价策略占领市场,使用户支付的通信费和网络使用费大为降低。这种低廉性增加了网络的吸引力,使更多人能够负担得起使用 Internet 的费用。

6.2 IP 地 址

覆盖全球的 Internet 上采用的是 TCP/IP 体系结构,所以 TCP/IP 体系结构就显得非常重要。Internet 是由无数不同类型的服务器、用户终端、路由器、网关、通信线路的连接组成,要实现如此庞大的网络管理,不同网络之间、不同类型设备之间要完成信息的交换、资源的共享,需要功能强大的网络软件支持,目前 TCP/IP 体系结构就是能完成互联网这些功能的协议集合,如图 6-2 所示。其中 TCP/IP 成功地解决了不同网络硬件设备、不同厂商产品和不同操作系统之间的兼容性问题,成为 Internet 的核心协议。IP 协议是 TCP/IP 参考模型的网络层协议,主要任务是将相互独立的多个网络互联起来,并提供用以标识网络及主机节点地址的功能,即 IP 地址。当一个企业或组织要建立 Internet 站点时,都需要从 Internet 的有关管理机构获得一组该站点计算机与路由器的 IP 地址。而每台连接到 Internet 上的计算机、路由器都必须有一个在 Internet 上唯一的 IP 地址,这是 Internet 赖以工作的基础。

应用层	Telnet	FTP	SMTP	HTTP	DNS	OTHERS
运输层	TCP			UDP		
网络层			ICMP		IGMP	
	IP				ARP	RARP
网络接口	物理接口					

图 6-2 TCP/IP 体系结构中各层协议与层次的对应关系

6.2.1 IP 地址的概念与分类

1. IP 地址的概念

在计算机网络中要唯一标识一台机器,主要是通过地址。计算机网络中的地址主要是主机的物理地址和 IP 地址两类。

(1) 物理地址:是编入每个物理硬件设备 ROM 的标识。一个主机的物理地址一般是指网卡(NIC)地址,又称 MAC 地址或硬件地址,网络上需要通信的设备都有唯一的物理地址,物理地址是由生产厂家通过编码烧制在网卡的硬件电路上,是恒定不变的。

(2) IP 地址是指互联网协议地址,又称网际协议地址。IP 地址是一种统一的地址格式,它为互联网上的每一个网络和每一台主机分配一个逻辑地址,以此来屏蔽物理地址的差异。IP 地址标识网络中一个系统的位置,就像邮寄信件时的收信人地址和发信人地址一样。

2. IP 地址的组成

IP 地址分为 IPv4 和 IPv6,通常所说的 IP 地址是指 IPv4 的地址。IPv4 地址是由 32 位二进制比特组成,包含两部分:网络号和主机号。其中网络号标识一个物理网络,同一个网络上所有主机网络号相同,该号在互联网中是唯一的。而主机号则用以确定网络中的一个工作端、服务器、路由器及其他主机。对于同一个网络号来说,主机号是唯一的。每个主机由一个逻辑 IP 地址确定,路由器寻址时,首先根据地址的网络号到达网络,然后根据主机号到达主机。IP 地址格式:IP 地址＝网络地址＋主机地址,如图 6-3 所示。

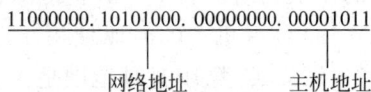

11000000.10101000.00000000.00001011

网络地址　　　　　主机地址

图 6-3　IP 地址组成

3. IP 地址表示形式

按照 TCP/IP 规定,IP 地址用二进制来表示,每个 IP 地址长 32 b(比特),即 4B(字节)。一个采用二进制形式的 IP 地址是一串很长的数字,为了方便人们使用,IP 地址经常被写成十进制的形式,中间使用符号".”分开不同的字节,IP 地址的这种表示法称为点分十进制表示法,这种形式显然比二进制形式容易记忆,如表 6-1 所示。

表 6-1　32 位二进制数与等价的点分十进制表示法

32 位二进制	等价的点分十进制
11000000.00110100.00001001.00000000	192.52.9.0
10000001.00000110.00111010.00001101	126.6.58.13
00001010.00000011.00000000.00100000	10.3.0.32
10000001.00001010.00000011.00000010	129.10.3.2
10000000.10000000.11111111.00000000	128.128.255.0

4. IP 地址的分类

1)地址分类

IP 地址分为五类,即 A 类到 E 类,如图 6-4 所示。生活中常用的类型的 IP 地址分为 A 类、B 类和 C 类。D 类为组播地址,E 类仅供 Internet 实验和开发,在此不作赘述。

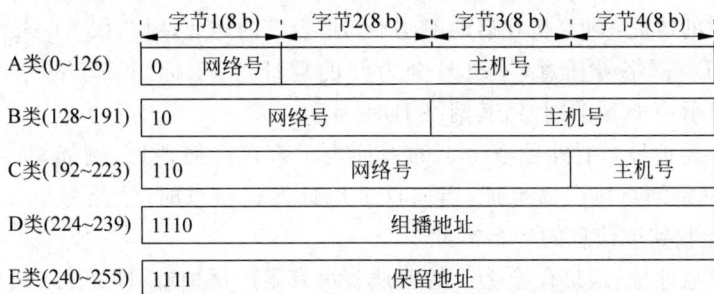

字节1(8 b)　字节2(8 b)　字节3(8 b)　字节4(8 b)

A类(0~126)　　0　网络号　　　　　主机号

B类(128~191)　10　网络号　　　　主机号

C类(192~223)　110　网络号　　主机号

D类(224~239)　1110　组播地址

E类(240~255)　1111　保留地址

图 6-4　IP 地址的分类

(1)A 类 IP 地址:网络号以 0 开头,占 1 个字节长度,后 3 个字节代表主机号,用于大型网络。A 类地址网络号的二进制取值范围为 00000000～01111111,对应的十进制数值范围为 0～127,因为 00000000 和 01111111 地址有特殊用途,所以 A 类地址网络号的范围是 1～126,即总共允许有 126(2^7-2)个网络。真正可分配给用户的 A 类地址的范围是

1.0.0.1～126.255.255.254,可容纳主机 16777214($2^{24}-2$)台。

（2）B 类 IP 地址：网络号以 10 开头,占 2 个字节长度,允许有 16382($2^{14}-2$)个不同的 B 类网络。后 2 个字节代表主机号,每个 B 类网络可以包含 65534($2^{16}-2$)台主机。B 类地址用于中型网络。可分配给用户的 B 类地址范围为 128.0.0.1～191.255.255.254。

（3）C 类 IP 地址：网络号以 110 开头,占 3 个字节长度,允许有 2097150($2^{21}-2$)个不同的 C 类网络。后 1 个字节代表主机号,主机地址为 8 位,因此每个 C 类网络可以包含 254($2^{8}-2$)台主机。C 类地址用于小型网络。其网络号第一个字节的十进制取值范围为 192～223。C 类 IP 地址范围是 192.0.0.0～223.255.255.255。

（4）D 类 IP 地址：以 1110 开头,用于组播地址,不用于标识网络,组播能将一个数据报的多个拷贝发送到一组选定的主机,类似于广播,但其选定的主机是广播范围的子集。D 类地址第一个字节的十进制取值范围为 224～239。

（5）E 类 IP 地址：是保留地址,以备将来使用,其第一个字节的十进制取值范围为 240～255。

2）特殊地址

IP 定义了一套特殊的地址格式,称为保留地址,这些保留地址不分配给任何主机。特殊的 IP 地址有本机地址、网络地址、广播地址、回送地址和保留的内部地址等,如表 6-2 所示。

表 6-2　特殊的 IP 地址

网络号	主机号	地址类型	举　例	用　途
全 0	全 0	本机地址	0.0.0.0	启动时使用
任意	全 0	网络地址	60.0.0.0	标识一个网络
任意	全 1	直接广播地址	129.21.255.255	在特定网上广播
全 1	全 1	有限广播地址	255.255.255.255	在本网段上广播
第一段为 127	任意	回送地址	127.0.0.1	测试
A 类私有地址		10.0.0.1～10.255.255.254		保留的内部地址
B 类私有地址		172.16.0.1～172.31.255.254		保留的内部地址
C 类私有地址		192.168.0.1～192.168.255.254		保留的内部地址

（1）启动时的地址：计算机在启动前还不知道自己的地址,用 0.0.0.0 来表示本机地址。

（2）网络 ID：网络号任意,主机号全为 0 的地址,用于标识一个网络,即网络 ID,如 129.203.0.0 表示一个 B 类网络,其网络 ID 是 129.203。

（3）直接广播地址：主机号全为 1 的地址表示直接广播地址,例如,129.203.255.255 表示一个 B 类网络的直接广播地址,当向这个地址发送信息时,网络号为 129.203 的网络内所有主机都能收到该信息的一个拷贝。

（4）有限广播地址：地址位全为 1 的地址表示有限广播地址,即 255.255.255.255,用于本地物理网络的广播。有限广播不需要知道网络号。

（5）回送地址：第一个字节的十进制取值 127 的地址是一个保留地址,用于网络软件测试及本地机进程间通信,称为回送地址。使用回送地址发送数据,不进行任何网络传输。

（6）私有（内部）地址：这部分地址留给用户组建自己的局域网或内部网时使用。

IP 地址中的网络地址由 Internet NIC 统一分配,它负责分配最高级的 IP 地址,并授权给下一级的申请者成为 Internet 网点的网络管理中心。每个网点组成一个自治系统（即自治域系统)。主机地址则由申请的组织自己来分配和管理,自治系统负责自己内部网络的拓扑结构、地址建立及刷新等。这种分层管理的方法能够有效地防止 IP 地址的冲突。

5. IPv6 介绍

IP 协议是 TCP/IP 协议族中的网络层协议,主要工作是借助路由表处理 IP 数据报在网络中的传输。目前 Internet 广泛应用的 IP 协议的版本号为 4,故称为 IPv4。在因特网发展初期,IPv4 以其协议简单、易于实现、互操作性好的优势而得到快速发展。但随着网络的迅猛发展,地址短缺问题显现,因特网工程任务组(IETF)曾提出过 IPv6、IPv7、IPv8、IPv9等四个草案,并希望其中的一种协议能够代替 IPv4。经过充分的讨论,IETF 最终选择 IPv6并代替 IPv4,而 IPv7、IPv8、IPv9 从此销声匿迹。

IPv6 是网络层协议的第二代标准协议(IP Next Generation,IPng),它所在的网络层提供了无连接的数据传输服务。它解决了目前 IPv4 存在的许多不足之处,IPv6 和 IPv4 之间最显著的区别就是 IP 地址长度从原来的 32 位升级为 128 位。IPv6 以其简化的报文头格式、充足的地址空间、层次化的地址结构、灵活的扩展头、增强的邻居发现机制,将在未来的市场竞争中充满活力。

2012 年 6 月 6 日,Internet 网络协会举行了世界 IPv6 启动纪念日,这一天,全球 IPv6网络正式启动。多家知名网站,如 Google、Facebook 等,于当天全球标准时间 0 点(北京时间 8 点整)开始永久性支持 IPv6 访问。

IPv6 地址由网络前缀和接口标识两个部分组成。网络前缀有 n 位,相当于 IPv4 地址中的网络 ID; 接口标识有 $(128-n)$b,相当于 IPv4 地址中的主机 ID。网络前缀相当于 IPv4中的网络位,用来标识和区分不同的网络范围,接口标识就还是在这个网络范围内去区分不同的主机。

IPv6 地址为 128 位的二进制数,表达上被分为 8 段,每段 16 位,段之间用冒号":"隔开,一般采用十六进制数的表达方式,就是每段有 4 个十六进制数值,共 32 个十六进制数,如 2001:0db8:85a3:08d3:1319:8a2e:0370:7344 就是一个合法的 IPv6 地址。

6.2.2　子网和子网掩码

在早期网络设计阶段,网络设计采用了基本的网络拓扑和地址分配方式。在这个时期,IPv4 地址分配采用了类别地址方案,将 IP 地址划分为 A 类、B 类、C 类、D 类和 E 类,这限制了网络的灵活性,导致了地址浪费和不均匀的资源分配。这样不仅会降低因特网地址的利用率,还会给网络寻址和管理带来很大的困难,所以在实际应用中,通过在网络中引入子网技术解决这个问题。

1. 子网的概念

为了提高 IP 地址的使用效率,将 IP 网络内部划分多个相互独立的网段,形成更小的网络,对外像任何一个单独网络一样工作,这些小网络称为子网。在网络外部子网是不可见的。

2. 子网编址

子网技术是在标准的 IP 地址分类上对 IP 编址进行相应改进,将主机号进一步划分为子网号和主机号两部分,这样既可以节约网络号,又可以充分利用主机号部分巨大的编址能力。

子网编址采用借位的方式,从主机最高位开始借位变为新的子网位,剩余部分仍为主机位,这使原来的 IP 地址变成由 3 部分构成:网络号＋子网号＋主机号,如图 6-5 所示。

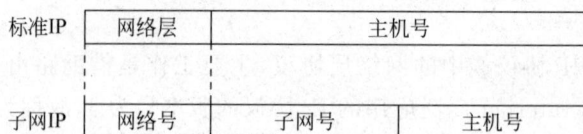

图 6-5　子网编址

引入子网模式后,网络号部分加上子网号才能全局唯一地标识一个物理网络。分割子网的目的是让每个子网拥有独一无二的子网地址,以此识别子网。如一个单位申请到了一个 B 类地址:10101010.01011111.11000000.00000000(170.95.192.0),按照原 IP 模式,前 16 位是网络地址,后 16 位则是主机地址。若要分割子网,则须借用主机地址前面的几位作为子网地址。假设借用主机地址前 2 位作为子网地址,如图 6-6 所示。

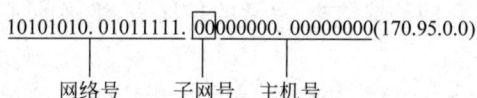

图 6-6　子网示意图 1

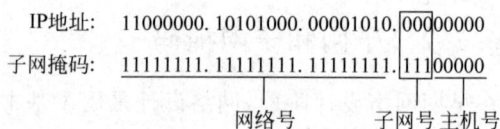

子网地址和原网络地址合起来共 18 位,可视为新网络地址,用来识别子网。原 16 位地址不能改动,但子网地址却可以自行分配。如上例,子网地址使用了 2 位,则产生了 $2^2 = 4$ 个子网,如图 6-7 所示。

在图 6-8 所示的实例中,子网号 00 全 0 称为网络回环地址,表示本网络,子网号 11 全 1 称为广播地址,专用十主机进行数据广播。实际子网分配中这两个地址是不得被主机占用或分配的,只有 01 和 10 两个子网在实际中是可以分配使用的。

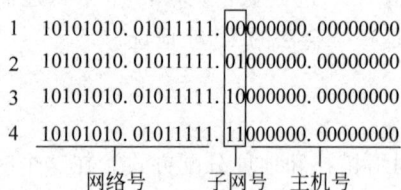

图 6-7　子网示意图 2　　　　图 6-8　子网示意图 3

子网编址使得 IP 地址具有一定的内部层次结构,这种层次结构便于 IP 地址分配和管理。它的使用关键在于选择合适的层次结构,使得网络地址既能适应各种现实的物理网络规模,又能充分地利用 IP 地址空间(即从何处分隔子网络号和主机号来决定)。

3. 子网掩码

1) 子网掩码的概念

子网掩码(Subnet Mask)又称网络掩码,是一个应用于 TCP/IP 网络的 32 位二进制值,用于屏蔽 IP 地址的一部分以区别网络标识和主机标识,并说明该 IP 地址是在局域网上,还是在远程网上。

2）子网掩码的表示方法

（1）点分十进制表示法。

二进制转换十进制，每 8 位用点号隔开。例如，子网掩码二进制 11111111.11111111.11111111.00000000，表示为 255.255.255.0。

（2）无类别域间路由选择 CIDR 斜线记法。

CIDR 斜线记法的形式为 IP 地址/n。

例 1：192.168.1.100/24，其子网掩码表示为 255.255.255.0，二进制表示为 11111111.11111111.11111111.00000000。

例 2：172.16.198.12/20，其子网掩码表示为 255.255.240.0，二进制表示为 11111111.11111111.11110000.00000000。

可以发现，例 1 中共有 24 个 1，例 2 中共有 20 个 1，所以 n 的含义就是 IP 地址中 1 的个数。运营商常用这样的方法给客户分配 IP 地址。

注：n 为 1 到 32 的数字，表示子网掩码中网络号的长度。通过 n 的个数确定子网的主机数为 $2^{(32-n)}-2$。-2 表示主机位全为 0 时本网络的网络地址，主机位全为 1 时本网络的广播地址，这是两类特殊的地址。

3）子网掩码的功能

子网掩码的主要作用有两个，一是用于屏蔽 IP 地址的一部分以区别网络标识和主机标识，并说明该 IP 地址是在局域网上，还是在远程网上。二是用于将一个大的 IP 网络划分为若干小的子网络。

4）子网掩码的分类

子网掩码一共分为两类。一类是默认（默认）子网掩码，一类是自定义子网掩码。

（1）默认（默认）子网掩码：即未划分子网，对应的网络号的位都置 1，主机号都置 0。

A 类网络默认子网掩码：11111111.00000000.00000000.00000000，十进制数表示为 255.0.0.0。

B 类网络默认子网掩码：11111111.11111111.00000000.00000000，十进制数表示为 255.255.0.0。

C 类网络默认子网掩码：11111111.11111111.11111111.00000000，十进制数表示为 255.255.255.0。

（2）自定义子网掩码：将一个网络划分为几个子网，需要每一段使用不同的网络号或子网号，IP 地址在划分子网后，以前的主机号位置的一部分给了子网号，余下的是子网主机号。子网掩码是 32 位二进制数，它的子网主机标识部分全为 0。利用子网掩码可以判断两台主机是否在同一子网中。

5）子网规划及确定子网掩码

子网规划和 IP 地址分配在网络规划中占有重要的地位，在选择子网号和主机号时应考虑使子网号部分能够分成足够的子网，而主机号部分能够容纳足够的主机。子网规划一般有两种情况：一是给定一个网络，从整网络地址可知，需要将其划分为若干个小的子网。二是全新网络，自由设计，需要自己指定整网络地址，后者多了一个根据主机数目确定主网络地址的过程。第二种情况遇到较少，这里通过对一个实例的分析来讨论第一种情况下子网是如何规划和划分的。

例3：某学校新建4个机房，每个房间有25台机器，给定一个网络地址空间：192.168.10.0，要求分为4个子网。

分析：192.168.10.0是一个C类的地址，默认子网掩码为：255.255.255.0，要划分为4个子网必然要向最后的8位主机号借位。4个机房，每个房间有25台机器，那就是需要4个子网，每个子网下面最少25台主机。

注：在做网络规划时要考虑扩展性，对于这个例题，一般机房能容纳机器数量是固定的，建设好之后向机房增加机器的情况较少，增加新机房（新子网）情况较多。

接下来根据子网内最大主机数确定借几位，使用公式 $2^n-2 \geqslant$ 主机数。

在本例题中，主机数是25，即 $2^n-2 \geqslant 25$。

提示：因为IP地址中主机号全为0和全为1的两种情况被作为特殊的IP地址，所以当一个网段的IP地址中有 n 位主机号时，该网段所能容纳的最大的主机数量是 2^n-2。

所以主机位数 n 为5，相对应的子网需要借3位，如图6-8所示。

确定了子网部分，前面的网络部分不变，根据子网借位可以得出子网地址，如图6-9所示。

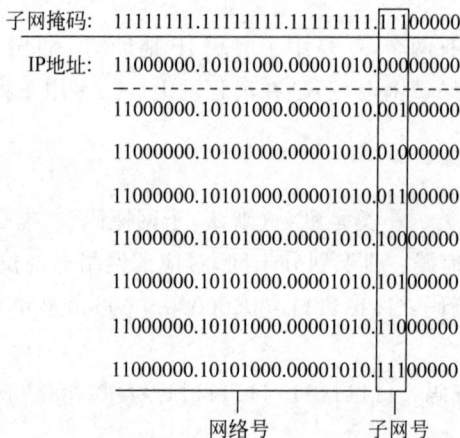

```
子网掩码:  11111111.11111111.11111111.11000000

IP地址:    11000000.10101000.00001010.00000000
          -------------------------------------
          11000000.10101000.00001010.00100000

          11000000.10101000.00001010.01000000

          11000000.10101000.00001010.01100000

          11000000.10101000.00001010.10000000

          11000000.10101000.00001010.10100000

          11000000.10101000.00001010.11000000

          11000000.10101000.00001010.11100000

              网络号              子网号
```

图6-9 子网示意图4

得到6个可用的子网地址，全部转换为点分十进制表示，转换表达式如下

$$11000000.10101000.00001010.00100000 = 192.168.10.32$$
$$11000000.10101000.00001010.01000000 = 192.168.10.64$$
$$11000000.10101000.00001010.01100000 = 192.168.10.96$$
$$11000000.10101000.00001010.10000000 = 192.168.10.128$$
$$11000000.10101000.00001010.10100000 = 192.168.10.160$$
$$11000000.10101000.00001010.11000000 = 192.168.10.192$$

子网掩码：$11111111.11111111.11111111.11100000 = 255.255.255.224$。

这就得出了所有子网的网络地址，接下来要求每个子网的主机地址范围。

注意在一个网络中主机地址全为0的IP是网络地址，全为1的IP是网络广播地址，这两类地址不能分配给单一主机。所以子网地址和子网主机地址如下。

子网 1：192.168.10.32。

主机 IP：192.168.10.33～192.168.10.62。

子网 2：192.168.10.64。

主机 IP：192.168.10.65～192.168.10.94。

子网 3：192.168.10.96。

主机 IP：192.168.10.97～192.168.10.126。

子网 4：192.168.10.128。

主机 IP：192.168.10.129～192.168.10.158。

子网 5：192.168.10.160。

主机 IP：192.168.10.161～192.168.10.190。

子网 6：192.168.10.192。

主机 IP：192.168.10.193～192.168.10.222。

这几个网络的子网掩码都是 255.255.255.224。在这个例题里只要取出前面的 4 个子网就可以完成题目了。

通过以上例题，划分子网主要从以下方面考虑，一是网络中物理段的数量（即要划分的子网数量）；二是每个物理段的主机的数量。

(1) 具体划分子网的步骤总结如下。

第 1 步：确定需要的子网数量 N。一般来说，交换机互连的设备是同一网段，路由器不同的接口连接的设备是不同网段。

第 2 步：根据子网数量 N 以及公式，计算出子网标识的位数 n。

第 3 步：将申请到的网段对应的子网掩码中主机标识的前 n 位置 1，变成子网标识，其余位置仍维持 0 不变。

第 4 步：根据主机标识全为 0 表示网络地址的原则写出各子网的子网标识和网络地址。

(2) 确定子网掩码的步骤。

第 1 步：确定物理网段的数量，并将其转换为二进制数，并确定位数 n。

如需要 6 个子网，6 的二进制值为 110，共 3 位，即 $n=3$。

第 2 步：按照 IP 地址的类型写出其默认子网掩码。如 IP 地址类型为 C 类，则默认子网掩码为 11111111.11111111.11111111.00000000。

第 3 步：将子网掩码中与主机号的前 n 位对应的位置置 1，其余位置置 0。假设 $n=3$，则：若 IP 地址类型为 C 类地址，则得到子网掩码为 11111111.11111111.11111111.11100000，化为十进制得到 255.255.255.224；若 IP 地址类型为 B 类地址，则得到子网掩码为 11111111.11111111.11100000.00000000，化为十进制得到 255.255.224.0；若 IP 地址类型为 A 类地址，则得到子网掩码为 11111111.11100000.00000000.00000000，化为十进制得到 255.224.0.0。

注：由于网络被划分为 6 个子网，占用了主机号的前 3 位，若是 C 类地址，则只能用 5 位来表示主机号，因此每个子网内的主机数量为 $2^5-2=30$，6 个子网总共所能标识的主机数将小于 254。

6）需要注意的相关问题

（1）网络号与主机号的计算问题。

子网掩码的工作过程为：将 32 位的子网掩码与 IP 地址进行二进制的"与"（AND）运算，得到的便是网络地址。将子网掩码取反与 IP 地址进行二进制的"与"运算，得到的便是主机地址。

例如，有一个 C 类地址为 192.9.200.13，其默认的子网掩码为 255.255.255.0，则它的网络号和主机号可按如下方法得到。

① 将 IP 地址 192.9.200.13 转换为二进制，得到 11000000.00001001.11001000.00001101。

② 将子网掩码 255.255.255.0 转换为二进制，得到 11111111.11111111.11111111.00000000。

③ 将两个二进制数"与"运算后得到的结果为网络部分：11000000.00001001.11001000.00001101 AND 11111111.11111111.1111111.00000000＝11000000.00001001.11001000.00000000，结果为 192.9.200.0，即网络号为 192.9.200.0。

④ 将子网掩码取反再与 IP 地址"与"后得到的结果即为主机部分：11000000.00001001.11001000.00001101 AND 00000000.00000000.00000000.11111111＝00000000.00000000.00000000.00001101，结果为 0.0.0.13，即主机号为 13。

TCP/IP 协议利用子网掩码机制判断目标主机是位于本地网络还是远程网络，当两台计算机各自的 IP 地址与子网掩码进行"与"运算后，如果得出的结果是相同的，则说明这两台计算机是处于同一个子网络上的，可以直接进行通信，否则在路由器的管理控制下进行跨网转发。

（2）关于网络中子网数量的计算问题。

这个问题大家会常常提到，还是从子网掩码入手，主要有两个步骤：一是观察子网掩码的二进制形式，确定作为子网号的位数 n；二是子网数量为 $2^n - 2$。

比如，有一个子网掩码：255.255.255.224 其二进制为 11111111.11111111.11111111.11100000。可见 $n=3$，2 的 3 次方为 8，说明子网地址可能有如下 8 种情况：000、001、010、011、100、101、110、111。但其中代表网络自身的 000 和代表广播地址的 111 是被保留的，所以要减 2。

（3）关于如何计算总主机数量、子网内主机数量问题。

总主机数量＝子网数量×子网内主机数量

比如，子网掩码为 255.255.255.224，从（2）中知道它最多可以划分 6 个子网，占用了主机号的前 3 位，且是 C 类地址，则主机号只能用 5 位来表示主机号，因此子网内的主机数量为 $2^5 - 2 = 30$。

因此通过这个子网掩码可以算出这个网络最多可以标识 6×30＝180（个）主机。

（4）关于计算自定义子网 IP 地址范围问题。

通过一个自定义子网掩码，可以得到这个网络所有可能的 IP 地址范围，具体步骤如下。

第 1 步：写出二进制子网地址。

第 2 步：将子网地址化为十进制。

第 3 步：计算子网所能容纳的主机数。

第 4 步：得出 IP 地址范围（起始地址为子网地址＋1；终止地址为子网地址＋主机数）。

假设一个网络的子网掩码为 255.255.255.224，可知该网络最多可以划分 6 个子网，子网内主机数为30,那么所有可能的子网地址及实际 IP 地址范围如表 6-3 所示。

表 6-3 IP 地址子网划分

子网	子网地址(二进制)	子网地址	实际 IP 地址范围
1	11001010.01110000.00001010.00100000	202.112.10.32	202.112.10.33~202.112.10.62(30 个)
2	11001010.01110000.00001010.01000000	202.112.10.64	202.112.10.65~202.112.10.94(30 个)
3	11001010.01110000.00001010.01100000	202.112.10.96	202.112.10.97~202.112.10.126(30 个)
4	11001010.01110000.00001010.10000000	202.112.10.128	202.112.10.129~202.112.10.158(30 个)
5	11001010.01110000.00001010.10100000	202.112.10.160	202.112.10.161~202.112.10.190(30 个)
6	11001010.01110000.00001010.11000000	202.112.10.192	202.112.10.193~202.112.10.222(30 个)

6.3 域 名

IP 地址是由 32 位的二进制数字组成的。用户与因特网上某台主机通信时,显然不愿意使用很难记忆的长达 32 位的二进制主机地址,即使是点分十进制 IP 地址也并不太容易记忆。相反,大家愿意使用比较容易记忆的主机名字,于是人们发明了域名(Domain Name),域名可将一个 IP 地址关联到一组有意义的字符上,向用户提供一种直观明了的主机识别方式。Internet 上的网络地址有两种表示形式:IP 地址和域名。用户访问一个网站的时候,既可以输入该网站的 IP 地址,也可以输入其域名,这就是本节所讨论的 DNS。

6.3.1 DNS 概述

由于因特网规模很大,因此整个因特网只使用一个域名服务器是不可行的。早在1983 年因特网开始采用层次树状结构的命名方法,并使用分布式的 DNS。任何一个连接在因特网上的主机或路由器,都有一个唯一的层次结构的名字,即域名。DNS 采用客户服务器方式。DNS 使大多数名字都在本地解析(Resolve),仅有少量解析需要在因特网上通信,因此 DNS 的效率很高。由于 DNS 是分布式系统,即使单个计算机除了故障,也不会妨碍整个 DNS 的正常运行。

DNS 命名机制是层次型命名机制,即在主机命名时加入了层次型的结构,名字的层次对应于层次名字空间(Hierarchy Namespace)。这是一个规则的树状拓扑的名字空间。每个节点都有一个独立的节点名字;兄弟节点(同一父节点的各个子节点)不允许重名,而非兄弟节点可以重名,叶节点通常用来代表主机。Internet 的域名结构如图 6-10 所示。

DNS 将整个网络的名字空间分成若干域。一个结点的域由该节点以及该节点以下的名字空间组成。域是树状域名空间的一棵子树。每个域都有一个域名,域可以进一步划分为子域。

6.3.2 域名结构

1. 主机域名一般格式

通常 Internet 主机域名的一般格式:主机名.单位名.类型.国家代码。

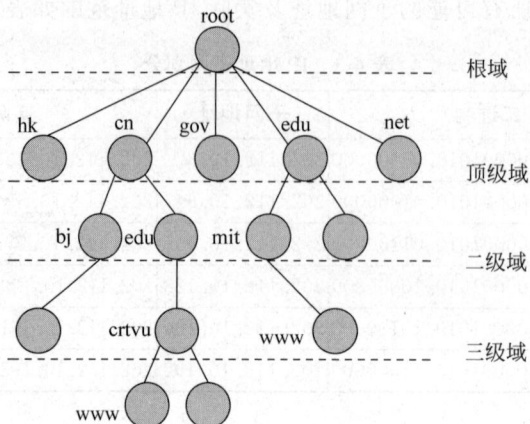

图 6-10   Internet 域名结构

DNS 中不区分域名中的大小写。例如,域名 www. pku. edu. cn,表示主机名为 www,单位为北京大学,类型为教育,国家为中国。

2. 顶级域名

为了保证 DNS 在全球的统一性,Internet 规定了一组正式的通用标准标号作为顶级域名,即第一级域名,如表 6-4 所示。顶级域名有两种模式:组织模式和地域模式。前 14 个域属于组织模式,最后一个属于地域模式。组织模式按管理组织的层次结构来划分域名,产生的域名就是组织性域名。地域模式按国家地理区域来划分域名,用两个字符的国家代码代表主机所在的国家。例如,cn 代表中国,ru 代表俄罗斯,us 代表美国等。

表 6-4   Internet 顶级域名

域名代码	含　义	域名代码	含　义
com	商业组织	biz	商贸
edu	教育机构	info	信息
gov	政府部门	name	名字
mil	军事机构	pro	职业
net	主要网络支持中心	aero	航空业
org	非营利组织	coop	合作团体
int	国际组织	museum	博物馆
country code	国家代码(两个字符)		

6.3.3   中国互联网的域名

除了顶级域名,各个国家有权决定进一步划分域名。大部分国家按组织模式进行划分。中国在国际互联网络信息中心(InterNIC)正式注册并运行的顶级域名是 cn,CNNIC 工作委员会在国务院信息办的授权和领导下,负责管理和运行中国顶级域名 cn,进一步规定了二级域名,如表 6-5 所示。

表 6-5　中国的二级域名

域名代码	含　义	域名代码	含　义
com	商业组织	AC	大学、研究所等学术机构
edu	教育机构	JS	江苏省
gov	政府部门	BJ	北京地区
or	民间组织	ZJ	浙江省

我国的二级域名采用两种方式：edu、com、gov 域是按功能团体命名的，而 bj 等是按行政区域命名的。从二级域名中可判定主机所在的省份/地区或所在单位的类型。

主机域名的三级域名一般代表主机所在的域或组织。例如，pku 表示北京大学，tsinghua 表示清华大学等。主机域名中的四级域名一般表示主机所在的院、系、研究室等下一级单位。从理论上讲，域名可以进一步细化，但通常主机域名级数不超过五级。

值得注意的是，一台计算机可能有多个域名，即一个 IP 地址可以对应多个域名。这是因为有些计算机可能提供多个服务，根据提供的不同服务而有不同域名。

在传统国际域名中，域名都是由英文字母、数字和特殊符号组成。而中文域名顾名思义就是使用中文字符作为域名的网络地址，允许使用汉字、字母和数字来组合注册域名，这使得域名种类更加丰富，同时也贴近中国用户的使用和访问习惯。

中文域名泛指含有中文字符的域名，同英文域名一样，也是符合国际标准的一种域名体系。中文域名使用上和英文域名近似，可以指包含中文字符的国际化域名，如百度.cn、中华网.com 等，也可以指使用中文字符顶级域的域名，如 qq. 网址、我爱你. 中国等。简单来说，无论是域名前缀还是后缀，只要包含中文字符，即为中文域名。

".中国"域名，是指以中文国家代码顶级域".中国"结尾的域名。它不仅是多语种域名，也是我国国家域名体系的重要组成部分。根据信息产业部域名体系公告，".中国"是在互联网上标识中国的中文顶级域名，".cn"是在互联网上标识中国的英文顶级域名。CNNIC 负责运行和管理以 cn、中国、公司、网络结尾的四种中文域名。

"中文.中国"域名已获得全球互联网行业主流厂商的直接支持，微软在其发布的 IE7.0 正式版及以后所有的更高版本中，正式全面支持"中文. 中国"域名，中文上网无障碍时代已经来临。

6.3.4　域名解析

用域名来表示主机名比 IP 地址更高级，但正如前面提到的，需要把这个高级形式转换为地址的二进制地址形式，在通信时才能将其映射成用于 TCP/IP 通信的数字型 IP 地址。

将主机名映射为 IP 地址的过程称为域名解析。域名解析有两个方向：从主机域名到 IP 地址的正向解析，从 IP 地址到主机域名的反向解析。

域名解析是由一系列的域名服务器来完成的。本质上，整个 DNS 以一个大的分布式数据库的方式工作。大多数具有 Internet 连接的组织运行一个域名服务器。每个域名服务器包含连向其他域名服务器的信息，结果是这些域名服务器形成一个大的域名数据库。

6.3.5　域名系统组成

域名系统采用了客户机/服务器模式进行主机名称与 IP 地址之间的转换，域名系统由解析服务器和域名服务器两部分组成。

（1）解析服务器：在域名系统中，解析服务器为客户方，它与应用程序连接，负责查询域名服务器、解释从域名服务器返回的应答以及把信息传送给应用程序等。

（2）域名服务器：域名服务器用于保存域名信息，一部分域名信息组成一个区，域名服务器负责存储和管理一个或若干区。根据域名服务器的作用，可以将域名服务器划分为以下四种类型。

1. 根域名服务器

根域名服务器（Root Name Server）是最高层次的域名服务器，主要用于管理互联网的主目录。目前全球共有 13 台根域名服务器，其中 1 台为主根服务器，位于美国，其他为12 个辅根服务器，9 台位于美国，英国、瑞典和日本各有 1 台。

所有的根域名服务器都知道所有的顶级域名服务器（TLD Server）的域名和 IP 地址。根域名服务器采用传播技术，因此当 DNS 客户向某个根域名服务器的 IP 地址发出查询报文时，互联网上的路由器就能找到离这个 DNS 客户最近的一个根域名服务器。

2. 顶级域名服务器

顶级域名服务器负责管理在该顶级域名服务器注册的所有二级域名。当收到 DNS 查询请求时，它们负责给出相应的回答，回答可能是最终的结果，也可能是下一台域名服务器的 IP 地址。

3. 权限域名服务器

权限域名服务器（Authoritative Name Server）负责管理一个区的域名服务器。区是DNS 服务器管辖的范围，一个区的大小可能等于一个域，也可能小于一个域。一个域名服务器可以管理多个子域，也可以把某个子域委派出去，委派出去的一个子域也是一个区，这样一个域就可以包括多个区。没有委派子域时，区和域的大小是一样的。

每一台主机的域名都必须在某个权限域名服务器进行解析，因此权限域名服务器记录了其管辖范围内的域名和 IP 地址的解析关系，此外，权限域名服务器还知道下一级域名服务器的地址。

4. 本地域名服务器

当一个主机发出 DNS 查询请求时，会首先请求本地域名服务器（Local Name Server），再由本地域名服务器进行递归查询。

为了提高域名服务器的可靠性，DNS 域名服务器会把数据复制并保存到多个域名服务器，其中一个是主域名服务器（Master Name Server），其他的是辅助域名服务器（Secondary Name Server）。当主域名服务器发生故障时，辅助域名服务器可以保证 DNS 的查询工作不会中断。主域名服务器定期把数据复制到辅助域名服务器中，而数据更改只能在主域名服务器中进行，这样就保证了数据的一致性。

6.4　Internet　服务

Internet 中蕴含了丰富的资源，通过各种各样的服务方式提供给广大用户。Internet 上最基本和最广泛使用的网络应用服务有 4 种，包括 WWW 服务、电子邮件服务（E-mail）、文件传输服务(FTP)、Telnet 服务等。下面对这些应用服务进行简单介绍。

6.4.1 WWW 服务

1. 基本概念

1) WWW

WWW 是一种交互式图形界面的 Internet 服务,简称 Web 或 3W,是一个大规模的、联机式的信息储藏所。WWW 是欧洲粒子物理实验室的 Tim Berners-Lee 最初于 1989 年 3 月提出的。WWW 用链接的方法能非常方便地从互联网上的一个站点访问另一个站点(也就是所谓的链接到另一个站点),从而主动地按需获取丰富的信息,包括文本、图像、动画、声音、视频等。WWW 是一个分布式的超媒体(Hypermedia)系统,它的出现大大地改善了人们查询信息的方式,极大地推动了 Internet 的发展。

2) 超文本、超媒体与超链接

超文本(Hypertext)是指包含指向其他文档的链接的文本(Txt),即一个超文本由多个信息源链接成,而这些信息源可以分布在世界各地,并且数目不受限制。超文本是 WWW 的基础。

超媒体(Hypermedia)不仅可以包含文字,而且可以包含图形、图像、动画、声音和电视片断,这些媒体之间也是用超链接组织的。

超媒体与超文本的区别是文档内容不同。超文本主要是以文字的形式表示信息,建立的链接关系主要是文字之间的链接关系。超媒体除了使用文本外,还使用图形、图像、声音、动画或影视片断等多种媒体来表示信息,并建立与文本、图形、图像、声音、动画和影视片断等媒体之间的链接关系。现在,超文本与超媒体的界限已经比较模糊,超文本一般也包括超媒体的概念。

超链接(Hyperlink)是指超文本的信息用指针链接的复杂的网状交叉索引方式,对不同来源的信息加以链接,可以链接的有文本、图像、动画、声音或影像等,这种链接关系称为超链接。

超文本文档中存在大量的超链接,每一个超链接都是将某些单词或图像以某些特殊的方式显示出来,例如,特殊的颜色、加下画线或是高亮度,WWW 中称这些链接为"热字"。"热字"往往是上下文关联的单词,通过选择"热字"可以跳转到其他的文本信息。

3) 统一资源定位符

统一资源定位符(URL)是用来表示从互联网上得到的资源位置和访问这些资源的方法,它是在 Internet 上指明任何种类的信息的标准。

客户要访问 Web 页面就需要文件名称和地址。为了方便地访问在世界范围的文档,HTTP 使用定位符。URL 实际上就是在互联网上的资源的地址,互联网上的所有资源都有一个唯一确定的 URL。它最初是由蒂姆·伯纳斯·李发明用来作为 WWW 的地址,现在已经被 WWW 联盟编制为互联网标准 RFC1738。

URL 定义了 4 部分:协议、主机、端口和路径。标准的 URL 格式如下。

协议://主机域名(或 IP 地址:端口号)/路径名/文件名。

清华大学出版社主页 URL 如图 6-11 所示。

(1) 协议是客户-服务器程序,用来读取文档。许多不同的协议可用来读取文档,其中

http://www.tup.tsinghua.edu.cn/index.html

主机域名　　　　　　路径名

图 6-11　清华大学出版社主页 URL

有 HTTP、Gopher、FTP、News 和 Telnet。最常用的是 HTTP。

（2）主机是信息所存放的地点的域名。Web 页面通常存放在计算机上，而这个计算机通常使用以字符 WWW 开始的域名别名。但这不是强制性的，因为主机可以使用任何域名。

（3）端口是 URL 可以有选择地包含服务器的端口号。URL 如果包含了端口，那么端口就插入在主机和路径之间，和主机用冒号分隔开。端口号可以默认，默认时使用默认的端口号。如 HTTP 的指定端口号为 80，E-mail 的指定端口号为 25，FTP 的指定端口号为 21，Telnet 的指定端口号为 23 等。

（4）路径是信息存放的路径名。请注意，路径本身可以包含斜线，在 UNIX 操作系统中斜线把目录与子目录和文件分隔开。换言之，路径定义文档在目录系统中存放的完整文件名。

4）浏览器与主页

WWW 浏览器是用来检索、展示以及传递 Web 信息资源的客户端应用程序，它是用来浏览因特网上 WWW 页面的软件。浏览器是上网必备的工具，可以用来浏览网页内容、下载文件、收发电子邮件、阅读新闻、发布网页等。常见的网页浏览器包括微软的 IE、Microsoft Edge 浏览器、Mozilla 的 Firefox 浏览器、苹果公司的 Safari 浏览器、Google 的 Chrome 浏览器、360 公司的 360 浏览器、腾讯的 QQ 浏览器等。

主页（Home Page）又称首页，是一个 Web 站点的起始点，个人或机构站点的第一个基本信息页面，用户通过主页及其上的超链接来访问站点的有关信息资源。主页通常用来对运行 WWW 服务器的单位进行全面介绍，同时也是通过 Internet 了解一家工厂、一所学校或政府部门的一个重要手段。人们可以通过 WWW 介绍一家公司的概况、主要产品等，通过网上政务可以介绍办事流程、办事指南、具体的办事人员、分管领导等情况。

5）超文本标记语言 HTML 与超文本传输协议 HTTP

HTML 是一种制作 WWW 页面的标准语言，是一种用来定义信息表现方式的格式化标记语言，它消除了不同计算机之间信息交流的障碍。

但请注意，HTML 并不是应用层的协议，它只是 WWW 浏览器使用的一种语言。其特点是定义了多种排版命令，允许插入图像，支持超链接。一个文件如果想通过 WWW 主机来显示，就必须要求它符合 HTML 的标准。仅当 HTML 文档是以 .html 或 .htm 为后缀时，浏览器才对此文档的各种标签进行解释。如 HTML 文档改换以 .txt 为其后缀，则 HTML 解释程序就不对标签进行解释，而浏览器只能看见原来的文本文件。当浏览器从服务器读取 HTML 文档后，就按照 HTML 文档中的各种标签，根据浏览器所使用的显示器的尺寸和分辨率大小，重新进行排版并恢复出所读取的页面。

HTTP 是 WWW 客户机与服务器之间的应用层传输协议，即浏览器访问 Web 服务器上超文本信息时所使用的协议，它是 TCP/IP 协议簇之一，是一个面向事务（Transaction Oriented）的简单的请求-响应应用层协议，它是 WWW 上能够可靠交换文件（包括文本、声音、图像等各种多媒体文件）的重要基础。它不仅保证超文本文档在主机间的正确传输，还能够确定传输文档中的哪一部分及先传输哪部分内容等。

2. WWW 的工作原理

WWW 服务的系统结构采用客户机/服务器模式。客户机由 TCP/IP 加上 Web 浏览器组成，以 HTML 与 HTTP 为基础，为用户提供界面一致的信息浏览系统。WWW 服务器由 HTTP 协议加后台数据库组成，WWW 中的所有信息都以页面的形式存储于 WWW 服务器中。客户机的浏览器和服务器用 TCP/IP 协议簇的 HTTP 协议建立连接。

当用户查询信息时，通过 WWW 客户端程序（浏览器），输入一个 URL，向 WWW 服务器发出请求，WWW 服务器根据客户端请求的内容，将保存在服务器中的相应页面通过 Internet 发给客户端，客户端的浏览器接收到页面后对页面进行解释，最终将图文声并茂的画面呈现给用户。另外，还可以通过页面中的链接，访问其他服务器和其他类型的信息资源。WWW 服务工作原理如图 6-12 所示。

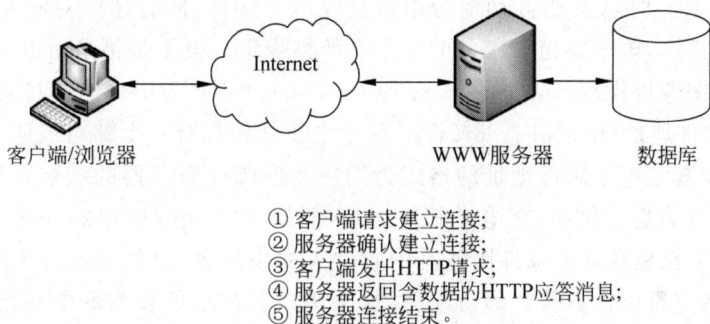

① 客户端请求建立连接；
② 服务器确认建立连接；
③ 客户端发出 HTTP 请求；
④ 服务器返回含数据的 HTTP 应答消息；
⑤ 服务器连接结束。

图 6-12　WWW 服务工作原理

3. WWW 服务的特点

WWW 服务的特点主要有以下几点。

（1）超文本和多媒体支持性。WWW 采用超文本技术，通过超链接将分布于全球各地的信息资源和网页连接在一起，形成一个庞大的信息网。WWW 服务不仅支持文本和图片，还支持音频、视频、动画等多种媒体格式，使得网页内容更加丰富多彩，增强了用户体验。

（2）GUI 和交互性。WWW 服务提供了基于 GUI 的访问方式，使得用户可以通过浏览器直观地浏览和交互网页。这种界面友好、易于理解，极大地降低了互联网使用的门槛。

（3）跨平台性。WWW 服务具有高度的跨平台性，WWW 对用户的系统平台没有任何限制，几乎可以在任何类型的计算机和移动设备上通过浏览器访问。这种特性使得 WWW 服务成为全球范围内最广泛使用的信息服务之一。

（4）分布式信息存储与共享性。WWW 服务采用分布式的信息存储方式，将信息存储在全球各地的服务器上。用户通过统一的 URL 访问这些资源，实现了信息的共享和快速访问。

（5）内容动态和开放性。随着 Web 技术的发展，WWW 服务不再局限于静态的 HTML 页面，而是支持动态内容的生成。WWW 站点上的信息是动态和经常更新的，而且 WWW 服务基于开放的标准和协议（如 HTTP、HTML、CSS 等），这些标准和协议是公开和免费的，任何组织和个人都可以遵循这些标准开发自己的网页和服务。这种开放性促进了

WWW 服务的快速发展和普及。

6.4.2 电子邮件服务

电子邮件服务是一种通过计算机网络与其他用户进行联系的快速、简便、高效廉价的现代化通信手段。Internet 的电子邮件服务起源于 ARPANET,并且逐渐成为 Internet 最基本的服务类型之一。

1. 电子邮件服务的基本概念

(1) 电子邮件:一种用电子手段提供信息交换的通信方式,是互联网应用最广的服务。电子邮件由信封和内容两部分组成。在邮件的信封上,最重要的是收件人的地址。电子邮件内容可以是文字、图像、声音等多种形式。

(2) 电子邮箱(Mail Box):通过网络为用户提供交流的电子信息空间,既可以为用户提供发送电子邮件的功能,又能自动地为用户接收电子邮件,同时还能对收发的邮件进行存储,但在存储邮件时,电子邮箱对邮件的大小有严格规定。电子邮箱是由电子邮件服务机构(一般是互联网服务提供商(Internet Service Provider,ISP))为用户建立起来的。

(3) 电子邮件地址(E-mail Address):每个电子邮箱都有一个邮箱地址。TCP/IP 体系的电子邮件系统规定电子邮件地址的格式为用户名@邮件服务器的域名。其中,符号"@"读作 at,表示在的意思。例如,在电子邮件地址 abc@126.com 中,126.com 就是邮件服务器的域名,而 abc 就是在这个邮件服务器中收件人的用户名,也就是收件人邮箱名,是收件人为自己定义的字符串标识符。但应注意,这个用户名在邮件服务器中必须是唯一的。电子邮件的用户一般采用容易记忆的字符串。

(4) 电子邮件系统:一个按照特定的工作原理和协议来管理、传送、接收等操作电子邮件的设备及软件的集成系统。一个完整的电子邮件系统由客户机、邮件客户端程序、邮件服务器、邮件服务器程序以及收发电子邮件使用的协议组成。电子邮件系统的工作模式是采用客户机/服务器方式。

2. 电子邮件系统的主要协议

邮件协议是指用户在客户端计算机上可以通过哪些方式进行电子邮件的发送和接收。主要包括 SMTP、POP3 和因特网信息访问协议(Internet Message Access Protocol,IMAP)。

SMTP 用于邮件在系统之间的传输,POP3 和 IMAP 则用于用户从服务器上读取邮件和信息。首先,客户机的电子邮件通过 SMTP 协议传送到远程电子邮件服务器上,在服务器之间实现了邮件传递后,然后,接收主机通过 POP3 协议从电子邮件服务器上接收传来的电子邮件。IMAP 像 POP3 那样提供了方便的邮件下载服务,让用户能进行离线阅读,同时MAP 还允许收件人只读取邮件中的某一个部分。

3. 电子邮件系统的工作原理

电子邮件系统是一种基于存储—转发技术的系统。它采用存储—转发方式为用户传递电子邮件,当用户通过 Internet 发送电子邮件时,发信方的计算机成为客户端,与收信人计算机上的服务器程序联系。邮件首先被发送到发信人的邮件服务器,然后根据收信人的电子邮件地址,邮件服务器通过 SMTP 协议将邮件转发到收信人的邮件服务器。收信人的邮件服务器接收到邮件后,将其存储在服务器上,并通过 POP3 或 IMAP4 协议供用户下载到本地计算机上。用户进入自己的电子邮箱,就可以阅览自己的邮件了。

4. 电子邮件系统的功能

电子邮件系统的功能丰富多样,主要包括以下几个方面。

(1) 信息发送与接收:电子邮件系统最基本的功能,允许用户编写并发送邮件给一个或多个收件人,同时能够接收来自他人的邮件。

(2) 邮件管理:提供收件箱、发件箱、草稿箱、已删除邮件、垃圾邮件等文件夹,帮助用户管理和组织邮件。支持邮件搜索、排序、过滤和标记为已读/未读等功能,提高邮件处理效率。提供加密传输(如安全套接字层(SSL)/传输层安全协议(TLS))保障邮件在传输过程中的安全。部分高级电子邮件系统还提供日历、任务列表等功能,帮助用户规划日程、设置提醒和跟踪任务进度。

(3) 邮件转发与回复:用户可以将收到的邮件直接转发给其他人,或是对邮件进行回复,系统支持全部回复和部分回复。用户可以设置自动回复功能,在无法及时回复邮件时,电子邮件系统可将预设的回复信息自动发送给发件人。

(4) 多账户管理:允许用户在同一客户端上管理多个电子邮箱账户,方便用户集中处理来自不同邮箱的邮件。允许用户向一组人(如团队成员、客户列表)同时发送邮件,方便进行团队协作或客户沟通。

(5) 邮件跟踪与阅读回执:部分系统提供邮件阅读跟踪功能,让发件人知道邮件是否已被打开。还可以请求阅读回执,以便确认收件人已查看邮件。

5. 电子邮件的优点

电子邮件系统是一个高效、便捷、可靠的通信工具,与传统的通信方式相比具有以下优点。

(1) 多媒体性:电子邮件系统支持发送多种数据类型,包括文字、图形、图像、声音、视频等,因此成为多媒体信息传送的重要手段。

(2) 灵活性:用户可以随时随地通过任何连接到互联网的设备发送和接收电子邮件。

(3) 可靠性:电子邮件系统采用多种机制来确保邮件的可靠传输和存储。

(4) 易管理性:电子邮件系统提供了丰富的管理功能,如存档、扫描、检索和删除等,方便用户管理自己的邮件。

6.4.3　文件传输服务

1. 文件传输的概念

文件传输是将一个文件或其中的一部分从一个计算机系统传到另一个计算机系统。

2. FTP

FTP 是一种在网络中进行文件传输时广泛使用的标准协议。FTP 允许用户通过客户端软件与服务器进行交互,实现文件的上传(Upload)、下载(Download)和其他文件操作。FTP 提供交互式访问,允许客户指明文件的类型与格式(如指明是否使用 ASCII 码)并允许文件具有存取权限(如访问文件必须经过授权和输入口令)。FTP 屏蔽了各计算机之间的细节,因而适合于在异构网络主机间传输文件。同 HTTP 协议一样,FTP 协议也是一种

TCP/IP 应用协议,FTP 工作在 OSI 参考模型的应用层,通常使用 TCP 作为其传输协议,确保数据传输的可靠性和顺序性。

在 FTP 的工作模式中,文件传输分为上传(Upload)和下载(Download)两种。上传是指用户将本地文件上传到 FTP 服务器上,下载则是指用户将远程 FTP 服务器上的文件下载到本地计算机。

3. FTP 的工作原理

FTP 的工作原理是基于客户端/服务器模式的文件传输协议,它使用 TCP/IP 协议在客户端和服务器之间建立控制连接和数据连接。控制连接用于传输控制信息,而数据连接则用于实际的数据传输。FTP 支持主动模式和被动模式两种数据传输方式,以适应不同的网络环境和防火墙设置。在数据传输完成后,连接会被关闭,并释放相关资源。FTP 工作原理示意图如图 6-13 所示。

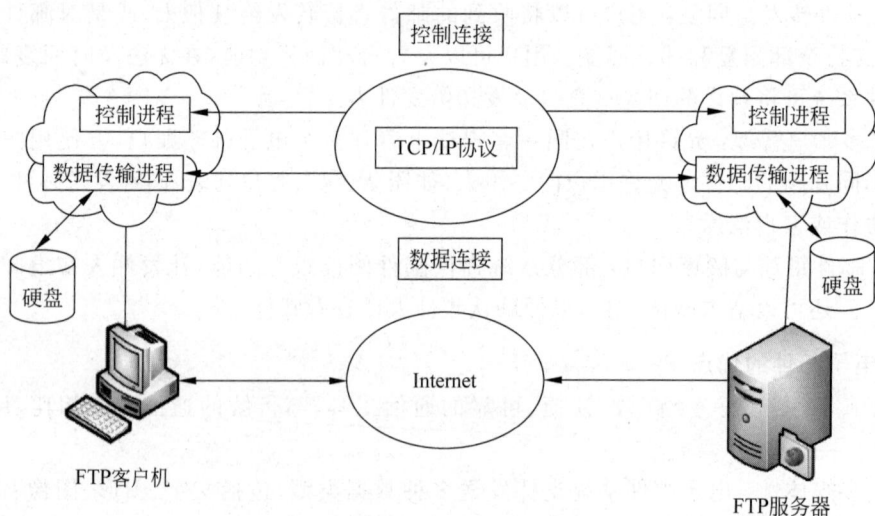

图 6-13　FTP 工作原理示意图

4. FTP 的访问形式

用户对 FTP 服务的访问有如下两种形式。

(1) 匿名 FTP(Anonymous FTP Server):允许远程用户访问 FTP 服务器的前提是可以同服务器建立物理连接。无论用户是否拥有该 FTP 服务器的账号,都可以使用 anonymous 用户名进行登录,一般在密码栏上填写电子邮件地址做口令。

(2) 用户 FTP(非匿名 FTP):已在服务器建立了特定账号的用户使用,必须以用户名和口令来登录。非匿名 FTP 服务器通常供内部使用或提供咨询服务。

5. FTP 文件传输类型

FTP 支持三种文件传输类型:ASCII、二进制和 EBCDIC(广义二进制编码的十进制交换码)。ASCII 模式用于文本文件的传输,它会在传输过程中自动转换行尾字符(如从回车(CR)字符、换行(LF)字符转换为换行字符),以确保文件在不同操作系统之间的兼容性。二进制模式用于图像、音频、视频等非文本文件传输,它会保持文件的原始二进制数据不变,确保文件的完整性。EBCDIC 模式主要用于 IBM 的大型机系统,它使用 EBCDIC 字符集进行文件传输。

6. FTP 命令

FTP 命令有几十个,使用时类似于 DOS 命令,这些命令主要分为连接命令、文件查询命令、文件传输命令等。在 Windows 操作系统中打开"开始"菜单,选择"附件"菜单下的"命令提示符"命令,打开 DOS 窗口,在"C:\"提示符下输入"ftp",系统进入 FTP 命令窗口,输入相关 FTP 命令即可。FTP 的命令行格式为

ftp[-v][-d][-i][-n][-g][-s:FileName][-a][-w:WindowSize][-A][Host]

其中,[ ]内为参数。

常用的 FTP 命令如下。

(1) open:与 FTP 服务器相连接。

(2) send(put):上传文件。

(3) get:下载文件。

(4) mget:下载多个文件。

(5) cd:切换目录。

6.4.4　Telnet 服务

Telnet 服务是 Internet 应用之一,也是最早的 Internet 应用。

1. Telnet 的概念

Telnet 服务是指在 Telnet 协议的支持下,用户的计算机通过 Internet 暂时成为远程计算机终端的过程。Telnet 是一个简单的字符界面的远程终端协议,用户通过 Telnet 就可以在其所在地通过 TCP 连接登录到网络的另一个主机上(使用主机名或 IP 地址)。

Telnet 能将用户的击键传到网上主机,同时,也能将该主机的输出通过 TCP 连接返回到用户屏幕。这种服务是透明的,因为用户感觉到好像显示器和键盘直接连接到该主机上。用户通过拥有的账号和口令登录远程主机,成为该主机的合法用户,便可使用远程计算机对外开放的全部资源。全世界许多大学图书馆都通过 Telnet 对外提供联机检索服务,一些 Internet 网上数据库也可通过 Telnet 查阅。

2. Telnet 的工作原理

Telnet 也使用客户端/服务器模式运行。用户在本地客户端运行 Telnet 客户软件,而在要登录的远程主机上运行 Telnet 服务器服务软件。服务器中的 Telnet 主机进程等待新的请求,并产生进程来处理每一个连接。用户只能通过 Telnet 客户软件进行远程访问。Telnet 服务软件与客户软件协同工作,在 Telnet 通信协议指挥下,Telnet 客户机进程与 Telnet 服务器进程一起完成用户终端格式、远程主机系统格式与标准网络虚拟终端(NVT)格式的转换,从而完成 Telnet 的功能,如图 6-14 所示。

由于不同厂家生产的计算机在硬件或软件方面的不同,这种差异性给计算机系统的互操作性带来了很大的困难。为了解决系统的差异性,Telnet 协议引入了 NVT 的概念,用来屏蔽不同的计算机系统的差异性。

3. Telnet 协议

Telnet 协议是实现远程计算机操作的重要技术手段。以下是几种常见的远程登录

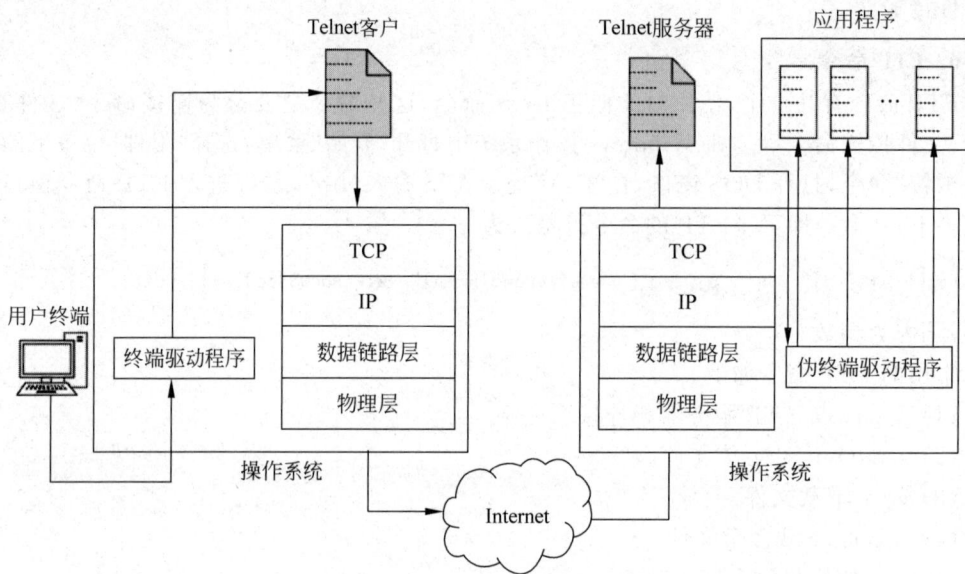

图 6-14   Telnet 工作原理

协议。

（1）Telnet 协议：TCP/IP 协议簇中的一员，是 Internet 远程登录服务的标准协议和主要方式。终端使用者可以在 Telnet 程序中输入命令，这些命令会在服务器上运行，就像直接在服务器的控制台上输入一样，在本地就可以控制服务器。由于 Telnet 协议本身不加密传输的数据，因此存在安全风险，现已较少使用。

（2）SSH：一种加密的网络协议，用于通过安全通道在不安全的网络中进行远程登录和数据传输。SSH 协议建立在应用层和传输层上，主要包括传输层协议、用户认证协议层和连接协议层。它提供了加密和身份验证机制，确保远程登录过程中数据的机密性和完整性。

（3）远程桌面协议（RDP）：一种用于 Windows 操作系统的远程登录协议，允许用户通过网络连接到远程计算机的桌面环境。RDP 允许用户在本地计算机上操作远程计算机，就像直接坐在远程计算机前一样。RDP 会话可以同时支持多个用户，每个用户都可以在独立的桌面环境中工作。

（4）其他远程登录协议：除了上述几种常见的远程登录协议外，还有其他一些协议也被用于远程登录，如 Rlogin（最初是 Unix 系统中的远程登录协议）、虚拟网络计算（Virtual Network Computing，VNC），提供屏幕共享等功能。

4. Telnet 的应用

在 Windows 操作系统中，安装启用 Telnet 客户端，如图 6-15 所示，就可以使用 Telnet 程序进行远程登录。下面以登录 Telnet 服务器的 IP 地址为 192.168.1.109 为例，简单介绍 Telnet 的使用（操作系统为 Windows 10）。

选择"开始"菜单中的"运行"命令，在系统弹出的"运行"对话框中输入 Telnet 后，单击"确定"按钮，操作系统就运行了 Telnet 命令，如图 6-16 所示。

在客户端命令行里输入 open 192.168.1.109 并按回车键，出现正在连接提示，如图 6-17 所示。

图 6-15　安装 Telnet 客户端

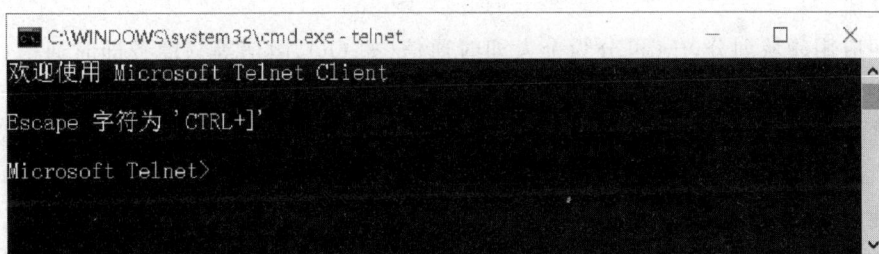

图 6-16　Telnet 命令窗口

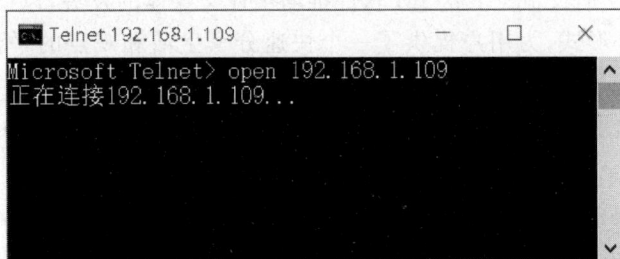

图 6-17　连接服务器

　　如果登录成功,会出现提示。在"请输入代号"后输入本地用户在远程主机上的账号,再输入密码,远程主机在检查用户名与密码后,如果认为是合法用户,则会允许登录远程主机,否则会拒绝用户的访问。当然也可以使用 guest 的身份登录。

　　Internet 有很多信息服务机构提供开放式的远程登录服务,登录到这样的计算机时,不需要事先设置用户账户,使用公开的用户名就可以进入系统。

Telnet 也经常用于公共服务或商业目的。用户可以使用 Telnet,远程检索大型数据库、公众图书馆的信息资源库或其他信息。

6.4.5 其他应用服务

1. 新闻组

新闻组(Newsgroup)是由具有共同爱好的 Internet 用户为了相互交换意见而建立的,它按照不同的专题来组织,是一种用户完全自由参与的活动。在 Internet 上连接一些新闻子服务器,用户可随时阅读新闻服务器提供的分门别类的消息,并可将自己的见解发送到新闻服务器从而发布到 Internet 上。

2. Gopher

信息查询服务(Gopher)是一种基于菜单驱动的 Internet 信息查询式工具,可将用户的请求自动转换成 FTP 或 Telnet 命令,在逐级菜单引导下,用户可选取自己感兴趣的信息资源,实现对 Internet 上远程联机信息系统的实时访问。Gopher 可以访问 FTP 服务器,查询校园地址服务器、计算机中的电话号码,检索校园图书馆目录以及进行任何基于远程登录的信息查询服务。

3. IM

IM 是一个实时通信系统,允许两人或多人使用网络实时地传递文字消息、文件、语音与视频交流。

按照应用领域划分,IM 可分为个人即时通信(如 QQ、微信等)、商务即时通信(如阿里旺旺)、企业即时通信等。

近几年即时通信得到迅猛发展,不再是单纯的聊天工具,它已经发展成集交流、资讯、娱乐、搜索、电子商务、办公协作和企业客户服务等为一体的综合化信息平台。微信和 QQ 是中国最受欢迎的 IM 工具。在中国接入世界互联网 30 年的历程中,IM 软件不仅见证了互联网的发展历程,更与社会发展紧密相连,深刻影响了人们的生活方式和社会形态。首先 IM 软件改变了人们的沟通方式,以微信为例,它使得人们可以随时随地与他人保持联系,跨越地域限制进行实时交流。其次 IM 软件推动了社交媒体的发展,以微信公众号为例,它通过短文字、图片等形式,为用户提供了一个快速分享生活和观点的平台。最后,IM 软件还促进了电子商务、在线教育等领域的发展,以微信小程序为例,它为商家提供了一个便捷的开发平台,使得商家可以快速上线自己的应用,为用户提供更加便捷的服务。

4. 云服务

在当今这个信息化高速发展的时代,技术的不断创新正以前所未有的速度推动着社会的进步。其中,云服务作为一种革命性的计算与服务模式,正逐渐改变着人们的生活和工作方式。

1) 云服务的定义与内涵

云服务是基于云计算技术的一种服务模式。它通过互联网,以按需、易扩展的方式,为用户提供所需的计算资源与能力。这种服务涵盖了 IT 和软件、互联网相关服务,甚至包括其他各种类型的服务。云服务的核心理念在于,将原本需要在本地进行的计算、存储等任务,转移到由大量服务器组成的云端进行,用户只需通过网络即可访问和使用这些资源。

进一步来说,云服务不仅是一种技术革新,更是一种商业模式的转变。它使计算能力像煤气、水电一样,成为一种可以流通的商品。用户无须再投入巨资购买和维护昂贵的硬件设备,只需按需支付费用,即可享受到强大而灵活的计算服务。

2）云服务的特点与优势

云服务之所以能够在短时间内迅速普及,并受到广大用户的青睐,主要得益于其以下几个显著的特点和优势。

（1）无须下载与安装:用户无须在本地设备上下载和安装任何软件或应用,只需要通过网络即可直接使用云服务提供的功能。

（2）操作方便:云服务通常提供简洁易用的用户界面和丰富的在线帮助文档,使得用户无须具备专业的技术知识也能轻松上手。

（3）功能丰富:云服务提供商不断更新和优化其功能,以满足用户日益多样化的需求。从简单的文件存储和共享,到复杂的数据分析和处理,云服务都能提供一站式的解决方案。

（4）价格低廉:由于云服务采用了按需付费的模式,用户只需支付实际使用的资源费用,大幅降低了初期的投资成本。

（5）高度可扩展:云服务能够根据用户的需求动态调整资源分配,确保在业务高峰期也能提供稳定可靠的服务。

3）云服务的类型与应用

云服务根据部署方式和用户属性的不同,可以分为多种类型。其中,最常见的有公共云和私有云两种。

公共云是由云服务提供商维护和管理的大型服务器集群,面向广大公众用户提供服务。它具有成本低、灵活性高、易于扩展等优点,适合个人用户和小型企业使用。而私有云则是为企业或组织内部专门构建的云服务环境,它提供了更高的安全性和数据保护能力,适合对数据安全有严格要求的用户。

从用户属性的角度来看,云服务又可以分为面向个人用户和企业用户(含政府等组织机构)。对于个人用户来说,云服务提供了便捷的在线存储、文件共享、娱乐等内容;而对于企业用户来说,云服务则涵盖了更广泛的应用场景,如企业资源规划（ERP）、客户关系管理（CRM）、大数据分析等。

4）云服务对个人用户与企业用户的影响

云服务的出现对个人用户和企业用户都产生了深远的影响。对于个人用户来说,云服务使得他们能够更加便捷地管理和分享自己的数据。无论是在家中、办公室还是旅途中,只需通过互联网连接,就能随时随地访问自己的文件和应用。此外,云服务还提供了丰富的在线娱乐和学习资源,极大地丰富了人们的日常生活。

而对于企业用户来说,云服务则带来了更高效、更灵活的业务运营模式。通过云服务,企业可以快速构建和部署自己的应用和服务,无须再花费大量时间和金钱在硬件设备的采购和维护上。同时,云服务还提供了强大的数据分析和处理能力,帮助企业更好地了解市场需求、优化业务流程、提升竞争力。更重要的是,云服务为企业提供了一种全新的商业模式。通过云服务平台,企业可以将自己的产品和服务以更便捷、更高效的方式提供给客户。这种商业模式的转变不仅降低了企业的运营成本,还极大地拓宽了企业的市场边界。

6.5　Internet 接入服务

6.5.1　ISP 提供的服务

1. ISP 及分类

ISP 提供互联网接入和相关服务的公司或组织。ISP 通过建立和维护网络基础设施，向个人用户、企业和其他组织提供接入互联网的服务。

ISP 主要包括三大类：提供接入服务的互联网接入服务提供商（IAP）、提供信息服务的 ICP，近几年又出现了 Internet 应用服务提供商（ASP）。

2. ISP 提供的服务类型

（1）Internet 的接入服务。ISP 的最主要服务就是 Internet 的接入服务，包括专线、拨号、无线等接入方式。

（2）Internet 系统集成服务。ISP 将协助并帮助客户做好入网的工作，负责为企业或个人用户提供全面的 Internet 解决方案，包括网络设计、软硬件选购、网络建造及人员培训等一系列服务。许多 ISP 也提供网页制作和建立自己的 Web 站点的各种服务。

（3）从事数据库及各种类型的信息方面的服务。通过网络向用户提供各种信息资源，特别是专业的数据库及信息增值方面的服务。例如各种信息查询、检索数据库、企业 WWW 用户反馈信息及系统开发工作、电子邮件服务、信息发布代理服务等。

3. ISP 的主要技术应用

（1）各种 Internet 接入技术。目前 Internet 的接入主要有三条路径：一是电信的数字专线和电话网；二是有线电视网络；三是无线接入。对于大用户一般光纤到楼，通过计算机网络组成局域网，但对于一般用户来讲，可以依靠电话线、有线电视网和无线接入。

（2）设备保障。为了使众多用户访问 Internet，需要大量的专用设备，例如与 Internet 连接所需要的计算机、路由器、访问服务器或终端服务器、调制解调器及其他网络设备和数据通信设备。ISP 要负责它们的正常运作和维护。

（3）计费系统。ISP 必须有一个公平、合理而又准确的计费系统，通常包括计算用户在系统上的时间和数据的通信量。

（4）技术支持和服务体系。ISP 应该为用户提供专业的建议和帮助，解答上网用户的各种疑问，为用户的服务升级提供帮助。

6.5.2　Internet 接入方式

Internet 接入方式是指用户采用什么设备，通过什么接入网来接入 Internet。常用 Internet 接入方式有电话线拨号接入（PSTN）、ISDN 接入、ADSL 接入、HFC（采用线缆调制解调器（CM））、光纤到户（FTTH）、无源光网络（PON）、无线网络接入、电力线通信（PLC）等。

1. 公用电话交换网（PSTN）

拨号连接是利用 PSTN 通过当地运营商（ISP）提供的接入号码和调制解调器相连，拨号接入互联网。PSTN 是家庭用户接入互联网的普遍的窄带接入方式,优点是使用方便,缺点是速率低,速率通常不超过 56Kbps,无法实现一些高速率要求的网络服务。

2. ISDN

ISDN 采用数字传输和数字交换技术,将电话、传真、数据、图像等多种业务综合在一个统一的数字网络中进行传输和处理,这也就是综合业务数字网名字的来历。用户利用一条 ISDN 用户线路,可以在上网的同时拨打电话、收发传真,就像两条电话线一样。

3. ADSL

ADSL 是运用最广泛的铜线接入方式。ADSL 可直接利用现有的电话线路,通过 ADSL 调制解调器后进行数字信息传输。理论上可达到 8Mbps 的下行速率和 1Mbps 的上行速率,传输距离可达 4~5km。ADSL2+可达 24Mbps 的下行速率和 1Mbps 的上行速率。ADSL 的接入方式主要有以下两种。

(1) 专线入网:用户拥有固定的公网 IP 地址,24 h 在线,适合业务量大而且要求持续连接的场合。

(2) 虚拟拨号入网(PPPoE):并非真正的电话拨号,而是用户输入账号密码,通过身份验证,获得一个动态的 IP 地址后即可上网。

4. DDN 线接入方式

DDN 是一个以数据通信为业务的数字网络。它利用数字信道提供永久性或半永久性电路,以传输数据信号为主,为用户提供一个点到点和点到多点的高质量、高带宽的数字数据传输专用通道。DDN 方式也是我国租用专线最为常用的一种。DDN 有如下特点。

(1) DDN 是传输网络,只为用户提供数据传输通路,可提供灵活的连接方式,它支持数据、语音、图像等各种服务,但 DDN 不具备交换能力。

(2) DDN 支持任何通信协议、不受任何约束,是完全透明的传输网络。

(3) DDN 传输速率高,网络延时小,采用同步转移方式进行数据信道传输,网络内部采用时分多路复用(TDM)技术。

(4) DDN 采用全程数字方式高质量地传输数据信息。

(5) DDN 向用户提供多种速率的数字数据专线服务,其全透明的专用电路的传输速率为 2.4Kbps、4.8Kbps、9.6Kbps、19.2Kbps 以及(1~31)×64Kbps 等。

5. HFC

CM 是一种基于有线电视网络铜线资源的接入方式。用户可以通过 CM 连接有线电视宽带网(即 HFC)接入有线电视数据网,有线电视数据网再和 Internet 宽带相连,就可以在家中高速接入 Internet 网。HFC 具有专线上网的连接特点,允许用户通过有线电视网实现高速接入互联网,适用于拥有有线电视网的家庭、个人或中小团体。它的特点是速率较高,接入方式方便(通过有线电缆传输数据,不需要布线),可实现各类视频服务、高速下载等。

6. FTTH

光纤接入网属于城域网的范畴,光纤接入是局域网专线接入的一种,它实际上是以太网接入,即光纤+局域网接入。例如,住宅小区住户计算机通过小区的交换机组成一个局域网,然后通过光纤与 MAN 连接,而 MAN 已接入 Internet,这个组网就可以提供一定区域的高速互联接入。光纤接入网的主要传输介质为光纤,其他硬件设备有光纤收发器、路由器和光缆网卡。光纤接入网的特点是速率高,抗干扰能力强,适用于家庭,个人或各类企事业团体,可以实现各类高速率的互联网应用(视频服务、高速数据传输、远程交互等),缺点是一次性布线成本较高。目前光纤宽带接入将会取代电话拨号和 ADSL 等,成为接入 Internet 的最优方式。

7. 通过以太局域网接入

通过局域网接入 Internet,一般就是使用高速以太网接入。它是用光缆和双绞线对小区进行综合布线,通常用户会获得 10Mbps 或 100Mbps 以上的共享带宽,速度优势明显。除了速度,稳定性应该是用户考虑的另一个重点。局域网方式接入是采用以太网技术,采用光缆+五类双绞线的方式对社区进行综合布线,避免了各种干扰,所以稳定性更好。对于上网用户比较密集的办公楼或者居民小区,以太网接入是非常适宜的宽带接入方法。事实上,局域网宽带正在逐渐成为 Internet 接入方式的主流。

8. 无线接入方式(WLAN、Wi-Fi 等)

无线接入技术是以无线技术(主要是移动通信技术)为传输媒体向用户提供固定或移动的终端业务服务,即无线用户环路上的用户基本为固定终端或移动终端用户。无线接入采用的技术很多,但大体上可分为两类:移动式无线接入技术和固定式无线接入技术。通过无线局域网技术实现 Internet 接入,无须布线,方便快捷,适用于各种移动设备和需要灵活接入网络的场所。无线接入技术目前正朝着移动、宽带的方向发展。

习　　题

一、选择题

1. Internet 中各种网络的各种计算机相互通信的基础是(　　)协议。

    A. IPX　　　　　　B. HTML　　　　　　C. HTTP　　　　　　D. TCP/IP

2. 中国教育和科研计算机网是指(　　)。

    A. CHINANET　　B. CERNET　　　　C. CHINAGBN　　D. CSTNET

3. 电子邮件使用的传输协议是(　　)。

    A. SMTP　　　　　B. Telnet　　　　　C. HTTP　　　　　　D. FTP

4. Web 服务器的功能是(　　)。

    A. 它是一个聊天服务器　　　　　　　　B. 它是一个 WWW 服务器

    C. 它是一个 FTP 服务器　　　　　　　　D. 它是一个常用的服务器

5. 关于 WWW 服务,下列说法错误的是(　　)。

    A. WWW 服务采用的主要传输协议是 HTTP

    B. WWW 服务以超文本方式组织网络多媒体信息

    C. 用户访问 Web 服务器可以使用统一的图形用户界面

    D. 用户访问 Web 服务器不需要服务器的 URL 地址

6. 将文件从 FTP 服务器传送到客户机的过程是(　　)。

    A. 上传　　　　　　B. 下载　　　　　　C. 浏览　　　　　　D. 搜索

7. E-mail 账户包括(　　)。

　　A. 用户名和用户密码　　　　　　　B. 用户名和主机地址

　　C. 电子邮箱号和密码　　　　　　　D. 主机名和用户密码

8. Telnet 为了解决不同计算机系统的差异性,引入了(　　)的概念。

　　A. 用户终端　　　　　B. NVT　　　　　C. 超文本　　　　　D. URL

9. 以下 URL,正确的是(　　)。

　　A. http://computer/index.htm　　　B. fie://c:\windows/test.htm

　　C. mailto:test.2lcn.com　　　　　　D. ftp://ftp.stu.edu.cn

10. 下面对于电子邮件的描述中,正确的是(　　)。

　　A. 不能给自己发送邮件　　　　　　B. 一封电子只能发给一个人

　　C. 不能将电子邮件转发给其他人　　D. 一封电子邮件能发给多人

11. 如果没有特殊声明,匿名 FTP 服务登录账号为(　　)。

　　A. user　　　　　　　　　　　　　B. Anonymous

　　C. Guest　　　　　　　　　　　　D. 用户自己的电子邮件

12. ISP 服务主要包括(　　)。

　　A. IAP　　　　　　B. ICP　　　　　C. ASP　　　　D. 以上都是

13. 下列说法正确的是(　　)。

　　A. Internet 中的一台主机只能有一个 IP 地址

　　B. Internet 中的一台主机只能有一个主机名

　　C. 一个合法的 IP 地址在同一时刻只能分配给一台主机

　　D. IP 地址与主机名是一一对应的

14. IP 地址是一个 32 位的二进制数,它通常采用点分(　　)表示。

　　A. 二进制数　　　　B. 八进制数　　　C. 十进制数　　　D. 十六进制数

15. 某公司申请到一个 C 类 IP 地址,但要连接 6 个的子公司,最大的一个子公司有
26 台计算机,每个子公司在一个网段中,则子网掩码应设为(　　)。

　　A. 255.255.255.0　　　　　　　　B. 255.255.255.128

　　C. 255.255.255.192　　　　　　　D. 255.255.255.224

二、简答题

1. 简述 Internet 有哪些特点?

2. 子网划分过程中,如何计算网络号与主机号?

3. 域名系统主要有哪些组成部分?

4. 试解释 IP 地址和域名地址的关系。

5. Internet 的主要服务有哪几种?

6. WWW 服务的主要特点有哪些?

7. 常见的 Internet 接入方式有哪几种?

三、案例分析题

1. 某公司现申请了一个 C 类地址 200.200.200.0,需要划分 2 个子网,每个子网有
40 台主机,两个子网用路由器相连,应该怎样规划和使用 IP 地址呢?

2. 小明要从主机 A 下载文件 ftp://ftp.abc.edu.cn/file,请帮助他大致描述下载过程中主机和服务器的交互过程。

3. 在浏览器中输入某个网址并按回车键,直到首页显示在其浏览器中,请问在此过程中,按照 TCP/IP 参考模型,从应用层到网络层都用到了哪些协议?

四、综合题

李师傅计算机设置的 IP 为 194.128.10.33,子网掩码为 255.255.255.224,请回答如下问题。

(1) 该 IP 是否划分了子网,请说明原因。

(2) 若该 IP 划分了子网,请计算子网个数,并计算每个子网的地址及该子网的 IP 范围。

(3) 讲解一下 IP 地址的含义和子网掩码的作用。

拓展阅读

通向未来的路——信息高速公路

一、信息高速公路的起源

1993 年,美国政府提出了关于兴建"信息高速公路"的计划,同时成立了信息基础设施特别小组,这个小组由政界人士及多位经济、法律、技术专家和电信工业界代表组成。1993 年下半年,紧随美国政府之后,日本政府也决定建立全国超高速信息网。次年,欧洲委员会和新加坡都宣布将建立自己的"信息高速公路"。当时,全世界一共拥有约 4 亿台计算机和10 亿部电话。

美国提出的"信息高速公路"是指在美国的政府、研究机构、大学、企业以及家庭之间,建立可以交流各种信息的大容量、高速率的通信网络,让各种各样的信息在美国四通八达,使美国企业能更有效地交流信息,为发展经济创造有利条件。同时,"信息高速公路"也将提高人们的工作效率和生活质量。

建设国家信息基础设施(NII),既有赖于全球信息技术的微电子、光电子、声像、计算机、通信等相关领域的突破进展,也有赖于各国政府根据各国国情所做的决策。美国是在已具规模的有线电视网(家庭电视机通过率达 98%)、电信网(电话普及率 93%)、计算机网(联网率 50%)的基础上提出的,构想以光纤干线为主、辅以微波和同轴电缆分配系统组建高速、宽带综合信息而使网络最终过渡到 FTTH。由于网络具有双向传输能力,因而全网络运行的广播、电视、电话、传真、数据等信息都具备开发交互式业务的功能。

二、信息高速公路的基本要素

"信息高速公路"并不是指交通公路,而是指高速计算机通信网络及其相关系统。它是通过光缆或电缆把政府机构、科研单位、企业、图书馆、学校、商店以及家家户户的计算机连接起来,利用计算机终端、传真机、电视等终端设备,像使用电话那样方便、迅速地传递和处理信息,从而最大限度地实现信息共享。信息高速公路的基本要素如下。

(1) 设备:用于传输、存储、处理和显现声音、数据和图像的物理设备。

(2) 信息:包括资源、环境、社会、经济、文化教育等各个领域的图形、图像、文本、多媒体等的海量信息。

（3）应用系统和软件：允许用户使用、处理、组织和整理由"信息高速公路"提供给用户的大量信息。

（4）传输编码与网络标准：促进网络之间的互相联系和兼容，同时保证网络的安全性和可靠性。

（5）人员：包括信息及设施的生产者、使用者和决策者等。

（6）网络协议和传输：在网络环境中，通过入网实体彼此合作，为网络用户提供全球范围内的资源共享和信息交换服务。它们只能通过传输介质彼此传递信息，从而实现彼此合作。在通信前后、通信过程中，考虑到异构环境及通信介质的不可靠性，对方必须密切配合才能完成共同的任务。通信前，双方要取得联络、同步，确认对方，并协商通信参数、方式等；通信过程中，要控制流量和差错检测与恢复，保证所传信息不变形、不增生、不减少；通信后，要释放有关资源（如通信线路、收方缓冲区）。由于这种通信是在异构机之间进行的，故只能通过双方交换特定的控制信息或在数据报文中所含的控制信息达到上述目的。交换信息必须按一定的规则进行，只有这样双方才能保证同步，并理解对方的要求。因而，一般要对网络中同层通信实体间交换的报文的格式、如何交换以及必要的差错控制措施（如超时重发）做出全网一致的约定，这些约定（规则）统称为网络协议。

三、中国"信息高速公路"发展

在中国，随着改革开放的深入和科技的不断发展，"信息高速公路"的建设也逐渐提上日程。中国在"信息高速公路"的建设上经历了从无到有、从弱到强的过程。虽然中国没有明确提出与美国"信息高速公路"完全对应的计划名称，但随着改革开放的深入和科技的不断发展，中国在信息化建设方面取得了显著进展，通信网络、计算机、数据库以及日用电子产品等基础设施不断完善。

进入 21 世纪后，中国的信息化建设加速推进，"信息高速公路"的建设取得了显著成效。如今，中国的"信息高速公路"已经覆盖了全国大部分地区，为人们的生活、工作和相互沟通提供了极大的便利。

四、从政策规划读懂"数字中国"发展

"要致富、先修路"，这句广为流传的话道出了基础设施建设对经济发展的重要支撑和先导作用，然而在数字经济时代，传统基建发力空间将越发有限，以数据收集、存储、加工与运用为核心的"信息高速公路"新基建将成为中国经济发展的新动能。在上述背景下，2023 年2 月 27 日《数字中国建设整体布局规划》明确"数字中国"建设的"2522"整体框架，依次对应"两大基础""五位一体""两大能力"和"两个环境"，覆盖数据要素从生成到应用的全产业链，推动我国信息高速公路建设成为国家基础设施投资新方向。

"两大基础"稳固"数字中国"的发展根基，重在数据处理和流通。"两大基础"指"夯实数字中国建设基础，打通数字基础设施大动脉，畅通数据资源大循环"，包括数字基础设施建设和数据资源两个维度。基础设施方面，加快布局装载和处理数据的场所空间，包括引导建设各类数据中心，协同建设 5G 网络与千兆光网，优化布局算力关联的基础设施，推动"东数西算"落地实施等。数据资源方面，建立促进数据资源大循环的机制，包括构建国家数据管理体制机制，推动公共数据汇聚利用，建设公共卫生、科技、教育等重要领域国家数据资源库，建立数据产权制度等。

　　"五位一体"促进数字技术与多产业互联,重在数据应用和赋能。"五位一体"指"推进数字技术与经济、政治、文化、社会、生态文明建设深度融合"。当前,数字技术渗透已然进行:经济层面,数字技术对三大产业的渗透率分别为 8.9%、21% 和 40.7%,融合效果较为显著;社会建设层面,我国智慧城市建设近年来进入爆发式增长阶段,全国 94% 的省会已开展新型智慧城市顶层设计,90% 以上的地级市已建成市级云平台。

　　"两大能力"强化核心技术自主可控与信息保护,重在技术自主和数据安全。"两大能力"指"强化数字技术创新体系和数字安全屏障",主要措施包括构筑自立自强的数字技术创新体系、攻关关键核心技术、建立数据分类分级保护的基础制度。近年来,我国数字经济规模持续扩大,2022 年数据安全产业规模同比增长 40%。

　　随着 5G、人工智能、大数据等新技术的不断发展,中国的"信息高速公路"将继续升级和完善。未来,中国的"信息高速公路"将更加智能化、高效化,为人们的生活和工作提供更多便利和支持。

网络安全与管理

导读

随着网络应用和服务的广泛发展,网络给人们的生活和工作提供了极大的便利。但是近些年来,网络攻击、数据泄露事件等网络安全事件的频发,使得网络安全问题变得越来越突出,人们越来越意识到网络安全与管理的重要性。本单元将从网络安全与管理概述开始,系统地介绍网络管理协议、防范网络病毒、黑客入侵(Hacker Cracking)以及网络故障的诊断与排除。

学习目标

◇ **素养目标**

(1) 构建网络安全思维,建立防范网络病毒和黑客的意识。

(2) 学习网络使用规范,建立网络文明习惯。

◇ **知识目标**

(1) 了解网络安全的概念,了解网络安全涉及的内容及核心目标。

(2) 掌握网络管理的概念、标准及协议。

(3) 了解防范网络病毒的相关知识。

(4) 了解防范黑客入侵的相关知识。

(5) 掌握防火墙的概念、发展历史、技术、设置要素及分类。

(6) 掌握网络故障诊断与排除。

◇ **能力目标**

(1) 具备防范网络病毒的技能。

(2) 具备防范黑客入侵的技能。

(3) 具备配置防火墙的操作技能。

知识梳理

7.1 网络安全与管理概述

7.1.1 网络安全的概念

网络安全就是网络上的信息安全,是指通过采取技术、管理和法律等手段,确保网络系统的硬件、软件、数据和服务的安全性,防止未经授权的访问、破坏、泄露或篡改。网络安全不仅关系到个人隐私和财产安全,还对国家安全、社会稳定和经济发展具有重要意义。

7.1.2　网络安全涉及的内容

网络安全涉及的内容广泛且复杂,主要包括以下几个方面。

1. 实体安全

实体安全,又称物理安全,主要指的是网络的外部环境安全,它是整个网络系统安全的前提。实体安全可能出现问题的因素包括如下几个方面。

(1) 环境安全,如地震、水灾、火灾、有害气体和其他环境事故,机房的温湿度控制、防尘、防电磁干扰,机房环境及报警系统的设计缺陷等。

(2) 设备安全,如服务器、交换机、路由器等关键设备的保护,人为设备操作失误或错误,设备被盗被毁等。

(3) 媒体安全,如存储介质的安全管理等。

2. 网络连接安全

网络连接安全是网络安全的重要组成部分,它主要涉及保证网络通信过程中的数据完整性、保密性和可用性,防止未经授权的访问、篡改、泄露和中断。网络连接安全是指网络拓扑结构、网络路由状况等的安全。下面从两个方面来分析这个问题。

(1) 与 Internet 连接面临的威胁。基于 Internet 的开放性及网络服务的复杂性,使得内部网络系统经常面临一些无法预测的风险。如果内部网络中一台机器的安全受损(如被侵入),就可能同时影响在同一网络上的许多其他机器,甚至可能涉及军事、金融等安全敏感领域。因此,网络管理人员对 Internet 安全事故做出有效反应变得十分重要,有必要将公开服务器同外网及内部网络进行必要的隔离,避免网络结构信息外泄;同时还要对外网的服务请求加以过滤,只允许正常通信的数据包到达相应主机,其他的请求服务在到达主机之前就应该遭到拒绝。

(2) 整个网络结构和路由状况。安全系统的建设往往是建立在网络系统之上的,网络系统的成熟与否直接影响安全系统的建设。整个网络的动态路由是否安全、系统的冗余状况等将直接影响即将建成的安全系统。因此,在进行网络系统设计时,要注意对整个网络结构和路由进行优化。

3. 系统安全

系统安全涵盖网络系统中的操作系统、数据库系统以及整个网络系统的安全。

目前,无论是 Microsoft 的 Windows NT 或者其他任何商用 UNIX 操作系统,都不是绝对安全的操作系统。

虽然没有绝对安全的操作系统,但是,系统的安全程度与系统的应用范围和严格管理有很大关系,一个工作组的打印服务器和一个机要部门的数据库服务器的选择标准显然不能相同,因此要正确评估自己的网络风险并根据自己的网络风险大小制定相应的安全解决方案。

不但要选用尽可能可靠的操作系统和硬件平台,而且必须加强登录过程的认证(特别是在到达服务器主机之前的认证),确保用户的合法性;其次应该严格限制登录者的操作权限,将其完成的操作限制在最小的范围。

4. 应用安全

应用安全由应用软件开发平台安全和应用系统数据安全两部分组成。应用安全是动态的、不断变化的。例如,以目前 Internet 上应用最广泛的电子邮件系统来说,其解决方案有 Netscape Messaging Server、Lotus Notes、Exchange Server 等数十种,其安全手段多种多样,但其系统内部的错误和漏洞很少有人能够发现,并且,随着版本的不断更新,安全漏洞也不断增加且隐藏得越来越深,总会有人不断发现这些漏洞并加以利用,对网络安全造成威胁。因此,应用安全是一个随网络发展而不断完善的过程。

应用安全还涉及应用软件的程序安全性测试分析、业务数据安全检测与审计、数据资源访问控制验证测试、实体的身份鉴别检测、业务现场的备份与恢复机制检查、数据的唯一性/一致性/防冲突检测、数据保密性测试、系统可靠性测试和系统的可用性测试等。

因此,对于重要信息的通信必须授权,传输必须加密。必须采用多层次的访问控制与权限控制手段,实现对数据的安全保护,同时采用加密技术,保证网上传输的信息(包括管理员口令与账户、上传 WWW 信息等)的机密性与完整性。

5. 管理安全

管理制度建设是网络安全中最重要的部分。各网络使用机构、企业和单位应建立相应的信息安全管理办法,加强内部管理,建立审计和跟踪体系,增强整体信息安全意识。

6. 人为因素影响

(1)黑客攻击。黑客的攻击行动无时无刻不在进行,而且他们会利用网络系统和管理上一切可能利用的漏洞,对网络安全和用户信息造成很大的威胁。

(2)恶意代码。恶意代码不限于病毒,还包括蠕虫(Worms)、特洛伊木马、逻辑炸弹、其他未经同意的软件等,应该加强对恶意代码的检测。

7.1.3　网络安全的核心目标

网络安全的核心目标是保护网络中的数据和资源。其主要内容包括以下七个方面。

(1)防火墙,一种过滤和控制进出网络流量的设备或软件,防止未经授权的访问。

(2)IDS 和入侵防御系统(IPS),监控网络流量以检测和响应潜在的威胁或攻击。

(3)加密技术,用于确保数据传输和存储的机密性,只有授权方才能访问加密数据。

(4)身份验证和访问控制,通过密码、生物识别、双因素认证等手段确保只有授权用户才能访问网络资源。

(5)恶意软件防护,使用杀毒软件和反恶意软件工具,防止病毒、蠕虫、木马等恶意软件感染网络设备和系统。

(6)安全补丁管理,及时更新系统和软件,以修复已知的安全漏洞。

(7)数据备份与恢复,定期备份关键数据,并制订有效的灾难恢复计划,以应对数据丢失或网络中断。

7.1.4　网络管理

网络管理,是指用软件手段对网络上的通信设备及传输系统进行有效的监视、控制、诊断和测试所采用的技术和方法。网络管理涉及以下三个方面。

(1) 网络服务提供:向用户提供新的服务类型、增加网络设备、提高网络性能。

(2) 网络维护:网络性能监控、网络配置管理、故障报警、故障诊断、故障隔离与恢复、性能监控与优化。

(3) 网络处理:网络线路及设备利用率,数据的采集、分析,以及提高网络利用率的各种控制。

7.1.5　网络管理标准

为了支持各种网络的互联管理的要求,网络管理需要有一个国际性的标准。网络管理标准化是指通过制订一系列统一的标准和规范,确保网络管理的各个方面(如配置、性能、故障、安全等)能够在不同的网络环境中实现一致性、互操作性和高效性。网络管理标准化目的是满足不同网络管理系统之间互操作的需求。

1. 网络管理标准化的重要性

1) 互操作性

标准化有助于不同厂商的网络设备和管理系统在同一网络中无缝协作,减少不兼容问题。

2) 简化管理流程

通过标准化的协议和工具,网络管理员可以简化管理操作,减少复杂性。

3) 提高安全性

标准化确保了安全管理流程和技术的一致性,帮助提升网络的整体安全性。

4) 降低成本

标准化减少了定制化解决方案的需求,降低了企业部署和维护网络的成本。

5) 全球统一性

标准化帮助跨国企业在不同地域实施相同的网络管理政策,确保全球网络的稳定和一致。

2. OSI 网络管理模型(ISO 7498-4)

OSI 网络管理模型是最早的网络管理标准化框架之一,建立了统一的网络管理体系结构和功能域。这一模型划分了五个功能领域,称为 FCAPS,并为网络管理的标准化奠定了基础。

1) 故障管理

故障管理(Fault Management)是用来维持网络的正常运行的。故障管理包括及时发现网络中发生的故障,找出网络故障产生的原因,必要时启动控制功能来排除故障。控制活动包括诊断测试活动、故障修复或恢复活动、启动备用设备等。故障管理的目的是保证网络能够提供连续、可靠的服务。

2) 配置管理

网络配置是指网络中每个设备的功能、相互间的连接关系和工作参数,它反映了网络的状态。网络是经常变化的,因此网络的配置需要经常调整。对网络配置的改变可能是临时性的,也可能是永久性的,网络管理系统必须有足够的手段来支持这些改变,配置管理(Configuration Management)就是用来识别、定义、初始化、控制与检测通信网中的管理对象。

网络中的配置管理功能主要负责监视与控制以下内容:网络资源及其活动状态;网络资源之间的关系;资源的引入与删除。

在 OSI 网络管理标准中,配置管理部分可以说是最基本的内容。配置管理是网络中对管理对象的变化进行动态管理的核心。当配置管理软件接到网管操作员或其他管理功能设施配置变更请求时,配置管理服务首先确定管理对象的当前状态并给出变更合法的确认,然后对管理对象进行变更操作,最后要验证变更确实已经完成。

3) 计费管理

对于公用分组交换网与各种信息服务系统来说,用户必须为使用网络的服务而交费,网络管理系统则需要对用户使用网络资源的情况进行记录并核算费用。

在大多数企业内部网中,内部用户使用网络资源并不需要交费,但是记账功能可以用来记录用户网络的使用时间、统计网络的利用率与资源使用等内容,因此,计费管理(Accounting Management)功能在企业内部网中也是非常有用的。

4) 性能管理

性能管理(Performance Management)功能是持续地评测网络运行中的主要性能指标,以检验网络服务是否达到了预定的水平,找出已经发生或潜在的瓶颈,报告网络性能的变化趋势,为网络管理决策提供依据。典型的网络性能管理可以分为两部分:性能监测和网络控制。性能监测指网络工作状态信息的收集和整理;网络控制则是为改善网络设备的性能而采取的动作和措施。

5) 安全管理

安全管理(Security Management)功能用来保护网络资源的安全。安全管理活动能够利用各种层次的安全防卫机制,使非法入侵事件尽可能少发生;能够快速检测未授权的资源使用,并查出侵入点,对非法活动进行审查与追踪;能够使网络管理人员恢复部分受损的文件。

安全管理中一般要设置一些权限,制定判断非法入侵的条件以及检查非法操作规则。非法入侵活动包括无特权的用户企图修改其他用户定义的文件,修改硬件或软件配置,修改访问优先权,关闭正在工作的用户,企图访问敏感数据等。网络管理中心收集有关数据并生成报告,由其安全事务处理进程进行分析、记录、存档,并根据情况采取相应的措施,例如,给入侵用户以警告信息、取消其使用网络的权利等。无论是积极还是消极行动,均要将非法入侵事件记录在安全日志中。

该模型为网络管理提供了统一的分类方法,使不同厂商的设备和管理系统能够基于相同的逻辑进行管理和操作。

7.2　网络管理协议

网络管理协议是代理和网络管理软件交换信息的方式,它定义使用什么传输机制、代理上存在何种信息以及信息格式的编排方式。它们帮助网络管理员通过标准化的方式监控网络性能、检测和解决故障、配置设备、确保网络安全等。

7.2.1　SNMP 协议

SNMP 是 TCP/IP 协议簇的一个应用层协议,它是随着 TCP/IP 的发展而发展起来的。它是最广泛使用的网络管理协议之一,用于监控网络设备(如路由器、交换机、服务器等)的运行状态和配置。

1. SNMP 的发展及版本

在 TCP/IP 发展的前期,由于规模和范围有限,网络管理的问题并未受到重视。直到 20 世纪 70 年代,仍然没有正式的网络管理协议,当时常用的一个管理工具就是 ICMP。ICMP 通过在网络实体间交换 echo 和 echo-reply 的报文对,测试网络设备的可达性和通信线路的性能。然而随着 Internet 的飞速发展,连接到 Internet 上的组织和实体数目也越来越多。这些各自独立的实体主观和客观上都要求能够独立地履行各自的子网管理职责,因此要求一种更加强大的标准化的网络管理协议来实现对 Internet 的网络管理。

20 世纪 80 年代末,Internet 体系结构委员会采纳 SNMP 作为一个短期的网络管理解决方案;由于 SNMP 的简单性,在 Internet 时代得到了蓬勃的发展,1992 年发布了 SNMPv2 版本,以增强 SNMPv1 的安全性和功能。1998 年发布了 SNMPv3,旨在解决前两个版本(SNMPv1 和 SNMPv2)的安全性问题。SNMPv3 通过提供加密、认证和访问控制等安全功能,确保网络管理通信的保密性和完整性,同时允许管理员安全地监控和管理网络设备。

2，SNMP 网络管理模型

SNMP 的网络管理模型定义了一个结构化的方式,用于管理和监控网络设备。该模型由多个组成部分构成,旨在实现网络设备的统一管理、配置和监控。SNMP 网络管理模型主要包括以下三个核心组件。

(1) 被管理的设备(网元):包括一个 SNMP 代理并且驻留在一个被管理网络中的网络节点。它可以是路由器、接入服务器、交换机、网桥、集线器、主机、打印机等网络设备。网元负责收集和存储管理信息,并使这些信息对于使用 SNMP 的 NMS 是可用的。

(2) 代理(Agent):安装在被管理设备(如路由器、交换机等)上的软件,它是一个网络管理软件模块,它驻留在一个网元中,它掌握本地的网络管理信息,并将此信息转换为 SNMP 兼容的形式,在 NMS 发出请求时做出响应。

(3) NMS:监控和管理网元,提供网络管理所需的处理和存储资源。

MIB 是网络设备上存储管理元素信息的数据库,定义了设备中可以被监控和管理的参数。它是管理信息的有层次的集合,由管理对象组成,并由对象标识符进行标识。管理网中的每一个被管网元都应该包括一个 MIB,NMS 通过代理读取或设置 MIB 中的变量值,从而实现对网络资源的监视和控制。

7.2.2　RMON 协议

RMON 是一种 SNMP 的扩展协议,旨在增强网络性能监控的能力。RMON 的目的就是要测定、收集网络的性能,为网络管理员提供复杂的网络错误诊断和性能调整信息。

RMON 的工作原理是通过监控网络流量、设备性能和故障情况,提供更详细的数据统计。RMON 使用特定的 MIB,支持远程监控功能,管理员无须直接访问设备就可以收集数据。

由 RMON 构成的通信量观测和 SNMP 一样,也是由管理程序和代理程序构成。但是,在局域网网络设备中,对应 RMON 的产品较少。因此,一般是将观测通信量的专用装置即所谓的探测器安装到网络上来进行检测。

RMON 最大的用武之地通常是观测网络的关键点,包括局域网主干网中通信量集中的节点和发生了问题的节点等。在这些节点,通常利用 RMON 的报警功能,当通信量超过了阈值时,给 RMON 管理程序发出警告。

RMON 的应用场景有如下几点。

(1) 流量分析:监控网络中的流量情况,如流量密度、拥塞等。

(2) 故障检测:自动检测并告警网络中的故障,如链路故障、过高的流量等。

(3) 历史数据分析:记录过去的流量和故障数据,便于趋势分析和性能优化。

一般来说,当网络用户明显地感到网络变慢了,特别是感到 WWW 速度显著变慢时,为了用 RMON 解决这类问题,就必须增加观测点,对大量的数据进行分析。例如,从用户到 Internet 的出口必须收集、解析各种各样的数据,包括路由器的利用率和错误数目、广域网传输线带宽的利用率、代理服务器和防火墙的收发包个数以及 CPU 的利用率等。

7.2.3 Telnet 和 SSH

1. Telnet 和 SSH 概述

Telnet 和 SSH 是两种远程登录协议,用于管理员通过网络管理设备的配置和状态。

Telnet 是一种基于文本的协议,允许用户通过网络远程登录到另一台设备(如路由器、服务器等),并执行命令或进行配置。它是最早的远程登录协议之一,使用明文传输数据,安全性较低,常用于网络管理和维护。

SSH:安全的远程登录协议,是一种加密的网络协议,通过加密技术保证数据的机密性和完整性,广泛用于设备的远程配置和管理。它为 Telnet 的功能提供了强大的安全性,包括加密、认证和数据完整性校验。

2. Telnet 使用场景

Telnet 在过去广泛用于网络设备管理和服务器维护,但由于安全问题,如今主要被 SSH 取代,仅在如以下极少数场景中使用。

(1) 封闭的网络环境(如实验室、测试环境)。

(2) 对安全性要求不高的旧设备。

3. SSH 使用场景

SSH 因其安全性和灵活性,已经成为远程登录和管理的标准协议,常见应用场景包括如下。

(1) 远程设备管理:系统管理员通过 SSH 远程登录服务器、路由器、交换机等设备进行维护和配置。

(2) 文件传输:通过安全复制协议(SCP)或安全文件传输协议(SFTP)安全传输文件。

（3）安全隧道：通过 SSH 隧道为其他协议（如 HTTP、RDP 等）提供加密传输。

（4）自动化运维：使用密钥认证，系统管理员可以在无密码交互的情况下自动执行批量任务，如配置更新和应用部署。

7.3   防范网络病毒

网络病毒和黑客入侵是网络安全中的两大主要威胁，它们对信息系统、网络、数据安全构成严重威胁。

7.3.1   网络病毒

广义上认为，可以通过网络传播，同时破坏某些网络组件（服务器、客户端、交换和路由设备）的病毒就是网络病毒。狭义上认为，局限于网络范围的病毒就是网络病毒，即网络病毒应该是充分利用网络协议及网络体系结构作为其传播途径或机制，同时网络病毒的破坏也应是针对网络的。

7.3.2   网络病毒的类型

网络病毒是一种恶意软件，能够通过计算机网络传播，并对系统、数据或网络造成破坏。常见的网络病毒类型如下。

1. 蠕虫
一种不需要宿主程序的病毒，能通过网络自我复制和传播，如冲击波（Blaster）和震网（Stuxnet）病毒。

2. 木马
木马（Trojan）像正常软件一样伪装，但执行恶意操作，窃取信息或控制计算机。例如，远程控制木马（Remote Access Trojan，RAT）。

3. 勒索软件
勒索软件（Ransomware）加密用户数据，要求支付赎金以恢复访问。

4. 广告软件
广告软件（Adware）强制用户观看广告或推广产品，有时还会收集用户信息。

5. 间谍软件
间谍软件（Spyware）窃取用户的敏感信息，如密码、银行账户信息等。

7.3.3   网络病毒传播途径

计算机网络病毒和传统生物病毒一样都需要有传播方式才能进行传播，其传播途径大致可以分为以下几类。

1. 文件下载和网站浏览
通过下载被感染的软件或访问恶意网站，病毒会自动植入系统。

2. 网络共享和文件传输

通过局域网或互联网的共享文件或传输,病毒可以快速传播到其他计算机。病毒先传染网络中一台工作站,在工作站内存驻留,然后通过查找网络上共享资源来传播病毒。

3. 网页恶意脚本

当用户浏览网页时,由于在该网页上附加了恶意脚本,该脚本里的病毒就感染该计算机,然后通过该计算机传播到全网络。

4. 邮件感染

把病毒文件附加在邮件里,通过互联网传播,当用户接收邮件时病毒感染计算机,继而传播到全网络。

5. 聊天工具传染

在通过聊天工具进行聊天时,病毒隐藏于文档或文件里,传播到对方的计算机中。

7.3.4 网络病毒防御措施

网络病毒危害极大,针对网络病毒的传播途径,防范网络病毒的措施如下。

(1) 安装和更新杀毒软件:使用最新的杀毒软件检测并阻止病毒。

(2) 定期备份数据:防止数据被勒索软件加密后无法恢复。

(3) 保持系统更新:定期更新操作系统和软件补丁,修复漏洞。

(4) 小心下载文件和邮件附件:不打开未知来源的邮件附件或下载可疑文件。

7.4 防范黑客入侵

在 Internet 上,黑客攻击事件屡屡发生。黑客攻击事件在全球范围内屡见不鲜,涉及政治、经济、个人隐私等多个领域。从个人隐私泄露到国家关键基础设施的瘫痪,黑客攻击的影响范围广泛且严重。

7.4.1 黑客和黑客入侵

黑客,常常在未经许可的情况下通过技术手段登录到他人的网络服务器甚至是连接在网络上的单机,并对网络进行一些未经授权的操作。

黑客入侵是指未经授权的攻击者利用系统漏洞或弱点,获得对网络、计算机或系统的访问权限,并可能执行恶意操作。黑客行为通常分为白帽(合法、安全测试)和黑帽(恶意攻击)。

7.4.2 黑客常用的攻击手段和攻击方式

一般认为,目前黑客的攻击手段主要表现如下。

1. 拒绝服务攻击

通过大量请求或流量使网络或服务器过载,从而无法提供正常服务。它不断对网络服务系统进行干扰,改变其正常的作业流程,执行无关程序使系统响应减慢甚至瘫痪,影响正常用户的使用,甚至使合法用户被排斥而不能进入计算机网络系统或不能得到相应的服务。

2. 信息泄露或丢失

信息泄露或丢失指敏感数据在有意或无意中被泄露或丢失,它通常包括信息在传输中丢失或泄露,如黑客利用电磁泄漏或搭线窃听等方式可截获机密信息;黑客通过对信息流向、流量、通信频度和长度等参数的分析,得出有用的信息,如用户口令、账号等;信息在存储介质中丢失或泄露,黑客可能通过建立隐蔽隧道等窃取敏感信息。

3. 破坏数据完整性

黑客以非法手段窃得对数据的使用权,删除、修改、插入或重发某些重要信息,以取得有益于攻击者的响应;恶意添加、修改数据,以干扰用户的正常使用。

4. 非授权访问

没有预先经过同意,就使用网络或计算机资源被看作非授权访问,如有意避开系统访问控制机制,对网络设备及资源进行非正常使用,或擅自扩大权限、越权访问信息。它主要有以下几种形式:假冒、身份攻击、非法用户进入网络系统进行违法操作,合法用户以未授权方式进行操作等。

5. 利用网络传播病毒

通过网络传播计算机病毒,其破坏性大大高于单机系统,而且用户很难防范。

具体来说,黑客攻击的方式有以下几种。

(1) 密码破解(Password Cracking):通过暴力破解或社会工程学攻击(如钓鱼攻击),窃取用户密码。

(2) SQL 注入(SQL Injection):利用数据库的安全缺陷,通过应用程序发送恶意的SQL 语句获取数据库控制权。

(3) 跨站脚本攻击(XSS):利用网站安全漏洞,在用户浏览器中执行恶意脚本,盗取用户信息。

(4) 后门(Backdoor):黑客在系统中留下秘密访问点,以便随时可以重返系统。

7.4.3　黑客入侵的影响

黑客入侵计算机是一种严重的安全威胁,不仅会对个人,甚至可能对组织造成多方面的影响,在日常生活及工作中应该注意防范并能做到及时感知。黑客入侵的影响如下。

(1) 数据泄露:黑客入侵后可能窃取用户的敏感信息,如个人信息、银行账户、密码等。

(2) 系统破坏:黑客可能删除或修改系统文件,导致系统崩溃或功能失常。

(3) 财产损失:企业和个人因数据泄露、服务中断等造成直接或间接的财产损失。

(4) 声誉损害:公司或组织的品牌信誉因黑客入侵事件而受到严重打击。

(5) 资源占用:用户被入侵的计算机成为"肉鸡",为黑客持续贡献收益。

(6) 隐私侵犯:黑客可能会监控用户的活动,包括通信、网上浏览习惯、自拍照片等。

7.4.4　防御措施

防御黑客的措施如下。

(1) 加强密码管理:使用强密码(密码长度不少于 12 位,包含大小写、特殊符号和数字),定期更换,并使用多因素认证(MFA)。

(2) 安全的网络架构设计:使用防火墙、防病毒软件、IDS/IPS 监控和过滤网络流量,在可能的情况下,为账户启用双因素认证(如短信认证+密码或人脸识别+密码)增加安全性。

(3) 漏洞修补和补丁管理:定期更新操作系统和应用程序,确保漏洞被及时修复。

(4) 加密敏感数据:使用加密技术保护数据传输和存储。

(5) 培训员工安全意识:让员工了解社会工程学攻击和如何避免常见的安全风险,如钓鱼邮件。

(6) 备份数据:定期备份重要数据,以便在需要时能够及时恢复,比如自动将重要数据同步到网盘。

7.4.5 如何感知计算机被入侵

计算机存在以下情形时,计算机存在被入侵的可能性。

(1) 系统性能下降:如果计算机突然变得异常缓慢,可能是恶意软件在后台运行,如挖矿程序会占用非常高的 CPU 和内存资源。

(2) 未知程序或服务:检查是否有未知的程序或服务在计算机上运行。

(3) 文件丢失或更改:重要文件丢失或未经授权的更改可能是被入侵的迹象。

(4) 异常网络活动:监控网络流量,寻找异常的出入流量,这表明可能有人在远程控制计算机。

(5) 安全软件被禁用:如果防病毒软件或防火墙被禁用,这可能是有人试图绕过安全措施;

(6) 弹出窗口和广告:频繁地弹出窗口和广告可能是恶意软件的迹象,窗口关闭后还会持续弹出就更应该怀疑计算机是被恶意软件感染了。

(7) 账户异常:如果用户的在线账户出现未知的登录活动或密码更改,可能是被黑客入侵。这也是为什么很多知名应用都默认带了异常登录提醒功能,这样让用户可以及时感知到账户被盗用的风险。

7.4.6 如何应对计算机入侵

如果用户怀疑自己的计算机被入侵,应立即断开网络连接,进行全面的安全扫描,并考虑联系专业的网络安全专家进行进一步的检查和处理。企业用户应按照公司的安全事件响应计划行动,并通知相关的法律和监管机构。

7.5 防火墙

防火墙的概念最早源于建筑领域,是指一种用来阻止火灾蔓延的墙壁。这个概念在 20 世纪 80 年代被引入计算机网络安全领域,意指通过隔离和过滤来保护网络不受外部威胁侵害。

7.5.1 防火墙的概念

防火墙是设置在被保护网络和外部网络之间的一道屏障,防止发生不可预测的、潜在破坏性的侵入。通过在专用网和 Internet 之间设置防火墙来监视所有出入专用网的信息流，它可通过监测、限制、更改跨越防火墙的数据流，决定哪些可以通过，哪些不可以通过，并尽可能地对外部屏蔽网络内部的信息、结构和运行状况，以此来实现网络的安全保护。

在逻辑上，防火墙是一个分离器，一个限制器，也是一个分析器，它有效地监控了内部网络和 Internet 之间的任何活动，保证了内部网络的安全。

7.5.2　防火墙的发展历史

1. 早期防火墙概念的起源（20 世纪 80 年代）

在 20 世纪 80 年代，互联网开始逐渐普及，但网络安全问题也随之而来。当时的网络安全主要关注计算机病毒和入侵者直接访问系统的威胁。随着互联网的快速发展，尤其是开放的 TCP/IP 普及，网络攻击也变得更加频繁。

为了解决这些问题，早期的防火墙出现了，其主要是用来隔离内部网络与外部网络，并过滤网络流量。防火墙的基本思想是在网络边界设置一道"屏障"，对流入和流出的数据包进行检查，决定是否允许通过。

2. 第一代防火墙——包过滤防火墙 Packet Filtering Firewall（20 世纪 80 年代中期）

第一代防火墙出现在 20 世纪 80 年代中期，基于简单的包过滤技术。它通过检查数据包的头部信息（如 IP 地址、端口号、协议类型等）决定是否允许数据包通过。这种技术只检查网络数据包的基础信息，规则相对简单。

3. 第二代防火墙——状态检测防火墙 Stateful Inspection Firewall（20 世纪 90 年代）

在 20 世纪 90 年代，状态检测防火墙（又称状态防火墙）开始普及。相比包过滤防火墙，状态检测防火墙能够跟踪连接的状态，并记录数据包在连接中的顺序和状态。

这种防火墙不仅检查每个数据包的基本信息，还可以分析数据包与整个通信会话的关系，确保数据包是属于合法的、已经建立的连接的一部分。

4. 第三代防火墙——应用层防火墙 Application-Level Firewall（20 世纪 90 年代后期）

到了 20 世纪 90 年代后期，随着互联网应用的多样化和网络攻击手段的复杂化，单纯依赖网络层和传输层的防火墙已经无法满足需求。于是，应用层防火墙应运而生。

应用层防火墙不仅能够检测数据包的头部信息和连接状态，还能深入检查应用层的数据内容。它可以识别应用协议（如 HTTP、FTP 等），从而可以检测和阻止基于应用层的攻击，如 SQL 注入、XSS 等。

5. 下一代防火墙（Next-Generation Firewall，NGFW）（2000 年后）

进入 21 世纪，网络攻击形式更加复杂，攻击者往往使用多种手段组合攻击，如混合攻击、APT。传统的防火墙已经难以应对这些高级威胁，于是 NGFW 出现了。

下一代防火墙集成了 IDS/IPS、深度包检测（DPI）、应用识别等多种高级功能，能够在网络层、传输层和应用层都进行深度检测和防护。它还可以根据用户身份、访问内容等多维度设置安全策略，增强了防御能力。

6. 云防火墙（Cloud Firewall）（2010 年后）

随着云计算的普及，传统的物理防火墙难以应对云环境中的动态需求。云防火墙是一种基于云的安全解决方案,它可以在云中进行弹性扩展,实时检测云中的流量和威胁。

7.5.3　防火墙技术

防火墙总体上分为数据包过滤(Packet Filtering)、应用级网关(Application Level Gateways)、代理服务器和状态检测防火墙(Stateful Inspection Firewall)等几大类型。

1. 数据包过滤

数据包过滤技术是在网络层对数据包进行选择的技术,选择的依据是系统内设置的过滤逻辑,称为访问控制表。通过检查数据包的源地址、目标地址、端口号和协议类型,或它们的组合,根据预设的安全策略决定是否允许数据包通过。数据包过滤防火墙逻辑简单、效率高、价格便宜,易于安装和使用,网络性能和透明性好,它通常安装在路由器上。路由器是内部网络与 Internet 连接必不可少的设备,因此在原有网络上增加这样的防火墙几乎不需要任何额外的费用。

数据包过滤防火墙的缺点有:一是非法访问一旦突破防火墙,即可对主机上的软件和配置漏洞进行攻击;二是数据包的源地址、目的地址以及 IP 的端口号都在数据包的头部,很有可能被窃听或假冒;三是只能检查数据包的头部信息,无法检测数据包的内容,容易被绕过,不适合复杂的应用场景。

数据包过滤适用于小型网络或需要快速过滤流量的场景。

2. 应用级网关

应用级网关是在网络应用层上建立协议过滤和转发功能的技术。它针对特定的网络应用服务协议(如 HTTP、FTP、SMTP 等)使用指定的数据过滤逻辑,并在过滤的同时,对数据包进行必要的分析、登记和统计,形成报告。实际中的应用级网关通常安装在专用工作站系统上。

数据包过滤和应用级网关防火墙有一个共同的特点,就是它们仅仅依靠特定的逻辑判断是否允许数据包通过。一旦满足逻辑,则防火墙内外的计算机系统建立直接联系,防火墙外部的用户便有可能直接了解防火墙内部的网络结构和运行状态,这有利于实施非法访问和攻击。

3. 代理服务器

代理服务器又称链路级网关或 TCP 通道(TCP Tunnel),也有人将它归于应用级网关一类。这是一种基于代理服务器的防火墙技术,它工作在应用层,通过在客户端和目标服务器之间充当中介,对进出网络的数据流进行过滤、控制和检查。代理服务器防火墙不仅能隐藏客户端的 IP 地址,还可以缓存内容,控制用户访问特定的网络资源,并深度检查应用层的流量,以保护网络安全。

它是针对数据包过滤和应用级网关技术存在的缺点而引入的防火墙技术,其特点是将所有跨越防火墙的网络通信链路分为两段。外部计算机的网络链路只能到达代理服务器,从而起到了隔离防火墙内外计算机系统的作用。此外,代理服务器也对过往的数据包进行分析、注册登记,形成报告,同时当发现被攻击迹象时会向网络管理员发出警报,并保留攻击痕迹。

4. 状态检测防火墙

状态检测防火墙,又称动态包过滤防火墙,是一种基于 OSI 模型网络层和传输层的防火墙技术。

传统的包过滤防火墙只是通过检测 IP 包头的相关信息来决定数据流是通过还是拒绝,而状态检测技术能够记录和跟踪网络连接的状态,分析整个数据包流(Session)中的各个数据包,决定是否允许这些数据包通过。它采用的是一种基于连接的状态检测机制,将属于同一连接的所有包作为一个整体的数据流看待,构成连接状态表,通过规则表与状态表的共同配合,对表中的各个连接状态因素加以识别,判断其是否属于合法连接,从而实现动态过滤。

状态检测防火墙基本保持了包过滤防火墙的优点,摒弃了包过滤防火墙仅仅检查进出网络的数据包而不关心数据包状态的缺点,在防火墙的核心部分建立状态连接表,维护了连接,将进出网络的数据当成一系列的事件来处理。因此,与传统包过滤防火墙的静态过滤规则表相比,它具有更好的灵活性和安全性。

7.5.4　设置防火墙的要素

1. 网络策略

影响防火墙系统设计、安装和使用的网络策略可分为两级,高级的网络策略定义允许和禁止的服务以及如何使用服务,低级的网络策略描述防火墙如何限制和过滤在高级策略中定义的服务。

2. 服务访问策略

服务访问策略集中在 Internet 访问服务以及外部网络访问(如拨入策略、SLIP/PPP 连接等)。服务访问策略必须是可行的和合理的。可行的策略必须在阻止已知的网络风险和提供用户服务之间获得平衡。典型的服务访问策略是:允许通过增强认证的用户在必要的情况下从 Internet 访问某些内部主机和服务;允许内部用户访问指定的 Internet 主机和服务。

3. 防火墙设计策略

防火墙设计策略基于特定的防火墙,定义完成服务访问策略的规则。通常有两种基本的设计策略:允许任何服务除非被明确禁止;禁止任何服务除非被明确允许。第一种的特点是好用但不安全,第二种是安全但不好用,通常采用第二种类型的设计策略。

4. 增强的认证

许多在 Internet 上发生的入侵事件源于脆弱的传统用户/口令机制。多年来,用户被告知使用难以猜测和破译的口令,虽然如此,攻击者仍然在 Internet 上监视传输的口令明文,使传统的口令机制形同虚设。增强的认证机制包含智能卡、认证令牌、生理特征(指纹)以及基于软件(RSA)等技术,以克服传统口令的弱点。虽然存在多种认证技术,它们均使用增强的认证机制产生难以被攻击者重用的口令和密钥。目前许多流行的增强机制使用一次有效的口令和密钥(如智能卡(SmartCard)和认证令牌)。

7.5.5　防火墙的分类

防火墙有很多种分类方法,每种分类方法都各有特点。

（1）根据具体实现方法，防火墙可以分为如下三种类型。

① 软件防火墙：运行于特定的计算机上，一般来说，这台计算机就是整个网络的网关。软件防火墙与其他的软件产品一样，需要先在计算机上安装并做好配置后方可使用。使用这类防火墙，需要网络管理人员对使用的操作系统平台比较熟悉。

② 硬件防火墙：由计算机硬件、通用操作系统和防火墙软件组成。在定制的计算机硬件上，采用通用计算机系统、Flash 盘、网卡组成的硬件平台上运行 Linux、FreeBSD 和 Solaris 等经过最小化安全处理后的操作系统及集成的防火墙软件。其特点是开发成本低、性能实用，而且稳定性和扩展性较好。但是由于此类防火墙依赖操作系统内核，因此受到操作系统本身安全性的影响，处理速度较慢。

③ 专用防火墙：采用特别优化设计的硬件体系结构，使用专用的操作系统。此类防火墙在稳定性和传输性方面有着得天独厚的优势，速度快、处理能力强、性能高。由于采用专用操作系统，因而容易配置和管理，本身漏洞也比较少，但是扩展能力有限，价格也较高。

（2）根据防火墙采用的核心技术，防火墙可分为包过滤型、状态检测型、应用代理型三类。

（3）根据防火墙的结构，防火墙可分为单一主机防火墙、路由器集成式防火墙和分布式防火墙三种。

（4）如果根据防火墙的应用部署位置，可以分为边界防火墙、个人防火墙和混合防火墙三大类。其中个人防火墙安装于单台主机中，防护的也只是单台主机。这类防火墙应用于广大个人用户，通常为软件防火墙，价格最便宜（目前有许多免费的个人防火墙产品），性能也最差。

7.6　网络故障诊断与测试命令

网络故障诊断与排除是一项重要的技能，尤其是在维护和管理网络时，需要系统化地识别问题并采取相应措施进行解决。

7.6.1　网络故障的诊断和排除

网络故障诊断是通过系统化的分析和工具使用，来识别和定位网络问题的过程。当网络发生故障时，首先应重视故障重现并尽可能全面地收集故障信息，然后对故障现象进行分析，根据分析结果定位故障范围并对故障进行隔离，之后根据具体情况排除故障。

1. 重现故障

当网络出现故障后，如果可能，第一步应该是重现故障，这是获取故障信息的最好办法。重现故障是网络故障诊断中的一个关键步骤，旨在通过模拟或复现问题情境来更好地理解问题的根源。

在重现故障的过程中，应结合下列问题，这将有助于收集故障信息。

（1）每次操作都能使故障重现吗？

（2）在多次操作中故障是偶然重现吗？

（3）故障是在特定的操作环境下才重现吗？例如，以不同的 ID 登录或从其他计算机上进行相同的操作时，故障还会重现吗？

重现故障时，应严格按照发现问题的用户操作步骤进行，也可请用户亲自演示，这是因为计算机功能可以用不同的方式实现。

为了能够可靠地重现一个故障,应仔细询问用户在发生故障之前做了什么操作。例如,用户描述正在浏览网页时,网络突然中断了,这时应在他的计算机上重现这个故障。另外,还要查清在他的计算机上,是否还运行着其他程序以及正在访问什么样的网站。

重现故障的步骤如下。

(1) 了解并记录问题现象。首先要从用户或设备上获取故障的详细信息,尽可能了解问题的具体表现、发生时间、频率、影响范围等。如果出现错误提示或日志,应将这些信息记录下来,作为重现问题的参考。

(2) 创建类似的测试环境。如果可能,在一个相对隔离的测试环境中模拟故障现象。可以创建相同的网络配置、设备配置,甚至使用相同的硬件和软件。确保按照问题描述中的操作步骤或条件来复现故障,例如,某些特定的时间点、设备间的特定通信等。

(3) 重现故障的工具和方法。通过 ping 命令测试目标设备的连接是否正常,重复问题用户的操作。在重现故障的同时,抓取网络数据包,分析数据包的流向和状态,查看网络通信中是否存在异常。在故障发生时查看相关设备或系统日志,确认是否有新的错误信息或警告。

(4) 监控和记录。通过屏幕录像、日志捕获或网络抓包,记录下整个故障重现过程,确保所有信息都被完整保留,以便后续分析。确保故障现象能被重复验证,确认问题的稳定性和一致性。如果故障不再复现,则需要考虑其他因素的影响。

在试图重现故障时要注意判断重现故障操作可能带来的严重后果。在某些情况下,重现故障可能会使网络瘫痪、计算机上的数据丢失以及损坏设备。

2. 分析故障现象

分析故障现象是网络问题诊断中的核心步骤,通过深入理解现象的特征、发生条件和可能的原因,能够为故障排查提供有针对性的方向。收集了足够的故障信息后,就可以开始从以下几个方面对故障进行分析。

1) 检查物理连接

物理连接是网络连接中可能存在的最直接的缺陷,但它很容易被发现和修复。物理连接如下。

(1) 从信息插座模块到信息插头模块的连接。

(2) 从信息插头模块到物理设备的连接。

(3) 从服务器或工作站到接口的连接。

(4) 设备的物理安装(网卡、集线器、交换机、路由器)。

确认物理连接是否有故障,可依次排查以下几个方面。

(1) 设备打开了吗?

(2) 网卡安装正确吗?

(3) 设备的电缆线与网卡或墙座的连接有松动吗?

(4) 网线接头与网卡及集线器(或交换机)的连接正确吗?

(5) 集线器、交换机或路由器正确地连接到主干网吗?

(6) 所有的电缆线都是好的吗(有无老化和损坏)?

(7) 所有的接头都处在完好状态吗?

2）检查逻辑连接

如果物理连接中没有发现故障原因,就必须检查逻辑连接,包括软硬件的配置、设置、安装和权限。逻辑上的问题复杂一些,比物理问题更难以分离和解决。例如,用户已有 3 h 不能登录到网络,而检查物理连接后没有发现异常,并且用户没做什么改动,这时就可能需要检查逻辑连接。某些与网络连接有关的基于软件的可能原因:资源与网卡的配置冲突,某个网卡的配置不恰当,安装或配置客户软件不正确,安装或配置的网络协议或服务不正确。

诊断逻辑连接是否有错误,可依次排查以下几个方面。

（1）出错信息是否表明发现了损坏的或找不到的文件、设备驱动程序?

（2）出错信息表明是资源（如内存）不正常或不足吗?

（3）最近操作系统中的配置、设备驱动程序改动过吗?最近添加、删除过应用程序吗?

（4）故障只出现在一个设备还是多个相似的设备上?

3）参考网络最近的变化

参考网络最近的变化并不是一个独立的步骤,而是诊断和排除故障的过程中需要经常考虑并且相互关联的一个步骤。开始排错时,应该了解网络上最近有什么样的变动,包括添加新设备、修复已有设备、卸载已有设备、在已有设备上安装新元件、在网络上安装新服务或应用程序、设备移动、地址或协议改变、服务器连接设备或工作站上软件配置改变、工作组或用户改变等。

找出网络变动所导致的故障,可依次排查以下几个方面。

（1）服务器、工作站或连接设备上的操作系统或配置改动过吗?

（2）服务器、工作站或连接设备的位置移动过吗?

（3）在服务器、工作站或连接设备上添加了新元件或移走了旧元件吗?

（4）在服务器、工作站或连接设备上安装了新软件或删除了旧软件吗?

3. 定位故障范围

定位故障范围是网络故障排查中极为重要的环节,它帮助技术人员确定问题发生的范围和影响,缩小问题查找的范围,从而提高故障排除的效率。通过系统地划分和排除可能的因素,最终可以准确找到故障根源。

在对故障现象进行分析之后,就可以根据分析结果来定位故障范围。也就是说,要限定故障的范围是否仅在特定的计算机、某一地区的机构或某一时间段中。例如,如果问题只影响某一网段内的用户,则可以推断出问题出在该网段的网线、配置、端口或网关等方面;如果问题只限于一个用户,只需关注一条网线、计算机软硬件的配置或用户个人。

定位故障范围,可依次排查以下几个方面。

（1）有多少用户或工作组受到了影响?是一个用户或工作站、一个工作组、一个部门、一个组织地域还是整个组织?

（2）什么时候出现的故障?

（3）网络、服务器或工作站曾经正常工作过吗?

（4）故障是在很长一段时间中有规律地出现吗?

（5）故障是仅在一天、一周、一月中的特定时刻出现吗?

定位故障范围排除了其他的原因和对其他范围问题的关注,可以帮助区分是工作站（或用户）问题还是网络问题。如果故障只影响到机构中的一个部门或一个楼层,就需要检测该网段,包括它的交换机接口、网线以及为用户提供服务的计算机;如果故障影响到一个远程用户,则应检测广域网连接或路由器结构;如果故障影响到所有部门和所有位置的所有用户,这时应检查关键部件,如中心交换机和主干网连接。

4. 隔离故障

隔离故障的核心是将问题从整个系统中分离出来,逐步确定问题发生的位置、影响的设备或服务。通过系统性排查和测试,可以确定故障是否源于某个特定的网络设备、链路、配置问题,或是与某个软件或硬件故障相关。

隔离故障主要有以下 3 种情况。

(1) 如果故障影响到整个网段,则应该通过减少可能的故障来源隔离故障。除两个节点外断开所有其他节点,如果这两个节点能正常通信,再增加其他节点。如这两个节点不能通信,就要对物理层的有关部分,如电缆的接头、电缆本身或与它们相连的集线器和网卡等进行检查。

(2) 如果故障能被隔离至一个节点,可以更换网卡,使用其他好的网卡驱动程序(不能使用该节点现有的网络软件或配置文件),或是用一条新的电缆与网络相连。如果网络的连接没有问题,则检查是否只是某一个应用出现问题。使用相同的驱动器或文件系统运行其他的应用程序。

(3) 如果只是一个用户出现使用问题,检查涉及该节点的网络安全系统。检查是否对网络的安全系统进行了改变以致影响该用户,是否删除了与该用户安全等级相同的其他用户?该用户是否被网络中的一个安全组所删除?是否某项应用被移到网络中的其他部分?是否改变了系统的注册方法或是改变了该用户的注册方法?比较该用户与其他执行相同任务的用户。

5. 排除故障

排除故障是在网络问题确定之后,采取适当的措施来修复和恢复网络功能的过程。在排除故障时,技术人员需要根据诊断的结果,采取有针对性的措施,确保问题得到彻底解决并防止同类问题的再次发生。

在确认问题可能由设备引起后,可通过重启设备来解决问题。很多网络设备在运行时间过长时会出现内存泄漏、资源耗尽等问题,重启后可恢复正常功能。

对于硬件故障来说,最方便的措施就是替换或修复硬件问题,包括更换故障设备和修复接线问题等。

对于软件故障来说,解决办法是重新安装有问题的软件,删除可能有问题的文件并且确保拥有全部所需的文件。如果问题是单一用户的问题,通常最简单的方法是完整删除该用户,然后从头开始或重复步骤,使该用户重新获得原来没有问题的应用。

故障排除以后还应请操作人员测试故障是否依然存在,这样可以确保整个故障是否已排除。

7.6.2 网络常用的测试命令

网络测试命令是排查和诊断网络故障的常用工具,用于测试网络连接、性能、路径等。以下是一些常用的网络测试命令及其功能说明。

1. IP 测试工具 ping

ping 命令是网络诊断中最常用的工具之一,主要用于测试两个网络设备之间的连通性。

它通过向计算机发送 ICMP 数据包并监听回应数据包的返回,以检验与其他计算机的连接是否正常,帮助用户快速定位网络故障。

对于每个发送的数据包,ping 命令最多等待 1s。ping 命令可以显示发送和接收数据包的数量,并对每个发送和接收的数据包进行比较,以检验其有效性。

此外,还可以使用 ping 命令来测试计算机名和 IP 地址。如果成功检验 IP 地址却不能检验计算机名,则说明名称解析有问题,要保证在本地 HOSTS 文件或 DNS 数据库中存在要查询的计算机名。

ping 命令使用的格式为

ping [－参数 1][－参数 2][...]目的地址

其中,目的地址是指被测试的计算机的 IP 地址或域名。ping 命令的参数如表 7-1 所示。

表 7-1　ping 命令的参数

参　数	意　义
a	解析主机地址
f	使用 ping 数据包发送和从远程地址上返回的速度一样甚至更快,可以达到 100 次/s
i TTL	同一数据包两次发送的时间间隔,单位为秒。它不能和 f 一起使用。TTL 用于标志一个数据包在它被抛弃前在网络中存在的最长时间
j host-list	经过由 host-list 指定的计算机列表的路由报文,中间网关可能分隔连续的计算机(松散的源路由)。它允许的最大 IP 地址数目为 9
k host-list	经过 host-list 指定的计算机列表的路由报文,中间网关可能分隔连续的计算机(严格的源路由)。它允许最大的 IP 地址数目为 9
l size	所发送缓冲区的大小
n count	发出的测试包的个数,默认值为 4
r count	使用 ping 命令可以记录用于发送数据包的正常路由表
s	标识要发送数据的字节数,默认是 56B,再加上 8B 的 ICMP 数据头,共 64B ICMP 数据
t	继续执行 ping 命令直到用户发出中断
w timeout	超时等待时间

ping 命令可以选择"开始"→"运行"命令执行,也可以在 MS-DOS 方式下执行。例如,当用户的计算机不能访问 Internet,首先要确认是否为本地局域网的故障。假定局域网的代理服务器 IP 地址为 202.168.0.1,可以使用"ping 202.168.0.1"命令查看本机是否和代理服务器联通。测试本机的网卡是否正确安装的常用命令是"ping 本机实际 IP 地址"。测试设备自身的网络协议栈是否正常工作的常用命令是"ping 127.0.0.1"。

ping 工具在 Internet 中也经常用来验证本地计算机和网络主机之间的路由是否存在。例如,发邮件时可以先 ping 对方服务器地址,假如收件方为 test@xyz.com,可以先用 ping xyz.com;如果没通,则对方将无法接收邮件。

2. 测试 TCP/IP 协议配置工具 ipconfig

ipconfig 命令是 Windows 系统中用于显示和管理网络配置的命令行工具。使用该命令可以在运行 Windows 且启用了 DHCP 的客户机上查看和修改网络中的 TCP/IP 的有关配置,如 IP 地址、子网掩码、网关等。

ipconfig 命令的作用如下。

(1) 显示网络配置:查看当前设备的 IP 地址、子网掩码、默认网关等信息。

(2) 管理 IP 地址分配:通过释放和刷新 DHCP 分配的 IP 地址,解决 IP 冲突或网络连接问题。

(3) 故障诊断:帮助用户排查网络连接问题,识别 IP 地址配置错误。

ipconfig 的命令格式为

```
ipconfig[/参数 1][/参数 2][...]
```

若不带参数,可获得的信息有 IP 地址、子网掩码、默认网关。

ipconfig 命令的参数的作用可在 MS-DOS 提示符下用 ipconfig/? 来查看,常用的两个参数如下。

(1) all:如果使用该参数,执行 ipconfig 命令将显示与 TCP/IP 有关的所有细节,包括主机名、DNS 服务器、节点类型、是否启用 IP 路由、网卡的物理地址、主机的 IP 地址、子网掩码以及默认网关等。

(2) release 和 renew:两个选项只能在向 DHCP 服务器租用 IP 地址的计算机上起作用。如果输入 ipconfig/release,立即释放主机的当前 DHCP 配置。如果输入 ipconfig/renew,则使用 DHCP 的计算机上的所有网卡都尽量连接到 DHCP 服务器,更新现有配置或者获得新配置。

3. 网络协议统计工具 netstat 和 nbtstat

1) netstat

netstat(Network Statistics)是一个网络相关的命令行工具,适用于 Windows、Linux 和 macOS 等操作系统。它用于显示活动的网络连接、监听端口、网络协议统计信息等。通过 netstat,用户可以查看哪些应用程序正在使用网络端口、检查网络活动以及监控网络性能。

使用 netstat 命令可以显示与 IP、TCP、UDP 和 ICMP 协议相关的统计信息以及当前的连接情况(包括采用的协议类型、本地计算机与网络主机的 IP 地址以及它们之间的连接状态等),以得到非常详细的统计结果,有助于了解网络的整体使用情况。

netstat 命令的语法格式为

```
netstat[ -参数 1][ -参数 2][...]
```

netstat 命令的参数如表 7-2 所示。

表 7-2　netstat 命令的参数

参　　数	意　　义
a	显示所有连接
r	显示本机路由表和活动连接
e	显示以太网统计信息
s	显示每个协议的统计信息。默认情况下这些协议包括 TCP、UDP 和 IP
n	以数字格式显示地址和端口信息(不能转换成名称)
p proto	显示特定协议的具体使用信息。proto 是特定协议名称

2) nbtstat

nbtstat 命令是 Windows 系统中的一个网络工具,专门用于显示和管理基于网络基本输入/输出系统(NetBIOS)协议的 TCP/IP 网络连接。它帮助用户查看 NetBIOS 名称解析的状态,诊断与 NetBIOS 相关的网络问题,并管理 NetBIOS 名称缓存。

nbtstat 是解决 NetBIOS 名称解析问题的有用工具。可以使用 nbtstat 命令删除或更正预加载的项目。

nbtstat 命令的语法格式为

nbtstat[- 参数 1][- 参数 2][...]

nbtstat 命令的参数如表 7-3 所示。

表 7-3　nbtstat 命令的参数

参　　数	意　　义
a RemoteName	通过计算机名显示远程计算机的名称表格
A IP address	通过 IP 地址显示远程计算机的名称表格
c	显示 NetBIOS 名称缓存内容、NetBIOS 名称表及其解析的各个地址
n	显示由服务器或重定向器之类的程序在系统上本地注册的名称
R	清除 NetBIOS 名称缓存的内容,然后重新加载
s	列出当前的 NetBIOS 会话及其状态(包括统计)

4. 跟踪工具 tracert 和 pathping

1) tracert

tracert(在 Linux/Unix 系统中称为 traceroute)是一个网络诊断工具,用于跟踪从本地计算机到目标主机的路径及中途经过的路由器。它显示数据包在网络中传输时经过的每一跳(路由器)的 IP 地址,并测量每一跳的延迟时间。这对于诊断网络连接问题,确定数据传输的瓶颈或识别路径中的故障点非常有用。

tracert 命令功能同 ping 类似,但它所获得的信息要比 ping 命令详细得多,它把数据包传输过程中的全部路径、节点的 IP 以及花费的时间都显示出来。该命令比较适用于大型网络,tracert 命令的语法格式为

tracert [- 参数 1] [- 参数 2] [...] 目的主机名

tracert 命令的参数如表 7-4 所示。

表 7-4　tracert 命令的参数

参　　数	意　　义
d	指定不将 IP 地址解析成主机名称
h maximum_hops	指定跃点数,跟踪到目的主机名的主机路由
j host-list	指定 tracert 实用程序数据包所采用路径中的路由器接口列表
w timeout	等待每次回复的超时时间(以 ms 为单位)

2) pathping

pathping 是一个综合性的网络诊断工具,结合了 ping 和 tracert 的功能,它能够深入分

析网络路径的状况。它不仅可以跟踪从源主机到目标主机的网络路径,还可以在每个路由器上收集统计信息,帮助用户了解网络中的数据包丢失情况和各段路径的延迟。这使得pathping 比 tracert 和 ping 更为强大,特别是在需要分析网络瓶颈和排查故障时。

pathping 命令在一段时间内将多个请求报文发送到源主机和目标主机之间的各个路由器,然后根据各个路由器返回的数据包计算结果。由于该命令显示数据包在任何给定路由器或链接上丢失的程度,因此可以很容易地确定可能导致网络问题的路由器或链接。

pathping 命令的语法格式为

pathping[- 参数 1] [- 参数 2] […] 目的主机名

pathping 命令的参数如表 7-5 所示。

表 7-5   pathping 命令的参数

参　　数	意　　义
g host-list	沿着路由表释放源路由
b maximum hops	搜索目标的最大跃点数
n Hostnames	阻止将地址解析成主机名
p Period	指定两个连续的 ping 之间的时间间隔(以 ms 为单位)
q Num-queries	每个跃点的查询数
w Time-out	指定等待每个应答的时间(以 ms 为单位)

习　　题

一、单选题

1. 网络的外部环境安全又称网络的物理安全,以下选项不属于物理安全的是(　　)。
   A. 环境安全　　　　B. 设备安全　　　　C. 媒体安全　　　　D. 系统安全
2. 网络安全的主要目的是(　　)。
   A. 提高网络性能　　　　　　　　B. 确保网络设备的兼容性
   C. 保护网络中的数据和资源安全　　D. 优化网络拓扑结构
3. 以下设备主要用于监控进出网络的流量,防止未经授权访问的是(　　)。
   A. 路由器　　　　B. 入侵检测系统　　　　C. 防火墙　　　　D. 交换机
4. 网络管理中使用的 SNMP 协议主要用于(　　)。
   A. 数据传输加密　　　　　　　　B. 设备状态监控和管理
   C. 网络拓扑优化　　　　　　　　D. 系统备份
5. 在网络管理标准中,主要负责记录用户网络使用情况的是(　　)。
   A. 配置管理　　　　B. 性能管理　　　　C. 计费管理　　　　D. 安全管理
6. 以下措施,有助于防止未经授权的用户访问网络资源的是(　　)。
   A. 过滤互联网流量　　　　　　　B. 加密数据传输
   C. 身份验证和访问控制　　　　　D. 安装杀毒软件
7. RMON 协议用于(　　)。
   A. 加密数据传输　　　　　　　　B. 远程监控网络性能

C. 备份系统数据　　　　　　　　　　D. 提供网络隔离

8. 网络病毒的传播途径不包括（　　）。

A. 电子邮件　　　　　　　　　　　B. 网页恶意脚本

C. 系统备份　　　　　　　　　　　D. 文件共享

9. 黑客获取用户密码的手段通常是（　　）。

A. 路由配置　　　B. 暴力破解　　　C. 网络拓扑优化　　　D. 操作系统更新

10. 根据具体实现方法对防火墙进行分类，不包括（　　）。

A. 软件防火墙　　　B. 硬件防火墙　　　C. 专用防火墙　　　D. 边界防火墙

11. 主要用于测试两个网络设备之间连通性的命令是（　　）。

A. ping　　　　　B. ipconfig　　　　C. netstat　　　　D. nbtstat

12. Windows 系统中用于显示和管理网络配置的命令行工具是（　　）。

A. ping　　　　　B. ipconfig　　　　C. netstat　　　　D. nbtstat

二、简答题

1. 请根据所学知识，简述网络安全的概念。

2. 为了确保网络安全，在使用操作系统时要注意哪些问题？

3. 网络安全的核心目标是什么？其主要内容有哪些？

4. 什么是网络管理？

5. 网络管理涉及哪三个方面的内容？

6. Telnet 与 SSH 的主要区别是什么？

7. 影响防火墙系统设计、安装和使用的网络策略可分为高级和低级两种，请说明高级网络策略和低级网络策略的含义。

8. 网络故障诊断和排除包括哪些步骤？

三、案例分析题

1. 为了支持各种网络的互联管理的要求，网络管理需要有一个国际性的标准。请根据所学内容，简述网络管理标准化的含义。

2. OSI 网络管理模型是最早的网络管理标准化框架之一，建立了统一的网络管理体系结构和功能域。这一模型划分了五个功能领域，分别简述这五个功能领域。

3. SSH 因其安全性和灵活性，已经成为远程登录和管理的标准协议。其常见的应用场景有哪些？

四、综合题

网络管理系统中最重要的部分就是网络管理协议，请根据所学知识，回答以下问题。

（1）什么是网络管理协议？

（2）什么是 SNMP 协议？

（3）SNMP 网络管理模型包含哪些核心组件？

拓展阅读

我国网络安全建设的"成绩单"

2024 年 9 月 9 日—15 日，"2024 年国家网络安全宣传周"在全国范围内统一开展。开幕式于 9 月 8 日在广州市南沙区国际金融论坛永久会址会议中心举行,9 月 9 日举办"网络安全技术高峰论坛主论坛暨粤港澳大湾区网络安全大会",另外,还将围绕网络安全协同治理、个人信息保护、智能网联汽车安全、青少年网络保护、互联网政务应用安全等主题举办分论坛。

在主论坛上,《人工智能安全治理框架》1.0 版发布,对推动社会各方积极参与、协同推进人工智能安全治理具有重要促进作用。这些年,我国在维护网络安全方面,主要采取了哪些措施、开展了哪些工作,并取得了什么样的成效?

1. 网络安全政策法规体系已经基本建立

(1)针对各界关注、百姓关切的突出问题,制定出台了相关战略规划。

(2)颁布了《中华人民共和国网络安全法》《中华人民共和国数据安全法》《中华人民共和国个人信息保护法》等法律法规。

(3)出台了《网络安全审查办法》《云计算服务安全评估办法》《汽车数据安全管理若干规定(试行)》《生成式人工智能服务管理暂行办法》等政策文件。

(4)制定发布了 380 多项网络安全领域国家标准。

(5)基本构建起网络安全政策法规体系的"四梁八柱"。

2. 关键信息基础设施保护能力显著增加

出台《关键信息基础设施安全保护条例》等法律法规,明确了国家建立关键信息基础设施安全保护制度的法制基础。

3. 国家网络安全应急体系不断健全

印发了《国家网络安全事件应急预案》建立健全网络安全应急协调和通报工作机制,与各地区、各部门建立了网络安全应急响应机制,及时汇集信息、监测预警、通报风险、响应处置,构建起"全国一盘棋"的工作体系。

4. 数据安全保护能力水平不断提升

(1)实施《数据出境安全评估办法》《个人信息出境标准合同办法》《促进和规范数据跨境流动规定》,建立数据安全管理认证、个人信息保护认证、数据分类分级保护等制度。

(2)强化重点行业领域数据安全保障,开展汽车数据安全合规工作,开展 App 违法违规收集使用个人信息专项治理,有序实施数据出境安全评估、个人信息出境标准合同备案。

5. 网络安全教育、技术、产业融合发展

(1)国家设立网络空间安全一级学科,实施一流网络安全学院建设示范项目。目前,国内有 90 余所高校设立网络安全学院,200 余所高校设立网络安全本科专业,每年网络安全毕业生超过 2 万人。

(2)建立国家网络安全人才与创新基地,指导实施网络安全学院学生创新资助计划,鼓励和支持高校学生围绕企业实际需求开展创新活动。

6. 全社会网络安全意识和防护技能大幅提高

通过每年连续举办国家网络安全宣传周,深入开展进社区等相关活动,极大提升了全民网络安全意识和防护技能,让网络安全意识深入人心。

组建局域网实例

导读

本单元通过家庭网络、中小型办公网络和无线局域网的组网实例,介绍对等网络及客户机/服务器网络的组网方法。

学习目标

◇ **素养目标**

(1)培养学生在家庭网络环境中的安全意识,增强其保护家庭网络设备和信息隐私的意识。

(2)使学生具备良好的数字生活素养,能够合理利用网络资源并避免网络依赖。

(3)增强学生的团队合作意识和协作精神,使其能够在网络建设或家庭网络配置过程中与他人进行有效的协作。

◇ **知识目标**

(1)了解家庭网络的基本概念、功能及其产生、发展过程。

(2)了解家庭网络的典型组网方案(如使用路由器、交换机等实现多机互联)。

(3)熟悉中小型办公局域网的基本结构和类型(如对等式网络和客户/服务器结构网络)。

(4)掌握中小型办公设备所需硬件设备的选择标准,包括集线器、交换机、服务器、中断和网线等。

(5)了解无线局域网的定义、优点及其主要传输介质(如红外线和无线电波)。

(6)掌握无线接入点的连接方式(如点对点无线(Ad-Hoc)网络、单接入点网络和多接入点网络)。

(7)了解无线接入的适用场景和发展趋势。

◇ **能力目标**

(1)能够根据家庭网络的需求选择合适的网络设备(如路由器、交换机)并进行组网设计。

(2)能够在不同的网络环境中正确配置路由器、交换机、休眠等设备,以实现网络稳定、可靠的互联互通。

(3)掌握中小型办公交换机的搭建方法,能够根据办公环境设计合理的交换机方案(如星型拓扑、客户/服务器结构等)。

（4）能够根据网络需求选择并安装合适的无线接入点，完成无线接入点的设置与管理。

（5）能够熟悉应用无线网络的安全设置（如 WPA3 加密、设备隔离等）以保障网络的安全性。

知识梳理

8.1　组建家庭网络

8.1.1　家庭网络的产生与发展

家庭网络的产生和发展与互联网技术的进步密切相关，随着家庭中电子设备的普及和人们对互联互通的需求增加，家庭网络逐渐成为现代生活的一部分。

家庭网络的产生可分为以下阶段。

1. 早期的单一设备连接

在互联网早期阶段，家庭中通常只有一台设备（如台式计算机）通过电话线或 ADSL 调制解调器连接到互联网，主要用于简单的网页浏览和电子邮件发送。

2. 路由器和局域网的引入

随着多台计算机在家庭中出现，局域网和路由器被引入家庭网络。路由器不仅能让多台设备同时访问互联网，还能让设备之间共享文件和资源，如打印机。

3. Wi-Fi 无线网络的普及

随着 Wi-Fi 技术的出现，家庭网络逐渐从有线连接转向无线连接。无线网络极大地提升了家庭设备的便捷性，移动设备如笔记本电脑、智能手机和平板电脑可以在家中任何地方使用网络。

4. 智能家居和多设备的连接需求

进入 21 世纪，智能家居设备（如智能电视、智能音箱、安防摄像头等）开始普及，家庭中需要连接的设备数量大幅增加。传统的单一设备连接方式无法满足需求，家庭网络逐渐向支持多设备互联、远程控制和数据共享的方向发展。

8.1.2　家庭网络的概念

家庭网络是指在家中搭建的局域网络，用于将家庭中的各种设备互联，并使其能够访问互联网。它可以是有线的（通过以太网电缆）或无线的（通过 Wi-Fi），并且通常通过路由器来管理这些连接。

家庭网络的主要功能包括以下几点。

1. 互联网访问

为所有设备提供互联网接入服务。

2. 设备互联

允许家庭内的设备相互通信，进行文件共享、打印机共享等。

3．智能家居控制

连接和管理家中的智能设备，如智能灯、恒温器、摄像头等。

4．娱乐共享

支持设备间的媒体共享，允许流媒体视频、音乐在不同设备之间播放。

8.1.3　家庭网络的发展和现状

当前家庭网络的发展和现状主要体现在以下几个方面。

1．高速宽带普及

随着光纤和 5G 等高速互联网技术的普及，家庭宽带速度显著提升。如今，大多数家庭都拥有 100Mbps 甚至更高的宽带连接，满足了高清视频流、在线游戏、远程工作等高带宽需求。

2．Wi-Fi 6 及其升级

Wi-Fi 6(802.11ax)成为主流，提供更高的速度、更大的覆盖范围和更低的延迟，尤其是在多设备连接的环境下表现优异。Wi-Fi 7(802.11be)也在研发中，将进一步提升网络性能和效率。

3．Mesh 网络的流行

Mesh 网络设备在家庭中变得越来越普及，解决了传统路由器信号覆盖不均的问题。通过多个节点，Mesh 网络能实现更广泛的覆盖，消除网络死角，提供更稳定的无线连接。

4．智能家居设备的接入

智能家居的兴起(如智能音箱、安防摄像头、智能灯等)对家庭网络提出了更高的要求。现代家庭网络不仅要提供互联网接入，还要支持大量智能设备的互联互通，且要求低延迟和高稳定性。

5．网络安全的提升

随着家庭设备数量和种类的增加，家庭网络面临的安全威胁也有所提升。现在的路由器普遍支持更强的加密协议(如 WPA3)，并提供了防火墙、家长控制、设备隔离等功能，提高网络安全。

6．远程工作和在线教育的推动

新冠疫情后，远程办公和在线学习成为新常态，家庭网络的需求迅速增加。对低延迟、高稳定性和更大带宽的需求推动了家庭网络的进一步发展。

总体来说，家庭网络正在向更高速、智能化和安全化方向发展，满足现代家庭多样化的使用场景。

8.1.4　家庭网络组网实例

家庭网络从产生到现在，有多种典型的组网方案，下面介绍其中比较具有代表性的几个实例。

(1)使用网卡实现双机互连，如图 8-1 所示。

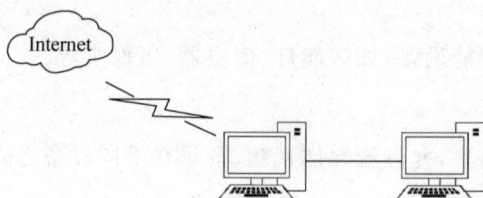

图 8-1   使用网卡实现双机互联

在所有的双机互联方案中,用网卡连接是最简便、速度最快的一种方式。用户只要在两台计算机中安装网卡,再用双绞线连接到网卡的 RJ-45 接口就可以实现互联。在这种网络中,能够共享文件和硬件设备及共享一个账号上网,并可实现 100Mbps 的传输速率。

双机互联所需硬件如下。

① 2 块带 RJ-45 接口的网卡。

② 5 类双绞线一根,RJ-45 水晶头 2 个。

③ 网络钳(RJ-45)1 把。

方案说明:双机用双绞线直接连接,不需要通过集线器。

操作要求:由于双机互联的特殊性,尽量避免使用 10/100Mbps 自适应网卡,防止可能发生无法连通或连接突然中断的情况。

(2) 使用交换机实现多机互联,如图 8-2 所示。

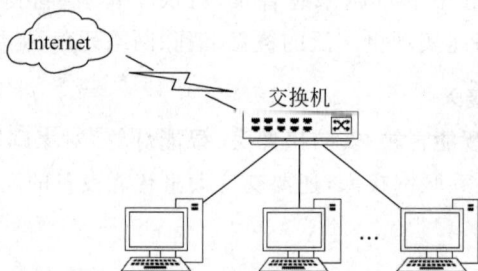

图 8-2   使用交换机实现多机互联

对 3 台(或以上)计算机之间的连接,可用交换机组建星型网络,这种联网方式组建简单,维护方便,便于扩展,具有一定的稳定性和安全性。

组建星型网络所需硬件如下。

① RJ-45 接口网卡各 1 块。

② RJ-45 水晶头各 2 个。

③ 双绞线若干米。

④ 网络钳(RJ-45)1 把。

⑤ 8 口交换机(带宽 100Mbps)一个。

(3) 利用无线路由器组建无线家庭网。以家庭中最常见的 1 台台式计算机进行有线连接、1 台笔记本电脑进行无线连接为例。

需用设备:无线路由器 1 台,RJ-45 双头网线 2 根;没有配置无线网卡的早期笔记本电脑,需添置内置或外置无线网卡 1 张。

① 硬件连接。将无线路由器的 WAN 口与 ADSL 的输出口或小区宽带 RJ-45 网络接口之间用一根 RJ-45 双头网线相连；用另一根网线，一头连接无线路由器的任意一个 LAN 口，另一头连接台式计算机的 PCI 有线网卡，如图 8-3 所示。

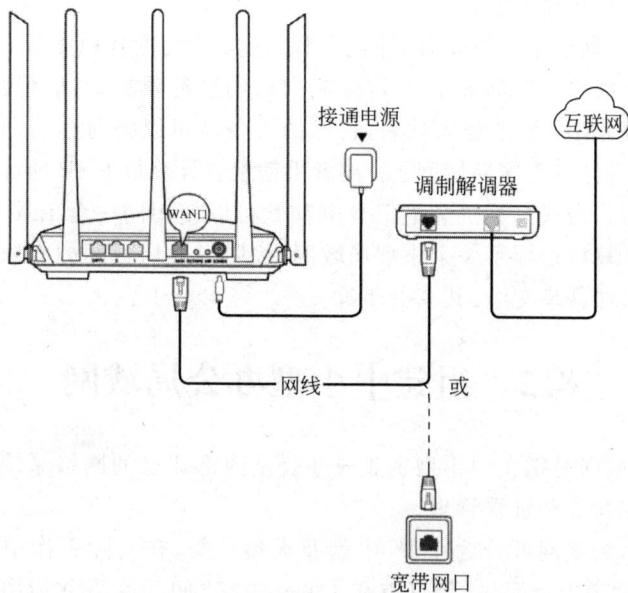

图 8-3　无线路由器的连接

② 设置计算机。将台式计算机和笔记本电脑的 TCP/IP 协议设置成"自动获取 IP 地址"和"自动获得 DNS 服务器地址"。

也可以进行以下设置。

IP 地址：192.168.1.*（要保证与无线路由器在同一网段，*可以是 2～254 中的任一数字）。

子网掩码：255.255.255.0。

默认网关：192.168.1.1（如更改了路由器 IP 地址，网关地址要进行相应修改）。

首选 DNS 服务器：192.168.1.1（同上）。

备选 DNS 服务器：当地的 DNS 服务器。

③ 设置路由器。在连接好的台式计算机上，打开浏览器，在地址栏中输入该无线路由器的默认地址并回车，进入无线路由管理界面（默认地址一般是 192.168.1.1，各品牌无线路由器的管理地址可在说明书中查找）。

在弹出的新对话框中输入默认的用户名和密码。例如，用户名为 admin，密码为 admin。

在无线路由器 WAN 设置中，选择"使用 PPPoE 客户端功能"命令，输入网络供应商提供的用户名和密码，然后选择"自动拨号"命令，确定后保存即可。设置完成后无线路由器开机即会自动拨号接入。对于不用进行拨号及认证的小区宽带，在"WAN 设置"菜单中选择"从 DHCP 服务器自动取得 IP 地址"命令即可；如果网络供应商指定了固定 IP 地址，可在 WAN 设置中选择"手动设定 IP 地址"命令。

启用无线路由器的 LAN 设定中的 DHCP 功能，这样才能向台式计算机及笔记本电脑自动分配 IP 地址。

为避免邻居接入自己的无线局域网,占用带宽,应该在无线安全设定中加设密码,台式计算机及笔记本电脑在连接时也输入同样的密码就可以连接了,密码只需要验证一次,以后开机会自动连接,不用再输入密码。

以上是无线路由器最基本的设置,除此之外,还可以设置其他参数,例如,采用 Mac 地址过滤的办法,在无线路由器的 Mac 存取限制中启用这种限制,然后把台式计算机及笔记本电脑的无线网卡的 Mac 地址登入列表,自己的设备就可以畅通连入,其他未经登记的设备就不能连接进入自己的无线局域网了;或者手动设置计算机的 IP 地址等。

经过上述设置后,台式计算机和笔记本电脑就可以使用同一个 Internet 接入共享上网了。同时,这两台计算机形成了一个小型局域网,按照一般局域网的方法进行设置,就可以实现局域网的功能,如共享资源、共享打印等。

8.2　组建中小型办公局域网

中小型办公局域网是指在中小型企业或办公室内部建立的网络系统,旨在实现设备之间的互联互通、数据共享和资源管理。

按网络规模分,局域网可分为小型、中型及大型三类,在实际工作中,一般将信息点在100 点以下的网络称为小型网络,信息点在 100～500 之间的网络称为中型网络,信息点在500 以上的网络称为大型网络,本节介绍中小型网络的组建方法。

8.2.1　中小型办公局域网的结构选型

在组建网络时,首先要弄清建网要求,然后根据具体要求选择合适的网络类型。如果组建网络仅是为了实现数据和硬件简单的共享,对网络的安全性要求不高,可选择配置简单、维护方便的对等式网络;如果对网络安全要求较高,可组建客户/服务器架构网络。

另外,考虑到组网的成本、扩充性、安装维护的方便性,建议选择星型拓扑结构的以太网络,因为这种网络组成较为简单,可选设备多,便于非专业人员日常维护。

在客户机/服务器网络中,客户程序和服务器程序分别运行在不同的计算机上,大大方便了用户的使用,同时增强了客户机的网络功能和系统的兼容性与安全性,因此,在中小型办公局域网中,多采用这种结构。

按使用的连接设备的不同,客户机/服务器网络可以分为共享式和交换式两种类型。

在共享式网络中,使用集线器做连接设备,各用户共享带宽;在交换网络中,由于使用交换机作互联设备,并采用了交换技术,网络用户独占网络带宽,从而提高了网络速度和利用率。随着网络的发展和普及,共享式网络已成为过去,交换式网络成为主流方式。

8.2.2　中小型办公局域网的硬件选择

中小型办公局域网的硬件设备要比家庭网络复杂一些,除网卡、网线、集线器这些基本的设备以外,还可能用到交换机、路由器和服务器等。根据组网的规模、网速和网络性能的要求不同,这些设备的选择会有所不同。

1．中心节点选择

中心节点是网络的核心，它的作用是把网络中的所有计算机汇接在一起，可选的网络设备一般有两种：集线器或交换机。

集线器是一种共享式的设备，它把从任一端口上接收到的信号进行放大，然后由网络中的计算机自行判断是否接收。这样做经常会出现数据阻塞的现象。而局域网交换机是交换式设备，可实现数据的点对点的传输，即使网络状态十分繁忙，也能使节点之间的数据交换十分通畅地进行。

交换机主要应用于大中型网络及对网络性能比较高的场合。虽然集线器的整体效率远远比不上局域网交换机，但其在价格方面有优势。随着交换机的价格下降，目前组建局域网时基本都采用交换机。

在中型局域网中，由于规模大，可将其划分为主干网和分支网。目前，主干网的数据传输速率可为 100～1000Mbps，分支网的数据传输速率可为 100Mbps，即当前非常流行的"主干千兆位、百兆位交换到桌面"。在选择交换机时，同样要考虑端口数量和传输速率两个参数，这两点和集线器的选择一致，不同的是，作为主干交换机，一般要选择支持可网管和可划分 VLAN 功能的交换机，而网络规模较大和性能要求高时，可选择三层交换机。

2．网卡和网线的选择

目前比较常见的选择是 100Mbps 的 PCI 网卡，采用 RJ-45 插头（水晶头）和 5 类或超 5 类双绞线与集线器连接。由于 3 类双绞线只能实现 10Mbps 的传输速率，为了让网络的传输速率达到 100Mbps，选择网线时，应该至少使用 5 类线，最好直接使用超 5 类或 6 类线，以满足未来升级的需求。在选择其他网络设备时，应尽量选用性能好、适用范围宽的产品，同时要注意与网卡、网线的速率的一致性，否则网络的传输速率只能与传输速率最低的设备一致。比如，网卡采用 10/100Mbps 的自适应网卡，交换机至少要使用 100Mbps 交换机，这样既可充分利用现有的 10Mbps 网资源，又可为以后大流量的多媒体信息提供足够的带宽。

3．服务器的选择

在选择服务器时，要根据实际需要选购，如果对网络性能要求高，可选用专用服务器，而对组建只有十几台或几十台的小型局域网，在对性能要求不高的情况下，只要将一台硬件配置较高的计算机设置为服务器即可。

8.2.3　中小型办公局域网的组网方案

1．小型办公局域网硬件安装

组建小型局域网的方案有多种，目前大部分都集中在 100Mbps 快速以太网方案，快速以太网由于其采用集线器/交换机堆叠，因此具有较好的扩展性能，能轻易扩展到高达 100 个节点的网络环境，而其高速度的数据交换和数据存储为小型企业提供了一种高性能的网络平台。本节以 100BASE-TX 为标准组建小型快速企业以太网。

例如，某小型公司，工作人员集中在一层楼办公，共 50 个节点，可采用以下方式组网。

1）所需硬件

中心节点：选择 10/100Mbps 自适应或 100Mbps 堆叠式集线器/交换机，便于用户扩容。

网卡：应选择 10/100Mbps 自适应网卡或 100Mbps 网卡。

服务器：配置比客户机高。

通信介质：选择 5 类双绞线。

2）组网方法

一般情况下，用户可直接使用集线器、交换机或者集线器/交换机堆叠来构建 100BASE-TX 网络，如图 8-4 所示。

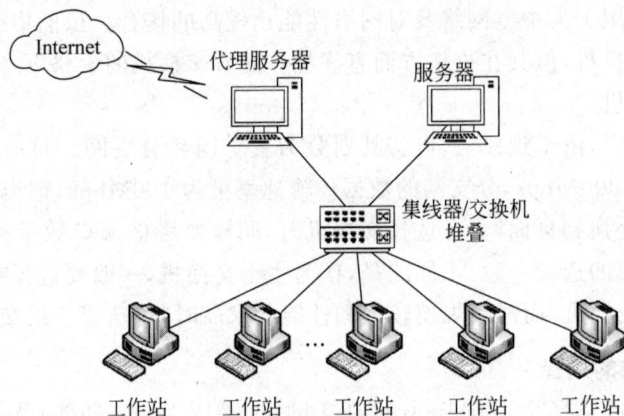

图 8-4 组建小型局域网

组网操作要求如下。

（1）与 10BASE-T 网络一样，工作站与集线器之间的距离也不能超过 100m。

（2）如果希望通过级联扩充集线器端口，只允许对两个 100Mbps 集线器进行级联，并且两个集线器之间的连接长度不能够超过 5m。集线器有两种级联方式：若集线器本身带级联口，则两个集线器间用正常双绞线连接即可；若集线器无级联口，可用级联线连接两个集线器的任意两口。

具体的安装方法（如网卡的安装、网线的连接）在本书前面的单元已经讲述，所以此处略去。

2. 集中式中型办公局域网硬件安装

如果企业的所有部门和人员都在同一建筑物内办公，可采用集中式的组网方案。在这种方案中，由于网络节点间的距离都小于 100m，可采用超 5 类 UTP 布线；另一方面，由于节点较多，可将网络连接部分分为两层：核心层和汇聚层。

例如，某公司是一个中等规模的企业，该企业在一栋 4 层的大楼中，1～4 层共有 120 个计算机节点，组建办公网络。

1）所需硬件

（1）主干交换机 1 台：1000Mbps，要求具有大容量的交换背板，采用模块化机箱式设计，支持多种速率和介质，支持 SNMP 等网管协议。

（2）汇聚层交换机 4 台：100/1000Mbps，支持 SNMP 等网管协议，能够通过堆叠或增加模块来提高接入端口密度。

（3）服务器：具有 100/1000Mbps 的网卡，台数视需要而定。

（4）网卡 120 个：10/100Mbps 自适应。

（5）超 5 类 UTP 双绞线若干。

2）组网方法

网络中心与各楼层之间全部采用超 5 类 UTP 建立 1000BASE-T 高速网络，汇聚层采用 10/100Mbps 交换到桌面，网络中心采用高端口密度的千兆位主干交换机，服务器安装 100/1000Mbps 自适应网卡，如图 8-5 所示。

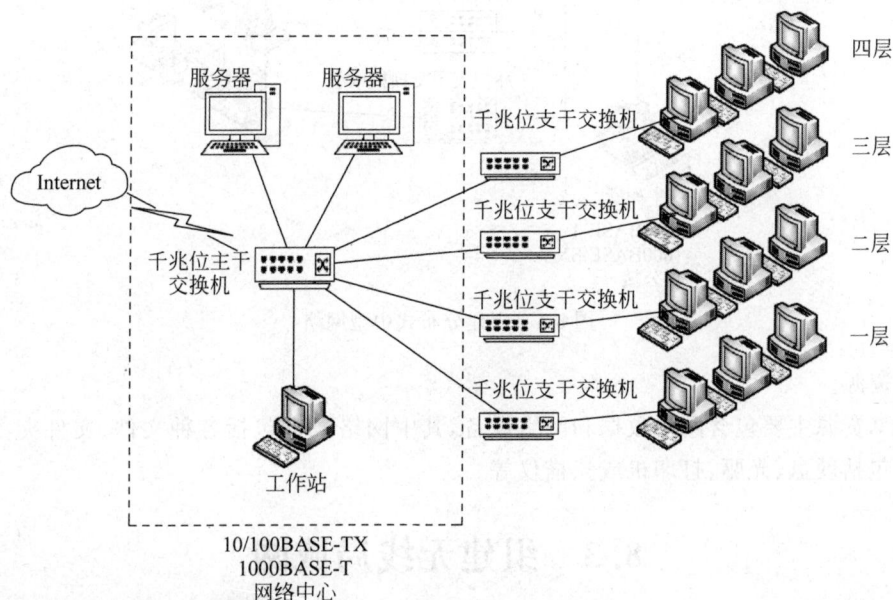

图 8-5　组建集中型局域网

由于汇聚层采用可堆叠交换机，可根据企业的发展增加堆叠交换机的数量，因此网络有良好的扩展性。另外，由于交换机支持 SNMP 等网管协议，可以方便地通过网络对所有设备的状况进行监控和管理。

3．分布式中型企业局域网

如果企业分布在一个园区内多处办公，可采用分布式的组网方案。在园区内由于各办公点之间的距离一般大于 100m，这样必须采用光纤进行布线。分布式网络也具有核心层及楼宇汇聚层两个层次，如果某一办公点的接入点较多，也可设置第三个层次：楼宇设备间。

例如，某学校的办公楼、教学楼、实验楼和学生宿舍分布在校园中间，各建筑之间的距离小于 500m，组建办公网，要求信息点有 290 个，分布在各个建筑物中。

该方案采用光纤网络扩大网络覆盖范围，由于各建筑之间的距离小于 500m，故采用 1000BASE-SX 的多模光纤建立千兆位主干，当连接超过 500m 时，则可选择单模 1000BASE-LX 长波光纤。中心千兆位交换机可安装 100/1000BASE-T 千兆位铜缆模块以连接服务器，另需选配 1000BASE-SX 模块以实现各建筑物的接入。该单位的网络拓扑如图 8-6 所示。

在网络硬件安装完成后，还要对网络进行配置。当成功地组建办公网络后，经过设置网络共享，各计算机的用户不但可使用本机上的资源，还可以使用服务器上或者网络中其他计

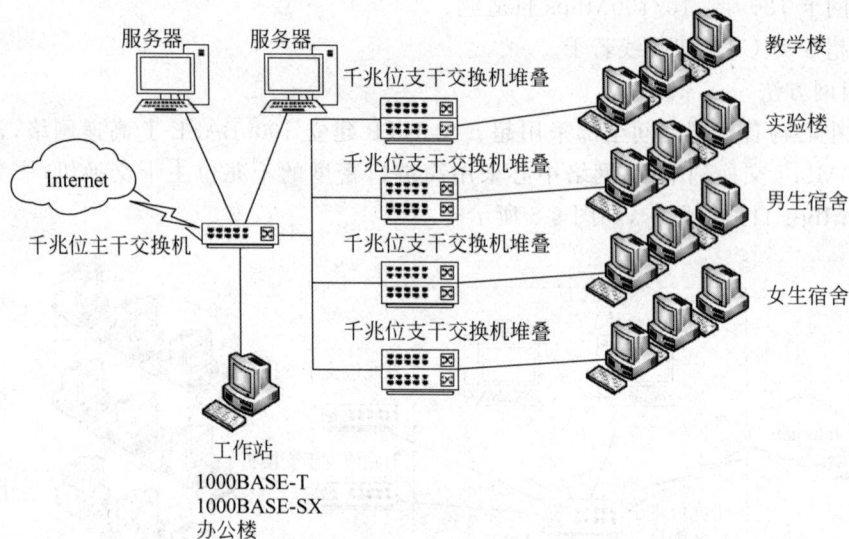

图 8-6   组建分布式中型网络

算机的资源。

共享资源主要包含网络数据和网络设备,其中网络数据包括各种文件、文件夹等,而网络设备包括硬盘、光驱、打印机或扫描仪等。

8.3   组建无线局域网

8.3.1   无线局域网概述

无线局域网是一种利用无线通信技术实现设备之间互联的网络系统。它允许用户在一定范围内(通常是一个建筑物或一个校园)通过无线信号连接到网络,而无须物理布线。

无线局域网具有以下优点。

(1)由于采用无线电波做介质,避免了布线的困扰,同时高频无线电波可以穿透玻璃或墙壁,能够满足一定范围内的局部组网。

(2)在开放性办公区、办公场所变化频繁、移动办公、展示会议以及场地条件不适宜布线的场合,无线局域网具有有线网络无可替代的优越性。

(3)无线局域网构建简单,组网容易,管理和维护的技术要求也不高,比如,在无线局域网络中就不会发生电缆断线或接头连接等故障。

(4)能够保持与有线网络的兼容,通过接入点设备可以实现无线局域网与有线网络的无缝连接。

(5)对经常变动的办公网络,无线局域网方案比有线网络成本更低。

8.3.2   无线局域网的传输介质

与有线网络一样,无线局域网同样也需要传输介质。只是无线局域网采用的传输介质不是双绞线或者光纤,而是红外线或者无线电波。

1. 红外线

红外线技术是一种利用红外线光信号进行通信的技术。红外线是电磁辐射的一种,其频率低于可见光,人眼无法察觉。红外线通信设备通过发射和接收红外线光信号来进行数据传输。

红外线局域网采用波长小于 $1\mu m$ 的红外线作为传输介质,有较强的方向性。由于它采用低于可见光的部分频谱作为传输介质,波长可选在 $700\sim1500nm$ 之间,因此其使用不受无线电管理部门的限制。红外信号要求直线传输,不会穿透障碍物,并且窃听困难,保密性强,对邻近区域的类似系统也不会产生干扰。在实际应用中,由于红外线具有很高的背景噪声,受日光和环境等影响较大,因此一般要求发射功率较高。而采用现行技术,特别是 LED,很难获得高的传输速率($>10Mbps$)。

红外线技术广泛应用于无线遥控、红外测温、红外照相以及近距离通信等领域。

2. 无线电波

首先,无线电波覆盖范围较广,应用广泛。无线电波在空间中的传播不受线路限制,可以通过直射、反射、折射等方式传播,确保了信号的广泛覆盖。这使无线电波成为无线局域网中最主要的传输介质,尤其是在户外和难以布线的环境中表现出色。

其次,无线电波具有很强的抗干扰和抗噪声能力。无线电波的传输过程中,通过采用特定的调制和解调技术,能够有效抵抗外界的干扰和噪声,保证通信质量。这使无线电波在复杂环境中依然能够提供稳定可靠的通信服务。

再次,无线电波使用的频段安全且对人体无害。无线局域网主要使用 S 频段(2.4GHz 频率范围),这个频段称为工业科学医疗(ISM)频段,不会对人体健康造成伤害。这使无线电波在无线局域网中的应用更加安全和可靠。

最后,无线电波的技术标准成熟。目前,无线局域网主要采用 802.11 标准(包括 802.11a、802.11b 及 802.11g 等标准),这些标准已经广泛应用于各种设备和网络环境中,技术成熟且兼容性好。所以无线电波成为无线局域网最常用的无线传输介质。

采用无线电波作为传输介质的无线局域网依据调制方式不同,又可分为扩频(Spread Spectrum)方式与窄带调制方式两种。使用扩频方式通信时,数据基带信号的频谱被扩展几倍至十几倍后,再搬移至射频发射出去。这一做法虽然牺牲了频带带宽和发射功率,但使通信非常安全,基本避免了通信信号被偷听和窃取,以有限的功率来抵抗外来干扰信号,具有很好的可用性,特别是直接序列扩频(DSSS)调制方式,具有很强的抗干扰、抗噪声和抗衰减能力。同时,由于单位频带内的功率降低,因而可减少对其他电子设备的干扰。在窄带调制方式中,数据基带信号的频谱不做任何扩展,带宽一般在几百赫兹到几千赫兹之间,信号传输速率较低,适用于远距离传输。与扩展频谱方式相比,窄带调制方式占用频带少,频带利用率高。采用窄带调制方式的无线局域网一般选用专用频段,专用频段需要经过国家无线电管理部门的许可方可使用。当然,也可选用 ISM 频段,这样可免去向无线电管理委员会申请。但带来的问题是,当邻近的仪器设备或通信设备也在使用这一频段时,会严重影响通信的质量,通信的可靠性无法得到保障。

8.3.3　无线局域网的发展趋势

无线局域网的发展经历了多个阶段,随着技术的进步和市场需求的变化不断发展。以下是无线局域网发展的一些重要里程碑和趋势。

1. 初期阶段

无线局域网的概念源于 20 世纪 70 年代,早期采用的标准是 IEEE 802.11,于 1997 年发布。这个标准定义了无线网络的基本架构和通信协议。最初的 802.11 标准支持的数据速率为 2Mbps。

2. 802.11 标准的发展

(1) 802.11b(1999 年)数据速率提升至 11Mbps,使用 2.4GHz 频段,成为第一款广泛应用的无线局域网标准。

(2) 802.11a(1999 年)在 5GHz 频段上工作,支持高达 54Mbps 的数据速率,虽然技术先进,但由于成本较高和覆盖范围有限,未能广泛普及。

(3) 802.11g(2003 年)结合了 802.11a 和 802.11b 的优点,支持 54Mbps 的数据速率,并在 2.4GHz 频段工作,迅速成为市场主流。

3. 提高性能与安全性

(1) 802.11n(2009 年)通过 MIMO 技术,支持高达 600Mbps 的数据速率,大幅提高了网络的覆盖范围和稳定性。

(2) 安全性增强。随着无线网络的普及,WEP(有线等效保密)加密的安全性问题暴露,WPA 和 WPA2 标准相继推出,提供更强的安全保障。

4. 现代化发展

(1) 802.11ac(2013 年)在 5GHz 频段上工作,支持千兆级别的数据速率,通过波束成形和多用户 MIMO 技术提升了网络性能。

(2) 802.11ax(Wi-Fi 6,2019 年)进一步提高了数据速率和网络效率,最高速率可达 9.6Gbps,支持多设备同时连接,优化了高密度环境中的性能。

5. 未来趋势

(1) Wi-Fi 6E 和 Wi-Fi 7。Wi-Fi 6E 扩展了 Wi-Fi 6 的频谱,支持在 6GHz 频段上运行,提供更大的带宽和更低的延迟,在实际使用中通常能提供更稳定、更高的传输速率。Wi-Fi 7 将进一步提升数据速率和连接效率,Wi-Fi 7 的最高速率可达 30Gbps。

(2) 物联网集成。随着物联网的发展,无线局域网将与智能家居、智能办公等场景深度结合。

(3) 网络切片和边缘计算。未来无线局域网将支持更灵活的网络管理,满足不同应用场景的需求。

8.3.4   无线局域网的协议标准

无线网络协议标准是为各种无线设备互通信息而制定的规则。

目前常用的无线网络标准主要有 IEEE 所制订的 802.11 标准(包括 802.11a、802.11b、802.11g 以及 802.11n 等标准)、蓝牙标准以及家庭网络标准等。

1. IEEE 802.11

IEEE 802.11 是一系列标准,用于无线局域网的通信。这些标准由 IEEE 制定,涵盖无线网络的各个方面,包括物理层和数据链路层。以下是 IEEE 802.11 协议的详细介绍,包括其发展历程、各个版本的特性以及主要功能。

1) 发展历程

IEEE 802.11 的第一个标准于 1997 年发布,支持 2Mbps 的数据速率,并工作在 2.4GHz 频段。由于无线技术的快速发展,IEEE 802.11 标准在随后几年内经历了多个版本的更新,增加了更高的数据速率和更好的性能。

2) 主要版本

关键的 IEEE 802.11 版本及特性如表 8-1 所示。

表 8-1　关键的 IEEE 802.11 版本及特性

时　间	协议标准	支持频段	最大传输速率	特　性
1997 年 6 月	802.11	2.4GHz	2Mbps	IEEE 制订的第一个无线局域网标准
1999 年 9 月	802.11a	5GHz	54Mbps	使用正交频分复用(OFDM),支持更高的信号质量和更少的干扰
1999 年 9 月	802.11b	2.4GHz	11Mbps	采用直接序列扩频技术,成为早期广泛应用的标准
2003 年 6 月	802.11g	2.4GHz	54Mbps	兼容 802.11b,结合了 802.11a 的高数据速率和 802.11b 的覆盖范围
2009 年 10 月	802.11n	2.4GHz 和 5GHz	600Mbps	引入 MIMO 技术,使用多个天线来提高信号质量和数据速率
2014 年 1 月	802.11ac	5GHz	可达 1.3Gbps	支持更宽的信道(最大 160MHz)和 MU-MIMO(多用户 MIMO),可以同时服务多个设备
2019 年	802.11ax(Wi-Fi 6)	2.4GHz 和 5GHz	可达 9.6Gbps	引入 OFDMA(正交频分多址)和增强的 MU-MIMO,优化高密度环境下的性能
未来	802.11be(Wi-Fi 7)	2.4GHz、5GHz 和 6GHz	理论上可达 46Gbps	支持多链路操作(MLO),允许设备通过多个频段同时传输数据,提高网络速度和稳定性

2. 蓝牙

蓝牙是一种无线技术标准,可实现固定设备、移动设备和楼宇个人域网之间的短距离数据交换(使用 2.4～2.485GHz 的 ISM 波段的特高频(UHF)无线电波)。蓝牙可连接多个设备,克服了数据同步的难题。

蓝牙由蓝牙技术联盟(Bluetooth Special Interest Group,SIG)管理。蓝牙使用扩频技术,在携带型装置和区域网络之间提供一个快速而安全的短距离无线连接。它提供的服务包括 Internet、电子邮件、影像和数据传输以及语音应用,延伸容纳于 3 个并行传输的 64Kbps 脉冲编码调制(PCM)通道中,提供 1Mbps 的流量。

蓝牙无线技术既支持点到点连接,又支持点到多点的连接。蕴藏在便携式计算机、手机及其他外设的转发设备中,可以使这些设备在各种网络环境中进行通信。现在的规范允许7个从属设备和一个主设备进行通信。几个这样的小网络也可以连接在一起,通过灵活的配置彼此进行沟通。在同一个小网络中的设备有同步的优先权,但是其他设备也可以通过设置,在任何时候加入其中。这种网络的拓扑结构可以被描述为一个由灵活的、多个小网络组成的结构。更进一步,小网络或者单个设备可以和固定的使用蓝牙无线技术的访问点及附近其他蓝牙小网络相连。遵循蓝牙协议的各种应用都保证简单易用的安装和操作、高效的安全机制和完全的互操作性,从而实现随时随地的通信。

蓝牙技术已在多个领域迅速发展,其典型应用环境包括个人娱乐(便携式电子设备)无线办公环境(Wireless Office)、汽车工业、信息家电、医疗设备等。

3. 家庭网络的 HomeRF 标准

HomeRF 工作在 2.4GHz 频段,它采用数字跳频扩频技术,最高传输速率可达到1.6Mbps,可以连接家庭计算机以及其他支持 HomeRF 协议的产品。

目前来看,由于 IEEE 802.11b/g/n 技术无论在性能、价格各方面均超过了蓝牙、HomeRF 等技术,逐渐成为无线局域网应用最为广泛的标准。由于 IEEE 802.11b/g/n 技术的不断成熟,在全球范围内正在兴起无线局域网应用的高潮。

8.3.5 无线局域网连接方式

无线局域网连接方式主要有以下几种:点对点对等网络、单接入点网络和多接入点及漫游网络。

1. 点对点对等网络

点对点无线网络主要适用于有临时需求的双机互联。点对点对等网络没有有线基础设施的支持,网络中不存在无线接入点(AP),网络中的节点均由移动主机构成。不管是台式机还是笔记本电脑,只要有两台或者两台以上配有无线网卡的计算机,只需简单设置,就能随时随地实现无线局域网连接。

点对点无线网络除了网络是通过无线实现连接外,其网络功能与有线对等网络完全相同。如果其中有一台计算机与外部网络连接,通过将其配置成网关,网络中的其他成员还可以访问外部网络。由于网络中没有接入点设备,因此网络成员之间只能实现点对点的访问,无法同时建立与多台计算机之间的访问通道,如图 8-7 所示。

2. 单接入点网络

如果要实现无线网络的多点访问,就必须增加 AP 设备,通过接入点设备,用户还可以很方便地实现与有线网络(局域网或广域网)的连接。根据现场环境不同,按照 IEEE 802.1b标准,室内网络覆盖范围在 35~100m,如果用户办公环境满足此要求,那么可以选择单接入点方案。

在单接入点无线网络中,所有网络用户以接入点设备为主节点,构成星型网络拓扑结构,并通过接入点设备的 10Base-T 或 100Base-T 以太网接口接入有线网络。如果用户还需接入 Internet 等公共网络,只要在接入点前端增加路由设备,或者通过 ISDN 或 ADSL 设备接入互联网,如图 8-8 所示。

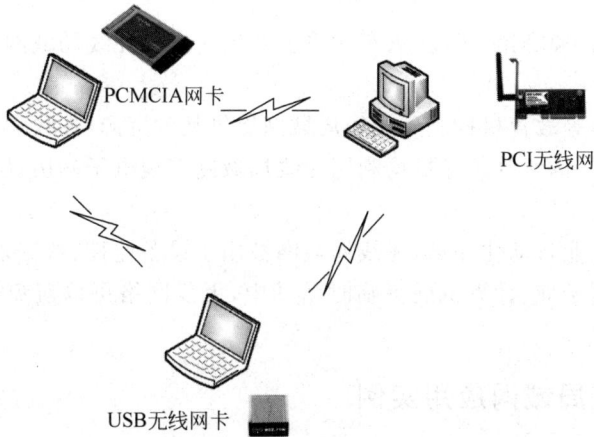

图 8-7　点对点对等网络

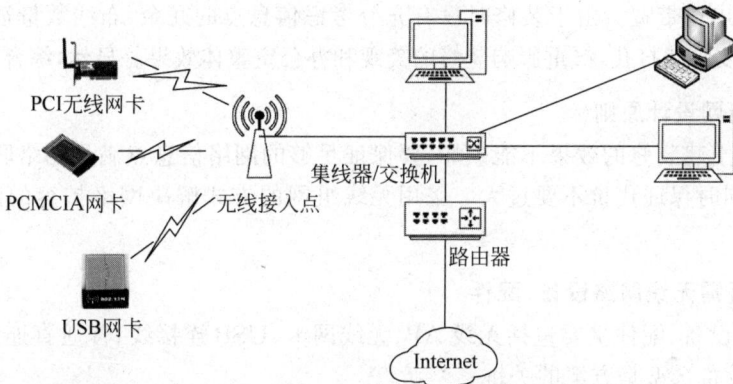

图 8-8　单接入点网络

3. 多接入点及漫游网络

当公司办公场所分布较散、单接入点无法覆盖整个网络时,就必须根据实际需要增加多个接入点设备。根据网络规模不同,各接入点的连接方式也不一样。对中小规模的网络可以通过无线中继技术不建立接入点之间的连接,从而扩展网络覆盖范围;对规模较大的网络则需要借助有些网络的优势,各接入点建立各自范围内的无线局域子网,再通过接入点接入有线网络,各接入点之间通过有线网络建立连接,必要时各接入点还可以实现与移动通信类似的漫游连接。在漫游方式下,任一移动用户可以在整个网络覆盖范围保持与局域网的无线连接。

8.3.6　无线局域网的适用范围

无线局域网可应用于下面一些领域。

家庭网络:无线局域网在家庭中用于连接家庭成员的各种设备,如智能手机、平板电脑、电视等,实现互联互通和共享资源。

商业办公:办公场所中常用的无线局域网为员工提供便捷的网络接入,支持无线办公和协作。

公共场所：酒店、咖啡馆、机场、火车站等公共场所提供无线局域网服务，让用户能够随时随地接入 Internet。

教育机构：大学等教育机构利用无线局域网提供教学资源、在线学习和校园管理服务。

医疗领域：医院、诊所等医疗机构利用无线局域网实现电子病历、医疗设备联网和远程诊疗等应用。

工业控制：在工业自动化领域，无线局域网被用于设备监控、数据采集和远程控制。

临时活动：在电子展、计算机展等临时活动中，无线网络可以避免布线带来的混乱，提供稳定的网络连接。

8.3.7　无线局域网应用实例

1. 实际需求

某企业规模扩大，工作人员迅速增加，需要增加 40 个信息点，新网络和原网络要实现互联、互通，共享出口带宽。由于装修时没有充分考虑信息点的冗余，布线数量远远不够，即使交换机级联也要穿墙打孔，严重影响装修的美观和办公室整体效果。显然，综合布线不适宜。

2. 网络组网设计原则

由于公司土建装修的效果不能破坏，要保证足够的网络信息点满足网络联网、扩容和工作实际需求，同时保证代价不要过大。采用无线组网的方式解决网络扩容的问题是较为合适的方案。

3. 组网所需无线网络设备、配件

无线网络设备、配件主要包括无线 AP、无线网卡、USB 连接线、普通直连双绞线等。其中，无线 AP 设备选型是方案的关键。

4. 组网网络拓扑图

组网网络拓扑图如图 8-8 所示。

5. 操作步骤

整个过程分成如下几个步骤完成。

(1) 安装 AP USB 驱动程序。

(2) 安装 AP 配置程序。

(3) 完成对 AP 设备参数的具体配置。

(4) 在终端安装无线网卡和驱动程序。

习　题

一、单选题

1. 家庭网络最早期的设备连接方式是(　　)。
   A. 光纤　　　　　　　　　　B. 无线路由
   C. 电话线或 DSL 调制解调器　D. 局域网交换机

2. 在家庭网络中，设备共享文件和资源的主要技术是(　　)。

    A. Mesh 网络　　　　B. 无线局域网　　　C. 路由器　　　　　D. 以太网

3. 中小型办公局域网中最常用的拓扑结构是(　　　)。

    A. 星型拓扑结构　　　　　　　　　B. 网状拓扑结构

    C. 环型拓扑结构　　　　　　　　　D. 树型拓扑结构

4. 802.11g 标准的最大数据传输速率是(　　　)。

    A. 11Mbps　　　　　B. 54Mbps　　　　　C. 100Mbps　　　D. 600Mbps

5. 以下哪个频段常用于无线局域网的通信(　　　)。

    A. 3GHz　　　　　　B. 2.4GHz　　　　　C. 7GHz　　　　D. 8GHz

6. Mesh 网络主要解决了传统路由器的问题是(　　　)。

    A. 网络安全性　　　　　　　　　　B. 信号覆盖不均

    C. 数据传输速率低　　　　　　　　D. 设备兼容性

7. 交换式局域网的优势在于(　　　)。

    A. 高带宽共享　　　　　　　　　　B. 低成本

    C. 独占带宽　　　　　　　　　　　D. 简单布线

8. 在双机互联方案中常用的硬件是(　　　)。

    A. 交换机　　　　　B. 网卡　　　　　　C. 路由器　　　　D. Hub

9. 无线局域网中使用的主要传输介质是(　　　)。

    A. 双绞线　　　　　　　　　　　　B. 光纤

    C. 红外线和无线电波　　　　　　　D. 同轴电缆

10. 在组建中小型办公局域网时,如果网络对安全性要求高,建议采用(　　　)。

    A. 对等式网络　　　　　　　　　　B. 客户/服务器结构网络

    C. 星型拓扑结构　　　　　　　　　D. 单机互联

二、简答题

1. 如何进行无线路由器的硬件连接?

2. 如何设置路由器?

3. 共享式网络和交换网络有何区别?

三、案例分析题

1. 小明家中有 3 台台式计算机和 2 台笔记本电脑,他希望能够实现计算机间的文件共享和网络共享。请帮助他们组建一个家庭局域网方案,并简述所需设备及组建方法。

2. 一家企业计划将 100 个员工连接至同一网络,分布在三个不同楼层中。考虑到每层办公人员较多且日常需大量数据交换,如何设计一个高效、稳定的办公局域网方案?

四、综合题

1. 某小型公司,工作人员集中在一层楼办公,共 40 个节点,要组建小型办公局域网,请回答以下问题。

(1) 需要哪些硬件?

(2) 请写出组建小型办公局域网的方法。

2. 某企业规模扩大,工作人员迅速增加,需要增加信息点 40 个,新网络和原网络要实现互联、互通,共享出口带宽。由于装修时没有充分考虑信息点的冗余,布线数量远远不够,即使交换机级联也要穿墙打孔,严重影响装修的美观和办公室整体效果。请回答以下问题。

(1) 请写出较为合适的网络方案。

(2) 需要哪些网络设备?

(3) 该组网方案的操作步骤包含哪些?

拓展阅读

中国宽带发展历程

中国宽带的发展历程可以分为以下几个主要阶段。

1. 拨号上网阶段

20 世纪 90 年代中期,中国宽带发展初期主要依靠拨号上网。用户需要通过调制解调器连接电话线进行上网,花费很高,但是网速极慢,通常在 56Kbps 左右,且电话和上网不能同时进行。那时候宽带还是一种奢侈品,未进入寻常百姓家。在这一阶段,华为、中兴的自研交换机出世,网易、搜狐、腾讯、阿里等互联网公司相继创立。宽带的发展催生了国内互联网的萌芽。

2. ADSL 宽带阶段

进入 21 世纪初,ADSL 技术逐渐普及,提供了更高的上网速度和稳定性。ADSL 可以提供最高 1Mbps 的上行速度和 8Mbps 的下行速度,用户不再需要同时使用电话线进行上网和通话。电话线连接"ADSL 猫"开通宽带和语音,能够实现同时电话和上网互不影响。它因为上行和下行带宽不对称,因此被称为非对称数字用户线环路。

ADSL2＋扩展下行最大速率至 24Mbps。该技术发展期间还有过短期的 VDSL(2＋)发展期,这个技术在国内发展时间很短,起码在广东的发展期非常短暂,VSDL 可以实现上下行 10Mbps,国外甚至发展出下行可达 200Mbps。

网络和互联网相伴而生,相互成长,在这个时期互联网公司和游戏公司开始井喷式发展。

3. 光纤宽带阶段

随着技术的进步,光纤宽带开始普及。FTTH 和光纤到小区(FTTB)成为主要部署方式,提供了更高的带宽和更稳定的连接。

2006 年国内开始推广以太网无源光网络(EPON),开启了"光进铜退"、宽带大跨步前进的时代,当国外还在研究扩展铜线技术时,我国已经迈入光时代。由全球通信厂商主导的EPON 技术率先上线,实现了单端口上下行速率达到 1Gbps,最大可以支持单用户享受1Gbps 带宽;而由全球运营商主导的千兆无源光网络(GPON)技术大概迟了 2 年多上线,可以实现单端口上行速率达到 1.25Gbps,下行速率达到 2.5Gbps。后期全球厂商继续扩展EPON 技术推出 10GEPON,因其价格低、产业链成熟度高,目前已经落地,实现了从 EPON平滑过渡为 10GEPON,实现了单端口上下行对称 10Gbps 带宽,而全球运营商主导的由GPON 扩展至 XGPON 的产品,也逐渐从网络上线,单端口可以实现非对称 10Gbps 和对称10Gbps,国产 PON 网络飞速发展,已在全球占据领先地位。

光纤宽带的普及极大地提升了用户的上网体验。宽带正是信息通信网络这张"全球最大网"的基石和底色,促进社会、企业、家庭的深度数字化转型,为元宇宙等前沿技术的发展提供了更好的网络基础。

4. 千兆光纤网络阶段

近年来,随着"宽带中国"战略的实施,中国光网络实现了从"光进铜退"到 FTTH 的历史性跨越。2021 年我国千兆光纤网络覆盖家庭超过了 1.2 亿户,宽带端到端用户体验速度达到 51.2Mbps。中国千兆光纤网络的建设和应用在全球处于领先地位。

5. 万兆光纤网络阶段

未来,随着 5G 和数字化转型的加速,万兆光网将成为下一代信息基础设施的重要组成部分。万兆光网将进一步推动经济社会的高质量发展和智慧社会的构建。

预计在未来 3～5 年内,千兆光纤网络将达到发展的顶峰并逐渐进入饱和状态,而万兆光网将成为下一代网络技术的主流。万兆光网的应用将进一步推动经济社会的高质量发展和智慧社会的构建。